国家出版基金项目
NATIONAL PUBLICATION FOUNDATION

新闻出版改革发展项目库入库项目

"十二五"国家重点图书

西藏大学博士学位授权立项建设项目

藏文信息处理技术

བོད་ཡིག་ཆ་འཕྲིན་སྒྲིག་གཅོད་ཀྱི་གཞུང་ལུགས་དང་བཀོལ་སྤྱོད།

藏文信息处理的原理与应用

高定国　珠 杰　编著

西南交通大学出版社
·成 都·

内容简介

本书共 10 章，1～6 章主要介绍藏文信息处理的概念、藏文字符的编码方式及目前所用的几种藏文字符编码，支持藏文处理的 Windows、Linux 系统以及不同系统下藏文字符的键盘、语音、字符识别输入方式，藏文字形设计技术等藏文信息处理的原理；7～10 章以藏文信息处理的原理为基础，介绍了藏文信息检索、藏文信息抽取、藏文文本分类和机器翻译等藏文信息处理的应用。

本书可以作为高等院校藏文信息技术、计算机科学与技术、电子信息技术等相关专业的高年级本科生或研究生的教材或参考书，也可以作为从事藏文信息处理、藏语计算语言学、数据挖掘和人工智能研究的相关人员的参考书。

图书在版编目（CIP）数据

藏文信息处理的原理与应用 / 高定国，珠杰编著．
—成都：西南交通大学出版社，2015.1
（藏文信息处理技术）
“十二五”国家重点图书　国家出版基金项目
ISBN 978-7-5643-3602-8

Ⅰ．①藏…　Ⅱ．①高…　②珠…　Ⅲ．①藏语－文字处理系统　Ⅳ．①TP391.1

中国版本图书馆 CIP 数据核字（2014）第 295410 号

藏文信息处理技术

藏文信息处理的原理与应用
Zangwen Xinxi Chuli de Yuanli yu Yingyong
高定国　珠　杰　编著

*

责任编辑　李芳芳
特邀编辑　李庞峰　李　娟
封面设计　墨创文化
西南交通大学出版社出版发行
四川省成都市金牛区交大路 146 号　邮政编码：610031
发行部电话：028-87600564
http://www.xnjdcbs.com
四川森林印务有限责任公司印刷

*

成品尺寸：210 mm × 285 mm　　印张：17
字数：425 千字
2015 年 1 月第 1 版　　2015 年 1 月第 1 次印刷
ISBN 978-7-5643-3602-8
定价：42.00 元

图书如有印装质量问题　本社负责退换

前　言

自 20 世纪 80 年代起，北京、上海、西藏、甘肃、青海等地的一些院校及科研机构纷纷开始了对藏文信息处理的研究，研制开发了许多藏文信息处理系统，推动了藏文信息处理技术的发展。藏文信息处理技术得到了党和国家领导人的高度重视，并取得了较好的成绩。西藏大学长期从事藏文信息处理技术的研究与教学工作，这次以西藏大学藏语计算语言学博士点建设为契机，把十几年来在藏文信息处理技术方面的研究文档和讲义、教案整理成册，形成了本书。

本书共 10 章，1～6 章由高定国编著，7～10 章由珠杰编著。本书是在国家自然科学基金项目“跨语言社会舆情分析基础理论与关键技术研究”（61331013）项目的资助下所完成的成果之一。西南交通大学信息学院的李天瑞教授和西藏大学理学院的江卫华博士审读了全书，并提出了宝贵的修改意见，本书也得到西藏大学藏文信息技术研究中心、工学院领导、同仁的帮助，编写过程中借鉴了很多同行的研究成果，在此一并表示感谢！

本书作为“藏文信息处理技术”丛书之一，被列入 2013 年度新闻出版改革发展项目库入库项目（项目序号：OO20130845）、《“十二五”国家重点图书、音像、电子出版物出版规划》项目（新广出办发〔2014〕75 号-294）、国家出版基金项目（项目编号：2014T_2-001）。

由于编著人员水平有限，加之时间仓促、可参考资料少，书中难免存在疏漏和不妥之处，恳请广大读者批评指正。

高定国

西藏拉萨

2014 年 8 月

目　录

第 1 章

概　论

藏文信息处理技术作为计算机技术与藏语言文字相结合的一门交叉学科，近年来随着信息处理技术的发展得到了快速的发展。随着计算语言学、心理学、数学以及计算机科学的发展，语言文字信息处理作为计算机应用技术的一个重要分支，已经成为新世纪信息技术中的一个重要研究领域。无论是藏文信息处理还是语言文字信息处理，都离不开“信息”这个概念。

1.1 信　息

“信息”一词在英文、法文、德文、西班牙文中均是“information”，日文中为“情报”，我国台湾称之为“资讯”，我国古代用的是“消息”。“信息”作为科学术语最早出现在哈特莱（R. V. Hartley）于 1928 年撰写的《信息传输》一文中。20 世纪 40 年代，信息论的创始人香农（C. E. Shannon）给出了信息的明确定义。此后许多研究者从各自的研究领域出发，给出了不同的定义。具有代表意义的表述如下：信息论的创始人香农认为“信息是用来消除不确定性的东西”。这一定义被人们看作是经典性定义并加以引用。控制论创始人维纳（Wiener）认为“信息是人们在适应外部世界，并使这种适应反作用于外部世界的过程中，同外部世界进行互相交换的内容和名称”。它也被作为经典性定义加以引用。经济管理学家认为“信息是提供决策的有效数据”。物理学家提出了“信息熵”的概念，用信息熵描述系统与环境交流信息的程度。电子学家、计算机科学家认为“信息是电子线路中传输的信号”。我国著名的信息学专家钟义信教授认为“信息是事物存在的方式或运动的状态，以及这种方式或状态直接或间接的表述”。美国信息管理专家霍顿（F. W. Horton）给信息下的定义是：“信息是为了满足用户决策的需要而经过加工处理的数据。”简单地说，信息是经过加工的数据，或者说，信息是数据处理的结果。

从哲学的角度说，信息是事物运动的存在或表达形式，是一切物质的普遍属性，实际上包括了一切物质运动的表征。传播学研究的信息是在一种情况下能够减少或消除不确定性的任何事物，它是人的精神创造物。

（1）本体论层次的信息。在最一般的意义上，亦即没有任何约束条件，我们可以将信息定义为事物存在的方式和运动状态的表现形式。这里的“事物”泛指存在于人类社会、思维活动和自然界中一切可能的对象。“存在方式”指事物的内部结构和外部联系。“运动状态”则是指事物在时间和空间上的变化，信息的载体所展示的特征、态势和规律。

（2）认识论层次的信息。主体所感知或表述的事物存在的方式和运动状态。主体所感知的是外部世界向主体输入的信息，主体所表述的则是主体向外部世界输出的信息。

在本体论层次上，信息的存在不以主体的存在为前提，即使根本不存在主体，信息也仍然存在。在认识论层次上则不同，没有主体，就不能认识信息，也就没有认识论层次上的信息。

根据近年来人们对信息的研究，信息的概念可以概括为：

信息是对客观世界中各种事物的运动状态和变化的反映，是客观事物之间相互联系和相互作用的表征，表现的是客观事物运动状态和变化的实质内容。[①]

根据全国科学技术名词审定委员会审定，信息（Information）定义为“以适合于通信、存储或处理的形式来表示的知识或消息”。

信息具有以下性质：① 普遍性；② 依附性；③ 有序性；④ 相对性；⑤ 可度量性；⑥ 可扩充性；⑦ 可存储、传输与携带性；⑧ 可压缩性；⑨ 可替代性；⑩ 可扩散性；⑪ 共享性；⑫ 时效性；⑬ 传递性；⑭ 价值相对性；⑮ 真伪性；⑯ 可处理性；⑰ 客观性；⑱ 不完全性；⑲ 可加工性。

在信息论中，信息从不同的角度有不同的分类[②]：

① 按性质，信息可分为语法信息、语义信息和语用信息。

② 按地位，信息可分为客观信息和主观信息。

③ 按作用，信息可分为有用信息、无用信息和干扰信息。

④ 按应用部门，信息可分为工业信息、农业信息、军事信息、政治信息、科技信息、文化信息、经济信息、市场信息和管理信息。

⑤ 按携带信息的信号性质，信息可以分为连续信息、离散信息和半连续信息。

⑥ 按事物的运动方式，信息可分为概率信息、偶发信息、确定信息和模糊信息。

⑦ 按内容，信息可分为消息、资料和知识。

⑧ 按空间状态，信息可分为宏观信息、中观信息和微观信息。

⑨ 按信源类型，信息可分为内源性信息和外源性信息。

⑩ 按价值，信息可分为有用信息、无害信息和有害信息。

⑪ 按时间性，信息可分为历史信息、现时信息和预测信息。

⑫ 按载体，信息可分为文字信息、声像信息和实物信息。

1.2 信息处理

信息处理就是对信息的接收、存储、转化、传送和发布等过程。随着计算机科学的不断发展，计算机已经从初期的以“计算”为主的一种计算工具，发展成为以信息处理为主、集计算和信息处理于一体的工具。

进一步分析计算机信息的处理过程，可以看到，信息的接收包括信息的感知、信息的测量、信息的识别、信息的获取以及信息的输入等；信息的存储就是把接收到的信息通过存储

① 李兴国. 信息管理学[M]. 北京：高等教育出版社，2007：4-5.

② 李兴国. 信息管理学[M]. 北京：高等教育出版社，2007：4-5.

设备进行缓冲、保存、备份等处理；信息的转化就是根据人们的特定需要把信息进行分类、计算、分析、检索、管理和综合等处理；信息的传送就是通过计算机内部的指令或计算机之间构成的网络把信息从一个地方传送到另外一个地方的处理；信息的发布就是把信息通过各种表示形式展示出来。

计算机信息的处理过程实际上与人类信息的处理过程一致。人类的处理也是先通过感觉器官获得信息，然后通过大脑和神经系统对信息进行传递与存储，最后通过言、行或其他形式传出信息。

1.3 中文信息处理

中文信息处理是指用计算机对中文的音、形、义等信息进行处理和加工。中文信息处理是自然语言信息处理的一个分支，是一门与计算机科学、语言学、数学、信息学、声学等多种学科相关联的综合性学科。从 1980 年开始，中文信息处理进入了快速发展阶段，并极大地提高了社会的信息处理效率。狭义上来说，中文信息处理分为汉字信息处理与汉语信息处理两部分，具体内容包括对字、词、句、篇章的输入、存储、传输、输出、识别、转换、压缩、检索、分析、理解和生成等方面的处理技术。从广义上来说，中文信息处理所需要处理的文字，不仅包括简体汉字、繁体汉字，也包括藏文、蒙文、壮文、维吾尔文等大量少数民族的文字，周边国家的片假名、谚文，还包括古汉语文字、西夏文、契丹文等。

中文信息处理的研究范畴很广，主要包括：

① 基础研究——字频统计、词频统计、自动分词、句法属性研究、编码字符集、通用字样库、字属性字典、语料库等。

② 输入技术——键盘输入、手写识别输入、语音识别输入等。

③ 输出技术——字模技术（字形库）、激光照排、语音合成等。

④ 存储技术——字库标准等。

⑤ 转换技术——编码转换等。

⑥ 信息处理——情报检索、文本校对、机器翻译、自然语言理解、人机界面等。

与中文信息处理相关的学科较多，包括语言文字学、计算机科学、模式识别、人工智能、心理学、数学、控制论、神经计算、模型论、信息学、形式化理论、声学等。

1.3.1 汉文信息处理的发展历史

计算机在 1946 年被发明，当时主要用于数值计算。到 1960 年，商用计算机开始普及，计算机被用于处理大规模的数据，其一是图书馆的目录整理。在当时，美国国会图书馆及多家大学都有不少来自东亚的藏书，为了有效管理这批藏书，需要有一套有效处理东亚文字的系统。这套系统需要包括两个方面：其一是如何把东亚文字储存在计算机内；其二是如何在计算机内表示出东亚文字。

在过去，每一台计算机都有各自的数据表达方式，计算机之间不能沟通。直到 1960 年，美国信息交换标准码（ASCII）的出现，使得计算机之间可以互相沟通。不过，ASCII 并不能有效地处理英文以外的文字。

最早处理中文的计算机可以追溯到 1970 年。当年在日本大阪举办的万国博览会上，IBM 公司公开了部分汉字处理系统的技术资料，到 1971 年正式发表。当时公布的机种包括“IBM 2345 汉字印刷机”、“IBM029 汉字穿孔机”、“IBMSystem/360-System/370 OS/VS”及“DOS/VSE”等。其后，日本本土公司也争相开发，包括富士通的 JEF（Japanese processing Extended Facility）、NEC 的 JIPS（Japanese Information Processing System）及日立的 KEIS（Kanji processing Extended Information System）等。到 1979 年 5 月，NEC 出产了可使用汉字的个人计算机 PC-8000 系列；到 1982 年 10 月，开发出了 16 位的 PC-9801 个人计算机，使得能处理汉字的计算机在日本渐渐普及。

1973 年，新华社派考察团到日本，参观了日本共同社、日立、日本电气、松下及东芝等公司。他们看到共同社采用磁芯技术解决了 2 000 左右汉字和片假名的存储问题，并发现工作人员使用大键盘方式输入稿件。他们回国后，提出了采用计算机技术改善新华社收、发、编、印四方面的方案，并由中国四机部（民用机械、核工业和核武器、航空、电子工业）与北京市科技局邀请富士通等公司到中国进行技术座谈。在 1974 年 8 月，中国开始了“748”工程，其中包括用计算机来处理中文，到 1980 年发布了 GB 2312—80 汉字编码的国家标准，1985 年中国科学院推出了 Unix 中文版。

我国台湾曾经与 IBM 公司合作研发中文计算机，斥资六千万、历时十年，研究计算机中文字的处理方法，结论是计算机不能处理中文。而当时美国的图书馆已经采用了计算机管理图书，涉及一批中文图书编目问题。另外，多家公司也开发了终端机式的中文系统，如王安、中华一号到中华三号、神通等。这些机器大多数采用大键盘的输入方式，有数十至数百个键。到 1976 年，朱邦复发明了一套形意检字法，并在 1978 年改进为仓颉输入法，以英文键盘实现了中文的输入。在 1979 年，朱邦复提出以图形功能及从显示器的英文字符产生器入手，研发中文计算机，并由宏碁公司出产。在原有英文操作系统上外挂中文系统的方法大行其道，多套中文软件相继推出，包括国乔、倚天及仲鼎等。

20 世纪 80 年代，汉字推出了多种输入方案，形成了“万码奔腾”的局面，也解决了计算机处理汉字的问题；在经过几年的发展低潮之后，到 90 年代末，中文信息处理的重点开始转向了语音识别、语音合成和语义处理等新的领域。

1.3.2 汉文信息处理的研究内容

1. 汉字信息处理

这是一项最关键的语言工程，字符如不能进入计算机，图书情报工作自动化、印刷出版现代化、办公室事务自动化都将化为空谈。近几十年来，汉字信息处理研究得到了很大的发展。曾设计了 400 多种汉字编码方案，其中计算机上通过试验或已被采用为输入方式的，也达数十种之多。研制了上百种汉字信息处理系统和设备，这些系统主要采用两种类型的键盘：一种是笔触式大键盘，另一种是小键盘。前一种除整体输入外，一般还有利用部件组合汉字的能力；后一种有的可兼容多种编码方案，有的还带有计算机引导的智能。

汉字信息处理除了在汉字编码方面进行研究外，还制成了若干种汉字输入、输出专用设备，其中有各种类型的汉字输入键盘、汉字字库、汉字显示终端、汉字图形兼容终端、汉字印字机。1985 年 5 月，国家标准局公布了《信息交换用汉字 15×16 点阵字模集及数据集》和《信息交换用汉字 24×24 点阵字模集及数据集》两项标准，为各种设备的设计和推广提供了有利条件。

为了使各种系统之间的信息交换有共同性，也为了给各种输入、输出设备的设计提供统一的根据，1981 年，国家标准局公布了《信息交换用汉字编码字符集基本集》(简称《汉字标准交换码》)。这个标准是根据汉字使用频度制定的，共分两级，一级 3 755 个字，二级 3 008 个字，共 6 763 个字。为了满足少数用字量超过基本集的用户和台湾、香港等地的需要，制定了《信息交换用汉字编码字符集辅助集》，辅助集将根据使用频度高低分作第一辅助集和第二辅助集，各收 8 000 余字。

2. 机器翻译

计算机和语言的最早结合开始于机器翻译。1956 年，机器翻译被列入中国科学工作的发展规划。1957 年，机器翻译研究工作正式开始，首先研究的是俄汉机器翻译，并于 1959 年成功地进行了试验，输出了汉字译文的代码。1958 年底至 1960 年初，又研制了一套英汉机器翻译规则系统。1966 年至 1975 年机器翻译工作处于停顿状态。近年来，先后在计算机上试验了英汉、俄汉、法汉、日汉和汉外（英、法、德、俄、日）等十余个机器翻译系统。

3. 中文信息检索

我国计算机信息检索系统的研发始于 20 世纪 70 年代，当时中国科技情报研究所和一些其他研究机构、情报机构及高等院校对其进行了研究。1983 年，交通部科技情报研究所成功研制了微机单机文献检索系统、微机非文献检索系统及缩微文献检索系统，实现了利用微机检索书目、事实和数据。

4. 汉语理解系统

最近几年，随着人工智能的进展，语言研究所、心理研究所、自动化研究所和一些大学开展了汉语理解系统（人机对话）的研究。上机试验结果表明，有的系统已有识别 30 多种句型的能力。

5. 计算机辅助语言教学

华东师范大学现代化教育技术研究所、哈尔滨工业大学、上海交通大学等单位已研制出多种语言教学软件，推动了该领域的发展。

6. 语音识别和语音合成

语音打字的任务早在 1958 年便已提出。1964 年实现了“元音识别机”，1970 年前后又实现了 10 个汉语数字的识别机。1972 年，声学研究所利用语音图样匹配方法在一定范围内实现了语言的识别。近几年来，汉语语音的识别和合成取得了很好的发展。

中文信息处理还有很多研究领域，随着研究手段的改善和研究工作的深入，还将会开辟更多更新的研究领域。

1.4 藏文信息处理

1.4.1 藏文信息处理的概念

藏文信息处理就是用计算机对藏语的音、形、义等语言文字信息进行加工和操作，包括对字、词、短语、句、篇章的输入、输出、识别、转换、压缩、存储、检索、分析、理解和生成等各方面的处理技术。它是在语言文字学、计算机应用技术、人工智能、认知心理学和数学等相关学科的基础上形成的一门边缘学科。藏语语言学中的词法学、句法学、语义学和语用学给藏文信息处理的各个层面提供了可靠的理论依据，而人工智能的知识工程、机器学习、模式识别和神经计算，数学中的模型理论、形式化理论和数理统计等构成了藏文信息处理的方法基础。简单地说，藏文信息处理就是利用计算理论和计算技术处理藏文信息的一门学科，是计算机科学与藏语言文学的交叉学科。

藏文信息处理可划分为藏文字符信息处理和藏语语言信息处理两个层次。藏文字符信息处理层面包括操作系统以及信息技术编码字符集、办公软件、文字识别技术、输入技术、字形描述与生成、存储、编辑、排版、字频统计和藏字属性库等方面的研究；藏语语言信息处理层面包括机器翻译、自动分词、语音识别、信息检索、信息提取、文本校对、文本生成、文本分类、自动摘要以及藏文文字识别和语音识别处理等的研究。两者之间也有关系，藏语语言信息处理要以藏文字符信息处理的实现为基础，要提高藏文字符信息处理的智能水平，又要借助藏语语言信息处理的成果。

1.4.2 藏文信息处理的主要研究对象

藏文信息处理的研究对象主要有藏文操作系统、信息技术藏文字符编码、藏文键盘输入技术、藏文输出技术、藏文字形识别技术、藏语语音识别技术、文本分类、信息检索等。

1. 藏文操作系统

在计算机操作系统方面，需要解决藏文信息在计算机内部的表示、藏文信息的输入和输出、藏文信息在 Internet 上的传输、网页上藏文的显示以及数据库中藏文的存放等问题。

2. 信息技术藏文字符编码

为了使藏文软件和电子信息实现相互交换与共享，在藏文编码方面，一定要用国际、国家标准，只有建立了最基本的标准，才能统一现有软件和数据，从而规范藏文软件。在应用方面，需要解决包括编码转换、计算机翻译等一系列与语言信息处理相关的问题。

3. 藏文键盘输入技术

藏文信息处理的必要前提是要把藏文信息输入计算机中。根据是否使用键盘，可以把输入方法分为键盘输入法和非键盘输入法。藏字键盘输入法就是通过键盘把藏字输入计算机中的技术。键盘输入法从单字输入、词输入、常用短语输入一直发展到句输入，输入方法的智能化程度越来越高。非键盘输入法是指通过对藏文字符的图形扫描自动识别和藏语语音的自动识别等方法输入藏文字符的技术。

藏文的编码输入就是用西文键盘上的字符、数字、符号等对藏字进行编码。用户输入藏文编码，通过计算机内部的藏文键盘输入程序把它转换成机器内部代码，从而达到输入藏文字符的目的。

4. 藏文输出技术

藏文的输出是指把存储在计算机内的藏文字形信息转换成符合显示或打印需要的形式，并送到输出设备输出。因此，藏文字符的输出技术往往与藏文字模（字形）技术紧密结合在一起。藏文信息的存储和输出过程与西文字符有很大的不同。在藏文字库信息的描述方面，有点阵描述法，用点阵描述法构成的藏文字库就称为“点阵字库”（例如，GB/T 16960.1—1997 就是典型的 24 点阵字库）。对字形的描述还可以采用矢量的方法，每个藏文字形用一组矢量进行描述，这种形式构成的藏文字库就称为“矢量字库”。若藏文字符的字形线段采用数学函数（二次函数、*B*-样条、Besier 函数等）描述，则构成的藏文字库就称为曲线字库。有了藏文字库，藏文输出程序就能对藏文机内码对应的字形信息进行处理（包括还原、放大、缩小等），然后再根据具体的输出设备进行输出。

5. 软件藏文本地化技术

软件藏文本地化是把中、西文软件直接改造成藏文软件的一种技术，分为系统层和应用层两个方面。系统层的藏文本地化通常是指西文操作系统和汉字操作系统藏化成藏文操作系统，使得系统能够处理藏文信息。应用层的藏文本地化通常是指使西文和汉文的应用软件经过藏化后能够具备处理藏文的能力。

操作系统的藏文本地化又可以分为内核藏文本地化和外挂藏文本地化两种。内核藏文本地化就是直接修改操作系统的底层内核模块，使得操作系统完全支持藏文信息的处理。这种方法一般要先取得操作系统的源代码，静态地修改操作系统的源码，通过编译、连接后，重新生成一个操作系统。因此，内核藏文本地化比较方便，也比较彻底，如 Linux Tibetan Desktop。外挂藏文本地化通常是在无法获得操作系统的源代码的情况下，在操作系统启动后，通过藏文补丁程序，动态地修改操作系统中有关信息处理部分的代码，如 Tibetan Star（藏文之星）等。

应用程序的藏文本地化也分为两个方面：一是用户界面的藏文本地化。用户界面的藏化较为简单，只要把相应的西文和汉字界面信息翻译成藏文即可。二是应用程序中藏文的通行（有时也称“程序藏文本地化”）。由于在大多数西文应用程序中包含了对诸如非法字符的检测、过滤等，系统层提供的藏文信息会被这些程序检测为非法字符，从而被过滤，导致藏文信息无法通行。这方面的藏化需要专门的技术才能完成。

6. 藏文字形识别技术

藏文字形识别是根据模式识别原理，通过对藏字的字形信息识别，产生藏字的内码，实现藏字的识别输入。字形识别输入的原理是通过抽取代表未知藏字模式本质的表达形式与预先存储在计算机中的标准藏字的模式表达形式的集合逐一进行匹配，用一定的准则进行判别，找出最接近输入藏字的那个标准藏字。

7. 藏语语音识别技术

藏语语音识别技术利用产生声音的物理模型，通过语音分析手段，预先将语音特征提取出来，并存储在处理系统中。当语音信号输入时，处理系统根据对该信号所提取的特征参数和所存储的参考特征进行比较，通过逻辑判断方法和距离测量法等对语音进行识别。

8. 激光照排技术

所谓激光照排，实际上就是电子排版系统的大众化简称。激光照排是将文字通过计算机分解为点阵，然后激光照排技术控制激光在感光底片上扫描，用曝光点的点阵组成文字和图像。

由于藏字的自身特点，藏字信息的电子排版系统在20世纪90年代以前是十分落后的。1994年，北大方正推出激光排版系统的藏文部分，字库与华光藏文字库相似，字体有正体、普黑和美术体，输入方法分藏文字形输入法、梵藏文字母顺序输入法。中国藏学研究中心、青海民族印刷厂、山东潍坊华光等合作开发出了“华光藏文照排系统”，这个系统中字库的字符达4 000多个，字体美观，但字形仅有正体和黑体两种；1994年，藏文照排系统“华光V型”已投入书刊的排印工作。

9. 文本分类

文本分类是一种确定文章所属类别的情报分析方法。文本自动分类（automatic text categorization）就是利用计算机对文本集（或其他实体或对象）按照一定的分类体系或标准进行自动分类，属于同一类别的文本被标上相同的类别标记，为文本信息的检索提供系统化的解决方案。随着藏文文本的丰富，藏语文本自动分类技术将会成为藏文信息处理领域中一个具有重要价值的研究方向。

10. 信息检索

文本信息检索包括了文本信息的存储、组织、表现、查询及存取等各个方面，其核心为文本信息的索引和检索。藏文信息的检索也将成为一个重要的研究领域。

1.5 藏文信息处理的发展历史

自20世纪80年代起，北京、上海、西藏、甘肃、青海等地的一些院校及科研机构纷纷开始了对藏文信息处理的研究，研制开发了许多藏文信息处理系统，推动了藏文信息处理技术的发展。藏文信息处理技术得到了党和国家领导人的高度重视，并取得了较好的成绩。以下从藏文字符处理、藏语自然语言处理、藏文软件本地化以及藏文信息处理在应用领域的研究等方面对藏文信息处理的发展历史进行回顾。

1.5.1 藏文字符的处理

字的处理技术是信息处理技术发展的前提，藏文字符处理技术的研究是最早的，取得的成绩也是最好的，在字符属性统计、键盘布局、编码、输入等方面都取得了很好的成绩。

1. 字符属性

藏文基本属性的研究是藏文信息处理技术的基础，其涉及面较广、统计难度大，但其结果可为藏语研究和藏文信息处理应用以及制定藏语文字政策提供有用的参考数据，意义重大。

“1992中文信息处理国际会议”上，德熙嘉措的《藏文计算机键盘的国家标准的研究》① 中以政治、文艺、科技、经典和应用文各占1/5的字数统计了10万字符的字件频度，给出了藏字字件频度表。

1994年4月，江荻等人从《藏汉拉萨口语词典》、《拉萨口语读本》、《藏语检索》中采集的词条，经处理分析出藏文的基本属性②，指出：① 藏文音节的构词统计；② 藏文字长统计；③ 藏文音节的结构方式统计；④ 藏文音节中字符位置统计；⑤ 藏文叠加结构线性处理统计等③。

1997年，中国藏学研究中心的扎西次仁利用2 000万字《中华大藏经·丹珠尔》的藏文对勘本对藏字的字符频度、字频信息进行了更加全面和深入的统计分析，并分别在藏文字符频度、字频方面得到了许多有价值的结果④。

“1998中文信息处理国际会议”的论文集中⑤，江狄对22余字藏语连续文本语料统计，提出了书面藏语的熵值。统计了书面藏语的信息熵、统计样本藏语信源的熵值、计算样本藏文的二阶熵以及藏语的多余度，并给出了把藏文和欧洲语言的熵值进行比较的结果。

2003年6月，卢亚军等人在《基于大型藏文语料库的藏文字符、部件、音节、词汇频度与通用度统计及其应用研究》中论述了基于大型藏文语料库的藏文字符、部件、音节、词汇频度与通用度统计结果⑥。

2004年，严海林等人在《藏文大藏经信息熵研究》中指出藏文的信息熵统计分为四个等级：字母、字丁、音节字和词语。在字母的基础上进一步展开了字丁熵的研究，并将藏语字丁的冗余度与英语、汉语的信息熵进行了比较⑦。

2004年，王维兰对2 000万字的藏文语料作字频、音节频度的统计，以及字丁熵值、音节的相对熵值和绝对熵值的计算⑧。

2005年，高定国等人以现代藏字为研究对象，按照现代藏文文法的规律，对全部现代藏字用计算机辅助统计了藏字全集的个数、藏字的字长、藏字的结构方式、位置特征、字符频度以及所有现代藏字中的整基字丁⑨。

2006年，卢亚军等人通过对1.3亿字节藏文语料库的研究，统计出藏文词汇的频度（频率）、累计频率以及通用度⑩。

---

① 赵晨星．藏文计算机键盘的国家标准的研究[G]．北京：中国信息学会，1992.
② 江荻，董颖红．藏文信息处理属性统计研究[J]．中文信息学报，1995，9（2）．
③ 江荻，董颖红．藏字叠加结构线性处理统计分析[J]．中文信息学报，1994（4）．
④ 陈玉忠，俞士汶．藏文信息处理技术的研究现状与展望[J]．中国藏学，2003（4）．
⑤ 江狄．书面藏语的熵值及相关问题[G]//1998中文信息处理国际会议论文集．北京：清华大学出版社，1998.
⑥ 卢亚军，等．基于大型藏文语料库的藏文字符、部件、音节、词汇频度与通用度统计及其应用研究[J]．西北民族大学学报：自然科学版，2003（48）．
⑦ 严海林，江荻．藏文大藏经信息熵研究[G]//中国少数民族多文种信息处理研究与进展．呼和浩特，2003.
⑧ 王维兰，陈万军．藏文字丁、音节频度及其信息熵[J]．术语标准化与信息技术，2004（2）．
⑨ 高定国，龚育昌．现代藏字全集的属性统计研究[J]．中文信息学报，2005（01）．
⑩ 卢亚军，罗广．藏文词汇通用度统计研究[J]．图书与情报，2006（3）．

2. 字符输入技术

（1）藏文键盘输入技术

“1987 中文信息处理国际会议”上，北京信息控制研究所的罗圣仪等人提出了一种藏汉西文混合输入和编辑的藏文处理系统——TCES①，其中讨论了藏文基本字符库的建立、藏文字符的编码方案、藏汉西文混合输入和编辑、交互式操作等。

1998 年 11 月，批准、发布了国家标准《信息技术　藏文编码字符集（基本集）键盘字母数字区的布局》（GB/T 17543—1998）②，于 1999 年 6 月 1 日起开始实施。本标准是依据 GB 16959 所提供的信息交换用藏文编码字符集而制定的，在通用键盘字母数字区域内，规定了藏文字符在键盘上的分布和排列，还考虑了通用的信息交换用七位编码字符集的字符。该标准虽然颁布了，但没有得到实际应用，而此后有很多藏文键盘布局的研究成果，并制定了新的藏文键盘布局标准。

“1992 中文信息处理国际会议”上，德熙嘉措提出了藏文键盘的布局方案③，为键盘布局的国家标准的制定提供了依据。

藏文主要是以一个字的构件来输入的，但 1993 年也有人提出了藏文的拉丁输入法、基字输入法、区位输入法④，1996 年提出了藏文音形输入法⑤等输入方式。

1993 年 9 月，成都电子科技大学的彭寿全等人提出了“外挂式藏汉英混合处理系统”⑥的设计方案，其思想是将藏文处理系统灵活地挂接到各种常用的汉字系统上，实现藏汉英混合处理，同时解决了藏文间隔点打印和补点对齐等难题。

20 世纪 90 年代初期，航天 CAD 公司技术开发部总结了用户的需求，开发了“HT-藏文轻印刷系统”⑦，该系统集藏文输入、编辑、排版、版面显示及打印输出为一体，可实现藏、汉、英混合输入、编辑及排版输出，其中包括藏文点阵字库和藏文矢量字库。

在此后的几年里，北大方正、华光集团等开发了相当成熟的藏文激光照排系统，广泛应用于藏文报刊、书版印刷出版界。随着字处理研究的深入，藏文字处理系统日趋完善。同时，也不断有功能更强的藏字处理系统的研发，例如，Nitartha International 公司 1999 年研发的 Sambhota；2000 年，同元研发的藏文字处理系统 1.0；2003 年，青海师大研发的班智达藏文字处理系统等。

2005 年，西藏大学研发了藏大岗杰藏文输入系统，此系统是基于《信息技术 信息交换用藏文编码字符集 基本集》（GB 16959—1997）、《信息技术 藏文编码字符集 扩充集 A》（GB/T 20542—2006）、《信息技术 藏文编码字符集 扩充集 B》、《信息技术 藏文编码字符集 键盘字母数字区的布局》国家标准的藏文输入系统。

2005 年，高定国等人提出利用求极大独立集的算法、矛盾构件的查找法、极大独立集数

① 罗圣仪，刘英杰，刘璐．一种藏汉西文混合输入和编辑的藏文处理系统[G]//中文信息处理国际会议论文集．北京：中国中文信息学会，1987.

② GB/T 17543—1998 信息技术 藏文编码字符集（基本集）键盘字母数字区的布局[S]．中国国家标准汇编 256．北京：中国标准出版社，1999.

③ 赵晨星．藏文计算机键盘的国家标准的研究[A]. Proceedings 1992 International Conference on Chinese Information Processing（2）[C]．北京：中国信息学会，1992.

④ 彭寿全，黄可，万国根，等．外挂式藏汉英混合处理系统[J]．中文信息学报，1993.

⑤ 罗圣仪，江虹，张志芳．藏文轻印刷系统[J]．计算机世界，1993.

⑥ 彭寿全，黄可，万国根，等．外挂式藏汉英混合处理系统[J]．中文信息学报，1993.

⑦ 罗圣仪，江虹，张志芳．藏文轻印刷系统[J]．计算机世界，1993.

目的控制法、极大独立集最优划分的选择以及算法的流程图，根据工程心理学方法把现代藏字的构件布局到标准键盘上，使得该布局的标准键盘可以一键一构件地输入现代藏字，且仅产生两对重码的键位布局的优化设计方法①。

2006 年，王维兰“研究和设计了以音节、词汇为输入单位的基于藏文拉丁转写的编码输入方案，设计了音节和词汇基字编码快速输入法，实现了集音节、梵文和词汇输入于一体的藏文智能输入系统，从而解决了藏文输入长期以来没有快速输入或智能输入法的问题②。”

2007 年 1 月，微软发布了其新一代的操作系统 Windows Vista。该系统基于 Unicode，实现了对藏文字符的处理，对藏字的处理能力达到了与英文和汉文相同的级别。从此以后微软新发布的操作系统 Windows 7、Windows 8 都自带了藏文字处理系统，并有所优化。

（2）藏文识别输入技术

随着藏文键盘输入技术的成熟，藏字识别开始成为研究热点。近几年有很多文章讨论该技术，其中，王维兰和王浩军、王华等人在藏文识别方面取得了较好的成绩。

“1998 中文信息处理国际会议”上，王维兰在分析了藏字特征的基础上，提出了现代藏文识别③的行切分法。1999 年 9 月，又提出了藏文基本字符识别④的投影法。该方法从垂直、水平、两对角线四个方向进行投影，取出垂直、上水平线之上、上水平线及以下、60°对角线方向和 120°对角线方向的图像投影作为五个子特征进行研究，并给出了特征抽取、模式匹配、字符分类的算法。

2001 年 4 月，清华大学王浩军针对藏文字符笔段的几何特征和拓扑结构，提出了一种基于字符轮廓信息的藏文笔段提取算法⑤。同年 9 月，王浩军根据藏文字形和书写方式上的特点，通过二值化、版面分析、倾斜校正、字符切分和归一化过程实现了藏文识别的预处理⑥。

2002 年，王维兰等人介绍了基于统计的 Markov 模型和藏文音节拼写规则的方法，用于藏文识别后处理⑦，获得了一些实验结果。同年 4 月，王维兰分析出藏文识别中的难点——区别相似字丁⑧。通过对藏文相似字丁类型的研究和印刷体藏文识别结果的统计分析，提出了根据藏文字丁的结构特点，在字符归一化、特征选择方面进行特殊处理的解决方法。

2003 年 3 月，王维兰分析藏文识别中字符、字体、文本的特点，给出了行字切分、特征选择、分类匹配和学习训练的方法，给出了对藏文白体、黑体、圆体、长体和竹体的实验结果，指出了对 5 种字体文本的平均识别率⑨。

2003 年 11 月，由清华大学电子工程系与西北民族大学合作研发的“多字体印刷藏文（混排汉英）文档识别系统”通过了鉴定⑩。该系统能同时识别印刷多字体的现代藏文字符，并具有识别处理混排汉字和英文的能力，是集预处理、切分、识别、后处理等技术于一体的完整的藏文文字识别的实用系统。

2004 年，王华等人在详细分析藏文字符字形特征的基础上，提出了一种多字体印刷藏文

---

① 高定国，龚育昌．藏文键盘布局的优化设计方法[J]．中文信息学报，2005，19（6）．
② 王维兰．集音节、梵文和词汇于一体的藏文智能输入系统[J]．计算机应用研究，2006（11）．
③ 王维兰．现代藏文识别[G]//1998 中文信息处理国际会议论文集，北京：清华大学出版社，1998．
④ 王维兰．藏文基本字符识别算法研究[J]．西北民族学院学报：自然科学版，1999，20（3）．
⑤ 王浩军，赵南元，邓钢轶．一种现代藏文笔段提取算法[J]．中文信息学报，2001，15（4）．
⑥ 王浩军，赵南元，邓钢轶．藏文识别的预处理[J]．计算机工程，2001．
⑦ 王维兰，丁晓青，戴玉刚．藏文识别后处理研究[J]．术语标准化与信息技术，2002．
⑧ 王维兰，丁晓青，祁坤钰．藏文识别中相似字丁的区别研究[J]．中文信息学报，2002，16（4）．
⑨ 王维兰，丁晓青，陈力，等．印刷体现代藏文识别研究[J]．计算机工程，2003，29（3）．
⑩ 中国西藏信息中心．多字体印刷藏文（混排汉英）文档识别系统成果简介[EB/OL]．http://www.tibetinfor.com.cn.

字符归一化方法。该方法综合运用字符重心和外边框信息实现位置归一化，然后采用三次 *B* 样条函数将字符归一化到 48×96 的目标点阵[①]。

2005 年，柳洪轶等人在联机手写藏文识别预处理的基础上，分析联机手写藏文的特点，讨论了有关特征提取、识别方法等内容。通过对几种规范化处理算法的深入研究，根据联机手写藏文字丁的特点进行规范化处理，揭示出不同算法的内在本质规律；同时对联机手写藏文识别中的各种噪声进行分析，使用相应的方法消除噪声，使联机手写藏文识别系统的识别率得到一定的提高[②]。

2007 年 12 月，刘真真等人提出了一种基于分形矩的藏文字符特征提取方法。用该方法提取的特征有效地反映了藏文字丁的局部和全局特征，减少了图像中像素位置变化给识别带来的负面影响[③]。

2008 年 5 月，普次仁分析了传统的特征提取方法及其优缺点，针对藏文字符的特殊性，基于传统用于特征提取的几种方法在多字体藏文字符特征提取中效果不好的现状，提出了一种"外围轮廓笔画特征提取法"[④]，并把它应用到实际的系统开发上，推出了"藏文识别系统"。

（3）语音输入技术

21 世纪初期开始出现了讨论有关藏文语音识别的文章，其中，西北民族大学的于洪志和李永宏等在藏文语音识别方面取得了较好的成绩。

2005 年召开的"第十届全国少数民族语言文字信息处理学术研讨会"上，有《藏语文语转换系统的开发研究》、《藏语语音合成系统韵律规律初步研究》、《藏语语音合成中信号分析与检测技术研究》、《藏语语音识别的预处理研究》和《韵律控制技术及在藏语 TTS 中的应用研究》等众多讨论藏文语音识别技术的文章。

2006 年，李永宏等人采用波形拼接技术对藏语语音库的建设进行了初步的研究[⑤]。

2007 年，李积逊等人在研究短时能量、短时过零率、短时自相关函数等短时分析方法在藏语语音处理中的应用后给出了相应的示例，为进一步深入开展藏语语音技术的研究提供了经验和基础[⑥]。

2008 年，马明等人针对藏语言的特点，提出基于隐马尔可夫过程（HMM）的概率统计模型，用可观测的藏语文本信息预测重音标注，并提出了初步设想[⑦]。

2008 年，杨阳蕊等人根据藏语安多方言夏河话发音，总结夏河话的音节、半音节、音子、双音子、三音子等音联结构形式，并对它们的组合类型和频度进行了详细的统计分析[⑧]。

2008 年，李永宏等人根据现代藏文与 3 大方言语音之间的对应规律和藏文正字法，提出了从文字上对藏文声母和韵母拆分的"字丁分解法"，实现了藏文到各方言国际音标的自动转换。并对算法和实现过程进行了详细的阐述，建立了藏语 13 个方言点的方音数据库[⑨]。

近几年来，西藏大学与讯飞公司合作，在藏语语音识别和藏语语音合成方面取得了很好的成绩。

---

① 王华，丁晓青．一种多字体印刷藏文字符的归一化方法[J]．计算机应用研究，2006，23（9）．
② 柳洪轶，王维兰．联机手写藏文识别中字丁规范化处理[J]．计算机应用研究，2006，23（9）．
③ 刘真真，李永忠，沈晔华．基于分形矩的印刷体藏文特征提取方法[J]，江南大学学报：自然科学版，2007.
④ 普次仁．多种印刷字体藏文字符的特征提取方法研究[J]．西藏大学学报：自然科学版，2008，23（1）．
⑤ 李永宏，于洪志．安多藏语语音合成语料库的设计[J]．西北民族学院学报：自然科学版，2006.
⑥ 李积逊，范武英．藏语语音的时域分析[J]．福建电脑，2007（5）．
⑦ 马明，刘华．基于隐马尔可夫过程的藏语语音预测初探[J]．西北民族大学学报：自然科学版，2008，29.
⑧ 杨阳蕊，李永宏，于洪志．藏语安多方言的音联结构及统计分析[J]．西北民族大学学报：自然科学版，2008，29.
⑨ 李永宏，孔江平，于洪志．藏语文-音自动规则转换及其实现[J]．清华大学学报：自然科学版，2008，48.

3. 藏文的表示、存储、交换技术

藏文在计算机中的表示、存储与传输都涉及藏文字符的编码问题。自开始研究藏文信息处理，就开始了藏文编码的研究工作。回顾历史，藏文编码在 1996、1997 年开始取得了较好的成绩。

1996 年，彭寿全等人提出综合编码方案①。该方案由通行编码方案和外字编码方案两部分组成，通行编码方案按双字节 11 模式编码，外字编码方案采用组合叠加编码。其中，对外字组合叠加编码方案作了深入的研究，设计了自动造字算法和程序，并在 Super-CCDOC 汉字系统 WPS 5.0 版本上实现了该方案。

1993 年，国家技术监督局、电子工业部、西藏自治区有关部门正式承担了起草“信息交换用藏文编码国际标准”的工作。藏文编码的研究人员历经 4 年的藏文编码标准的制定工作，于 1997 年 7 月，经国际标准化组织（ISO）和国际电工委员会（IEC）在第 33 届 WC2（编码标准第二工作组）会议上表决通过了藏文编码的国际标准（ISO/IEC10646）《藏文编码字符集 基本集》。1997 年 9 月，国家技术监督局批准发布《信息技术 信息交换用藏文编码字符集 基本集》（GB 16959—1997）②为国家标准。该国际、国家标准的制定是藏文信息处理的里程碑，标志着藏文信息处理正式走向世界，同时，藏文也成了国内第一个具有国际标准的少数民族文字。

由于藏文本身的书写特点和当时计算机技术水平的限制，仅靠藏文基本集，难以彻底解决藏文信息处理的问题。为了满足藏文信息处理编码的需求，1997 年 10 月，于洪志提出了建立《信息交换用 藏文编码字符集 辅助集》③的方案④。1998 年于洪志分析指出：为了只用少量的编码空间来表示较多的叠加藏字，提出建立《藏文编码字符集 构件集》⑤的设想。

2000 年 3 月 17 日，信息产业部联合原国家质量技术监督局发布了国家标准《信息技术 信息交换用汉字编码字符集 基本集的扩充》（GB 18030—2000）⑥。该标准采用 4 个“八位”（即 4 个字节）编码方式，将世界上各主要文字统一编码，编码空间共有 2 147 483 648 个码位。在基本多文种平面中包括 27 484 个汉字和我国少数民族文字（藏文、蒙文、彝文）等，其中藏文基本集 194 个字符。

2003 年，全国信息技术标准化技术委员会、信息产业部电子工业标准化研究所组织来自西藏语委、西藏大学、西北民族大学、青海师范大学以及内地有关单位的专家，组成藏文信息技术国家标准编制工作组，开展了《信息技术 藏文编码字符集 扩充集 A》、《信息技术 藏文编码字符集 扩充集 B》的研制工作，现已经作为国家推荐标准颁布。

4. 藏文的输出、打印技术

1997 年 9 月，国家技术监督局发布 GB 16959—1997 的同时又发布了国家标准《信息技

---

① 彭寿全，黄可，张义刚. 藏文综合编码方案的研究与实现[J]. 中文信息学报，1996，10（4）.

② GB 16959—1997 信息技术 信息交换用藏文编码字符集 基本集[S]. 中国国家标准汇编 239. 北京：中国标准出版社，1997.

③ 于洪志. 藏文内码扩展体系[J]. 中文信息学报，1999，13（1）.

④ 于洪志. 计算机藏文编码性能指标分析[J]. 西北民族学院学报：自然科学版，1997，18（2）.

⑤ 于洪志. 藏文编码字符集 构件集[J]. 西北民族学院学报：自然科学版，1998（1）.

⑥ 艾尔肯. GB18030 编码标准介绍[EB/OL]. [2003-12-12]http://www. dic123. com/Content/LunwenK/C/99/29341567. html.

术 藏文编码字符集（基本集）24×48点阵字型 第1部分：白体》（GB/T 16960.1—1997）[①]。该标准依据GB 16959—1997所提供的168个图形字符，具体地设计和规定了藏文信息系统用的24×48点阵字型的标准。

2004年3月29日，国家标准化管理委员会成立了藏文信息技术国家标准工作组，分设编码字符集工作小组WG1和点阵字型工作小组WG2，并将制定标准列入了2005年国家标准修订计划中，制定了《信息技术 藏文编码字符集（基本集及扩充集A）24×48点阵字型 吾坚琼体》。

另有《信息技术 藏文编码字符集（基本集及扩充集A）24×48点阵字型 朱匝体》和《信息技术 藏文编码字符集（基本集及扩充集A）24×48点阵字型 白徂体》等标准也先后发布[②]。

"藏文作为常见的复杂文本语言（CTL）之一，既有横向拼写性，也有纵向拼写的特点。计算机在处理藏文时，运用传统的TrueType字体技术几乎不可能显现出规范的书写形式，也不能实现对Unicode标准编码的支持[③]。"自2005年，OpenType技术逐渐在藏文字库中得到了应用，例如，高定国、欧珠、格桑多吉等人对开发OpenType藏文字库的技术进行了研究，为以后实现基于OpenType的藏文字库奠定了基础[④]。

Windows Vista中的藏文字库Himalaya就是一个基于OpenType技术的字库，之后，中国藏学研究中心和Monlam等也相继推出了藏文乌金体、白徂体、徂玛酋体、朱匝体等基于OpenType的几十种不同风格的字体，基本满足了人们的需求，也标志着藏文信息处理技术"字"的研究走向了成熟。

1.5.2 藏语自然语言处理技术

藏文信息处理技术基本完成以"字"为单位的研究内容后，现在正逐步转向以"词"、"句"、"段"、"篇"为主的自然语言处理技术的研究上，在藏语自然语言研究上也取得了一定的成绩。

1. 藏文分词

1999年，扎西次仁设计了一个以最大匹配算法的"人机互助的藏文分词和词登录系统"，提出了藏文分词的应用领域、分词算法、歧义和未登录词的解决等问题[⑤]。"系统在运行过程中通过人机互助逐渐增加词条，扩大词表，所以又称为词登录系统。该系统尚不具备实用分词的功能[⑥]。"

---

① GB/T 16960. 1—1997 信息技术 藏文编码字符集（基本集）24×48点阵字型 第1部分：白体[S]. 中国国家标准汇编239. 北京：中国标准出版社，1997.

② 全国信息技术标准化技术委员会. 少数民族信息标准[EB/OL]. http://www. nits. gov. cn/sc1002/tibetStandardAll. Asp.

③ 曹晖. 藏文OpenType字体技术研究及实现[J]. 西北民族大学学报：自然科学版，2008，29（71）.

④ 高定国，龚育昌. 设计OpenType藏文白体字库的技术研究[G]//第十届全国少数民族语言文字信息处理学术研讨会论文集，2005.

⑤ 扎西次仁. 一个人机互助的藏文分词和词登录系统的设计[G]//中国少数民族语言文字现代化文集. 北京：民族出版社，1999.

⑥ 江荻. 藏语文本信息处理的历程与进展[G]//中文信息处理前沿进展——中国中文信息学会二十五周年学术会议论文集，2006.

2003年，陈玉忠等人根据藏文的字、词、句切分的特点，首次提出了一种基于格助词和连续特征（BCCF）的书面藏文自动分词方案①。该方案首先利用字切分特征和字性库“认字”，再用标点符号和关联词“断句”，用格助词“分块”，再用词典“认词”，最终实现了藏文分词，并把该理论应用到了系统的开发中。

2006年，祁坤钰在研究藏语形式逻辑格、语义逻辑格、音势论等语法理论的基础上，借鉴汉语的分词理论和方法，充分利用藏语上下文语境，在不同藏语句子层面采用不同的处理方法，提出了切分与格框架、标注一体化的藏语三级切分体系②。

2009年，才智杰通过研究藏文自动分词中的紧缩词，首次提出了它的一种识别方案，即还原法，并给出了还原算法③。青海师范大学也开展了藏文分词系统的研制工作。

2. 藏语词类

2003年，江荻等人明确提出藏语采用组块识别与块内分词的策略，相关组块研究涵盖了藏语大多数语法范畴。这些标记包括词格标记、名词化标记、结构助词、体貌标记、单字词缀，以及部分封闭词类（如指示词、连词、语气词等）。实际上组块识别也就是短语边界识别，为此还需对藏语中使用频率较高的黏着形式（词格、语气词）和变体形式（动词、形容词）进行预处理，即词根归一化技术④。

针对藏文分词规范问题，1999年罗秉芬等人提出了用于藏文分词的36条基本规则，此规则主要是以词类划分为主要依据进行的，其中也包括了其他形式的分词单位⑤。

2003年，陈玉忠等人分别就格助词、时态助词、语气助词、接续词以及词缀语法属性项的设置和表述框架进行了描述⑥。

2005年，陈玉忠开始对信息处理用藏语词类划分进行了研究，文章从分类的目的、标准、体系、兼类及其处理策略等方面进行论证，提出了26个类的藏语词语分类体系⑦。

2007年，“第十届全国少数民族语言文字信息处理学术研讨会”中扎西加等发表了《信息处理用藏文词类及标记集规范（征求意见稿）》的文章，依据词的句法功能将藏语词类分为14个大类和26个基本类，对这26个基本类又进行了小类细分，并为每一大类和小类进行了标记⑧。在《信息处理用藏文词类及标记集规范的理论说明》中对运用索绪尔的组合关系和聚合关系、描写语言学的分布分析、布龙菲尔德的形类等词类体系理论做了详细的理论说明⑨。

2008年，扎西加等人从计算机思维方式的角度出发考虑藏文分词的规范原则，依据藏文

---

① 陈玉忠，李保利，俞士汶，等. 基于格助词和连续特征的藏文自动分词方案[J]. 语言文字应用，2003.

② 祁坤钰. 信息处理用藏文自动分词研究[J]. 西北民族学院学报：自然科学版，2006（4）.

③ 才智杰. 藏文自动分词系统中紧缩词的识别[J]. 中文信息学报，2009（1）.

④ 江荻. 藏语文本信息处理的历程与进展[G]//中文信息处理前沿进展——中国中文信息学会二十五周年学术会议论文集，2006.

⑤ 罗秉芬，江荻. 藏语计算机自动分词的基本规则[G]//中国少数民族语言文字现代化文集. 北京：民族出版社，1999.

⑥ 陈玉忠，俞士汶. 面向信息处理的藏语虚词的语法信息表述研究[G]. Advances in Computation of Oriental Languages—Proceedings of the 20th International Conference on Computer Processing of Oriental Languages，2003.

⑦ 陈玉忠. 信息处理用现代藏语词语的分类方案[G]//第十届全国少数民族语言文字处理学术研讨会论文集. 西宁，2005.

⑧ 多拉，扎西加，欧珠，大罗桑朗杰. 信息处理用藏文词类及标记规范[G]//第十一届全国少数民族语言文字处理学术研讨会论文集. 西双版纳，2007.

⑨ 扎西加，多拉，大罗桑朗杰，欧珠. 信息处理用藏文词类及标记集规范的理论说明[G]//第十一届全国少数民族语言文字处理学术研讨会论文集. 西双版纳，2007.

词汇的构词规律和特点，制定了适合计算机信息处理的藏文分词规范标准，为解决自动分词、词性标注、信息检索、语料库的构件等一系列重要问题提供了依据[①]。

3. 藏语语料库的建设

1999 年，周季文等人提出并按照语料分类的观点建立了一个 500 万音节字的初级平衡语料库，并对各类语料字数所占比例进行了初步统计[②]。

2003 年，卢亚军等人建立 1.3 亿字的大型藏文语料库，将其语料库分为文学类、教育类、科技类等 7 个大类，并以此为基础对藏文字符、部件、音节、词汇频度与通用度进行了统计，取得了阶段性成果[③]。

除此之外，目前西北民族学院、中国藏学研究中心、青海师范大学和中国社会科学院民族研究所等单位在藏语语料库建设以及利用语料库进行藏文信息处理研究方面都有一定的探索和进展[④]。

4. 藏文机器翻译技术

1995 年，陈玉忠、李延福等人在国家“863”计划支持下实现了汉藏科技机器翻译系统的一个原型系统。该系统在翻译模型上选择了转换模型，系统机制上采用了基于规则的方法。他们还根据汉藏机器翻译的需要首次对藏语词语进行了分类，在汉藏转换、藏语生成等方面也进行了比较深入的研究[⑤]。

2004 年，祁坤钰根据现代藏语语义词典设计的理论框架、语义分类思想、语义分类体系和属性描述原则，构造了一个初步适应英藏机器翻译的藏语语义分类体系，指出了语义分类和语义属性描述在语义分析中的重要性，阐明了语义分类与语义属性描述两者之间的约束关系，探讨了相关的语义分析研究课题[⑥]。

2005 年，才藏太等人结合“863”项目“班智达汉藏公文机器翻译系统”，论述了词项信息同语法规则相结合的原则，提出了以动词为中心的句法分析二分法，从而在受限语言的范围内，为建立较大适应性的机器翻译规则系统、有效地提高机器翻译语法分析的效率提供了有益的方法。[⑦]

1.5.3 软件本地化

1. DOS 操作系统

20 世纪 80 年代中期，以 CCDOS 为代表的汉字信息处理技术极大地推动了与汉英文兼容的藏文操作系统的发展。1986 年，青海省药品检验所的俞汝龙，青海师范大学的赵晨星，青海民族学院的毛继祖、熊涛等人与北京有线电厂合作，在 CCDOS2.13 下开发了与汉英文兼

① 扎西加，珠杰．面向信息处理的藏文分词规范研究[J]．中文信息学报，2009，23（4）．

② 周季文，江荻．藏语计算机统计用语料抽样文本筛选[G]//中国少数民族语言文字现代化文集．北京：民族出版社，1999.

③ 卢亚军，等．基于大型藏文语料库的藏文字符、部件、音节、词汇频度与通用度统计及其应用研究[J]．西北民族大学学报：自然科学版，2003（48）．

④ 陈玉忠，俞士汶．藏文信息处理技术的研究现状与展望[J]．中国藏学，2003（4）．

⑤ 陈玉忠，俞士汶．藏文信息处理技术的研究现状与展望[J]．中国藏学，2003（4）．

⑥ 祁坤钰．《机器翻译用现代藏语语义词典》的设计研究[J]．西北民族大学学报：自然科学版，2004，25（54）．

⑦ 才藏太，华关加．班智达汉藏公文翻译系统中基于二分法的句法分析方法研究[J]．中文信息学报，2005，19（6）．

容的藏文操作系统 TCDOS。后来在 TCDOS 基础上，熊涛等人与西北民族学院的于洪志等人合作开发了可挂接在 WPS 下的藏文轻印刷系统——兰海藏文系统。在此前后，四川大学彭寿全等人开发了一个与汉英文兼容的藏文操作系统。南京新技术研究所的于江苏、葛小冲等人也开发了一个与汉英文兼容的藏文操作系统 ZWDOS。1992 年，西藏大学的尼玛扎西等人也开发了支持藏文处理的“TCE 藏汉英文信息处理系统”。

2. Linux 操作系统的本地化

对藏文 Linux 操作系统的研究始于 2003 年 3 月，由中国科学院软件研究所、西藏自治区藏语文工作委员会办公室、西藏大学共同承担的中国科学院西部行动高新技术项目“基于 Linux 的跨平台藏文信息处理系统”。本系统对最初的结构模块设计、内码选择、本地化环境设置、开发输入法、本地化 MESSAGE 等问题都做了详细的研究与实现，于 2005 年 7 月 12 日在北京通过验收。项目组深入分析比较了各种藏文字符集编码方案，针对多语言计算的共通性问题，建立了我国民族语言规范化、标准化的统一文字处理体系，在此基础上，成功研制了 Linux 藏文处理系统和 Linux/Windows 跨平台藏文办公套件，并在西藏大学、西藏编译局、西藏社科院民族所等单位试用。该项目的研制成功，使我国有了第一个具有自己知识产权的跨平台藏文处理系统①。

3. 办公软件的本地化

2007 年，信息产业部“藏文软件开发专项”之跨平台的藏文办公套件 Tibetan Office 研发项目研究了藏文信息处理国家标准支持的技术方案；建立了面向多文种信息处理的系统框架，并在此框架下实现了藏文信息规范化标准化处理的体系结构；实现了规范化、实用化的支持 Linux 和 Windows 的跨平台办公套件产品，另外，还初步实现了基于 ISO/IEC 10646 的藏文小字符集文本的正确显示输出，以及藏文的拉丁转写和藏文的排序②。

2007 年，信息产业部“藏文软件开发专项”之藏文办公软件研发及产品化，开发出了中标普华 Office 藏文版 V3.0 产品，并已取得国家版权中心的著作权登记和上海市信息委颁发的软件产品登记证书以及一项专利申请③。

4. 软件本地化工具的研制

藏文之星（FOR Windows 2000/XP）是以原有的中文之星的开发结果为基础、基于藏文大字符集研发的操作系统的藏文本地化软件，该外挂软件能实现操作系统和应用软件界面的藏化。

2004 年 8 月，信息产业部启动了“藏文软件开发专项”工作。专项涉及《藏文大字符集编码标准扩充集 A 和 B 的研制》、《藏文字型标准》、《藏文键盘布局标准》、《跨平台的藏文办公套件软件研发》、《基于 Windows XP 藏文操作系统研发》、《基于 Linux 藏文操作系统研发》、《互联网浏览器藏文化改造与管理工具的研发》、《藏文办公套件研发及产品化》、《跨平台的藏文输入法研发》等多个项目。其中，Windows XP 操作系统与 MS Office 办公套件利用藏文之星完成了本地化工作。

---

① 西藏自治区藏语文工作委员会办公室.《基于 Linux 的跨平台藏文信息处理系统》在京通过验收[EB/OL]. [2007-07-07]http://xz6. 2000y. net/mb/1/ReadNews. asp?NewsID=273429.

② 信息产业部电子信息产品管理司. 藏文软件开发专项介绍[J]. 信息技术与标准化，2007（8）.

③ 信息产业部电子信息产品管理司. 藏文软件开发专项介绍[J]. 信息技术与标准化，2007（8）.

1.5.4 应用领域的研究

藏文信息处理技术的发展带动了藏文数据库技术、网页技术、藏文教学课件等很多应用领域的发展，其中，与藏文信息处理研究相关的应用有以下几个方面。

1. 藏文排序

1998 年，江荻等人首次提出了藏文计算机排序方案。该方案提出了藏文序列包含字符序、构造级和结构序三种内涵性质，并在此基础上开展了藏语词典的排序研究①。

1999 年，扎西次仁提出一个藏文自动排序的规则，以比较两个藏文音节序列排放的优先级，确定它们的排放先后次序②。阐述了计算机自动排序的设计思想，并给出了藏文字符串比较函数。

2004 年，江荻等人针对中国国家标准及 ISO 藏文编码字符集提出了书面藏语字词的排序。详尽分析了藏字字形、结构形态、传统字符顺序以及藏字字长和层高等特征，构建出藏语排序的数学模型。然后依据模型要求为每类藏文符号进行数字赋值，通过算法逐步确定字符位置并识别字符，最后按照抽取字符的对应数值组合排序，完成了藏语字词的排序③。

2008 年，黄鹤鸣等人总结了藏文的字典顺序规律，提出了引入藏文字符集扩展集 A 中的 Unicode 编码为排序码对藏文组合字符进行排序的观点，使得藏文组合字符的排序符合藏文字典顺序④。

2. 藏文信息处理用词汇的统一

1997 年，于洪志在研究藏文信息工作中总结了一套计算机专用藏文术语⑤。另外，西藏大学、青海师范大学、五省区教育协作领导办公室等对词汇的统一做了大量的工作。2005 年，中国藏学研究中心开展了“《信息技术词汇——藏文》国家标准的研究”，编纂、出版了《藏汉英对照信息技术词典》，为藏文信息处理技术词汇的统一奠定了一定基础。

3. 藏文拼写检查系统的设计

“1998 中文信息处理国际会议”上，中国藏学研究中心的扎西次仁详细归纳总结了藏文的拼写和虚词的使用法则，创建了一个藏文音节库和藏文词表，并根据藏文的拼写规则、虚词使用法则、音节库和词表，设计并开发完成了一个基于 DOS 的藏文拼写检查系统⑥。另外，北京怡和科技信息发展有限公司也研发了“桑布札”藏文校对系统。

4. 藏文转码软件的设计

从研究藏文信息开始就进行了藏文字处理系统的设计，每个系统采用的标准不一，导致很多系统间互不兼容、编码混乱，也就有了藏文编码转换软件的设计。目前，代表性的有“藏文编码翻译家”和“UTFC”等软件。

---

① 江荻．藏语文本信息处理的历程与进展[G]//中文信息处理前沿进展——中国中文信息学会二十五周年学术会议论文集，2006.
② 扎西次仁．藏文的排序规则及其计算机自动排序的实现[J]．中国藏学，1999（4）．
③ 江荻，康才畯．书面藏语排序的数学模型及算法[J]．计算机学报，2004（4）．
④ 黄鹤鸣，赵晨星．引入排序码实现藏文字符的排序[J]．计算机技术与发展，2008，18（10）．
⑤ 于洪志．计算机专用藏文文字术语探讨[J]．术语标准化与信息技术，1997.
⑥ 扎西次仁．一个藏文拼写检查系统的设计[G]//1998 中文信息处理国际会议论文集．北京：清华大学出版社，1998.

5. 藏文在移动通信中的应用

2009年，尼玛扎西等人在分析藏文构字特点及藏文Unicode编码的基础上，提出了一种使用索引技术的移动电话藏文编码规则。利用藏文的文法特点和索引技术，在有限的键位上合理地安排了藏文字符，减少了藏文输入时的重码率，提高了输入速度。设计了与移动电话藏文编码规则相对应的短消息编码/解码方法，实现了移动电话对藏文短消息的发送和接收①。

6. 藏文电子词典

1995年到2000年，陈玉忠、李延福等人为自然语言处理研制了“汉藏英三语对照电子词典”，据说其中词条达到了18万条。西藏大学也研制了“汉藏在线翻译多媒体电子词典”。

2008年11月，西藏洛藏数码科技有限公司研发的第一款藏汉英电子词典（硬件）面市，实现了现代藏文信息技术方面的创新，如在点阵字库的编码上采用了Unicode编码技术，电子产品的输入法与Microsoft公司的Himalaya藏文输入法兼容等②。

回顾藏文信息处理的历史，有些研究可能肤浅，有些分析不够透彻，甚至有错，但正是这些点点滴滴的研究汇聚成了藏文信息处理今天的成果。我们应该肯定这些研究为藏文信息处理所作的贡献。藏文信息处理虽然在每个领域都有所研究，但与其他语言文字的信息处理相比，都还只是一些初步的探讨，还有更多内容有待深入研究。

① 尼玛扎西，李志蜀，群诺，普顿，拥措，陈安龙. 一种在移动电话上实现藏文处理的方法[J]. 四川大学学报：工程科学版，2009，41（1）.

② 西藏洛藏数码科技有限公司. 全球第一款藏汉英电子词典[EB/OL]. [2007-07-07]http://www.luozang.com.

第 2 章

藏文字符

藏文是藏族使用的藏语文，藏语属汉藏语系藏缅语支。在我国，使用藏文的人口众多，主要分布在西藏、青海、甘肃、四川以及云南等辽阔的西部地区。除了中国境内的藏族外，在尼泊尔、不丹、印度境内也有一部分人使用藏语。藏语主要分卫藏、康巴、安多三大方言区。尽管方言各异，读音不同，但藏文书写形式在整个藏族地区是相同的。

藏文字符（简称为藏字）是藏语的书面表示形式，是一种古老的拼音文字，具有悠久的历史（通常认为创造于公元 7 世纪的吐蕃王朝时代），是藏族人民之间交流的统一工具，至今已成为一种世界公认的成熟文字。而且，每年国内发行的藏文报纸杂志的数量仅次于汉文而居第二位，因此，研究藏文信息具有重要的价值。在利用计算机对藏文的输入、存储、输出、拼写检查、自动识别等方面与其他文字有共性，也有着自身的特点。藏字自身的特点在计算机处理方面起着很重要的作用，因此，研究藏字及其相关概念、藏字的组成构件、藏字的拼写规则以及书写规则都是十分必要的。

本章在简要概述藏字的基础上，给出了藏字的结构、藏字的字体及书写；汇总了藏字的属性统计，说明了藏字排序中的字典序列。本章可以供研究藏文信息但不很了解藏文的人员参考用，对藏文有深入了解的人员可以略去阅读本章内容。

2.1 藏字概述

藏文起源的记载大多出自藏族历史文献，佛教故事中也有广泛的传颂。大约公元 7 世纪中叶，吐蕃赞普（国王）松赞干布时期，派送了一批青年到印度学习佛法和梵文，其中有一个名叫吞弥·桑布札（617—700）。他遍游天竺、寻访名师，学习了多种婆罗门文字，掌握了梵文声明学。回到家乡以后，他依据梵文字母创制了藏文，并撰写了藏文文法。

藏文的发源也有人认为是借用象雄文字母记录藏语并经过了漫长岁月而逐渐形成和完善的；西方学者赫恩烈（A. F. Rudolf Hoernle）认为藏文起源于古于阗文，吞弥·桑布札在克什米尔学习了于阗文并借以创制了藏文；近代藏族大学者根敦群培认为藏文起源于古印度的笈多文。

不管来源是什么，但大家公认，藏文是中国最古老的拼音文字，在各种拼音文字中自成一体，能集结构的科学性、形体的美观性和书写的便捷性为一体[①]。每种文字创制之初都不可能十分完善，需要在运用中不断总结经验，逐渐规范，日益完善，藏文同样有一个这样的

① 瞿霭堂，劲松.《音势论》和藏文创制的原理[J]. 民族语文，2011（5）.

发展过程。据藏文史籍记载，藏文在历史上曾进行过 3 次较大规模的厘定规范，分别是 8 世纪中叶至 9 世纪初叶、9 世纪中叶、11 世纪初叶。

8 世纪中叶墀松德赞（730—797）至 9 世纪初叶墀德松赞（？—815）时期，是藏文的首次厘定规范时期。这一时期出现了著名的九大译师，其中白若杂纳根据当时译语的发展和规范需要，编写了规范译语的翻译工具辞书《梵藏词典》。

吐蕃赞普墀祖德赞（热巴巾，803—841，即汉文文献《唐书》所记的可黎可足）时，集藏、印著名译师，专设译场，统一译名，规定译例，校订旧译经典，新译显密经典，进一步对藏文进行规范。藏史称此为第二次厘定规范。这次规范中形成的藏文结构、拼写规则、创造新词语、表达新概念的规则至今未变。墀祖德赞时期对藏文的新规范影响很大。目前通行的藏文基本保留了这一个时期修订后的文字体系。某些原则和规定，至今仍闪烁着光芒。如上述第二条内容完全符合现代翻译要求的“信、达、雅”三原则，关于音译的原则规定也完全适用于现代。

吐蕃末代赞普达摩的五世孙阿里古格王意希沃之子大译师仁青桑布（958—1055）同入藏的天竺班智达善护、德护、智护一起，共同修订文字，厘定新译语。藏史称此为第三次厘定规范。藏族历史上的几次文字改革，采取了调整藏文字母体系、简化正字法、规范词语，并立法推行等措施，不仅促进了藏文的标准化和规范化，还对藏文的统一和推广应用，以及藏族文化的发展都起到了积极作用。

2.2 藏字的结构

很多时候藏文在狭义上指书写藏语的符号，即藏文字符。藏文在广义上除了藏文字符以外，还包括藏文文法等。为了便于区别，表示一个藏文音节的藏文字符简称为藏字（效仿“汉字”），而把藏文经过以上三次厘定，符合现代藏文文法的藏文字符称为“现代藏字”，用于转写梵音的藏文字符称为“梵音藏字”。这些概念可能有待于修正，为了描述得准确、简单，本书采用这些名称。

2.2.1 藏字的构件

藏文字符的构件包括藏字的辅音字母、元音符号、藏文数字以及一些特殊符号。

1. 现代藏字的辅音字母

构成现代藏字的辅音字母（Tibetan Letters）有 30 个，分别是：

ཀKA	ཁKHA	གGA	ངNGA	ཅCA	ཆCHA	ཇJA	ཉNYA
ཏTA	ཐTHA	དDA |ནNA	པPA	ཕPHA	བBA	མMA
ཙTSA	ཚTSHA	ཛDZA	ཝWA	ཞZHA	ཟZA	འVA	ཡYA
རRA	ལLA	ཤSHA	སSA	ཧHA	ཨA		

辅音字母四个字母为一组，分七组半排列，前五组（不包括ཝ）大体按发音部位顺序，后两组半大体按发音方法排列。每个组的第一个辅音作为该组的名称，比如，第一组称为ཀ་སྡེ།即ཀ组，其他组的名称依此类推。

2. 现代藏字的元音符号

现代藏字的元音符号（Tibetan Vowel Signs）有 4 个，分别是：

◌ི	◌ུ	◌ེ	◌ོ
i	u	e	o

藏文文法学家多认为ཨ（a）是一个元音，藏字每个辅音字母如果不加其他元音符号都自动带一个ཨ（a）元音，于是字母就成为了音节字母，但如果加上别的元音，则ཨ（a）元音自动消失，该辅音就与其他元音拼合。其实，这是一种方便书写的简省策略，可以少设计一个元音符号①。这样，藏语就应该有 5 个元音，但我们平时说的 4 个元音就指除ཨ（a）以外的，需要显示书写的 4 个。元音符号中的圆圈表示辅音（辅音组合块）的位置，表示这些元音不能单独构成音节，需要与辅音一起才构成音节，书写时叠加在辅音（辅音字母块）的上面或下面。

4 个元音按照以上的顺序有时分别叫第一元音、第二元音、第三元音和第四元音，其中第二元音是书写在辅音字符的下面，而其他三个元音是书写在辅音字符的上面。藏语中分别称为“གི་གུ།”、“ཞབས་ཀྱུ།”、“འགྲེང་པོ།”和“ན་རོ།”。

3. 后加字

辅音字母中的ག ང ད ན བ མ འ ར ལ ས字母作为后加字，添加在辅音（组块）的后面，标记辅音韵尾。

藏文十个后加字中只有འ不发音，属于文字体制问题。藏文创制者秉承这种理念，认为一个音节没有后加字就无法成词造句，因此为元音结尾的音节虚设一个后加字འ。这是一个多功能字母，作为基字和前加字时读实音，作为后加字和虚词、复元音的元音底座时不发音。后世文法学家不顾藏文体制原理以简化书写为由，取消了该后加字，于是出现了基字和后加字无法区别的问题。比如དག གན བད这类字母组合，第一个字母既可以作基字也可以作前加字，后一个字母既可以作基字也可以作后加字，如不加其他元音符号，就没有办法区别。这类字母组合中如果是前加字和基字组合，就要保留后加字འ。此外，有些常用词积久成习，如བཀའ并不会发生误解，也保留了后加字འ②。

4. 前加字

藏语辅音字母中的ག ད བ མ འ五个字母可以作为前加字放在基字前面构成字母组合，表示复辅音声母，与上加字和下加字的作用和功能相同，都表示复辅音声母中非主要辅音。

5. 再后加字

藏文还有ད ས两个辅音作再后加字，加在上面所说的后加字后面，表示复辅音韵尾。

有些辅音字母与元音符号一样可以上下叠写，这并非出于书写上的缩略，而是有语音和语义关系的原则。叠加在辅音（块）上面的辅音叫作上加字，叠加在辅音（块）下面的辅音叫作下加字，现代藏文中对上加字和下加字有严格的规定。

① 瞿霭堂，劲松.《音势论》和藏文创制的原理[J]. 民族语文. 2011（5）.
② 瞿霭堂，劲松.《音势论》和藏文创制的原理[J]. 民族语文. 2011（5）.

6. 上加字

现代藏字的上加字（Tibetan Superscripts）有三个：

ར　ལ　ས

RAGO　LAGO　SAGO

7. 下加字

现代藏文的下加字（Tibetan Subscripts）有四个：

ཡ　ར　ལ　ཝ

YADA　RADA　LADA　WASU

现代藏文的上加字和下加字虽是 30 个辅音中的字符，但用作上、下加字时有些有所变形，并与基字的辅音连在一起。比如四个下加字分别写成“ ྱ ྲ ླ ྭ”。

8. 藏文的数字（Tibetan Digits）

༡	༢	༣	༤	༥	༦	༧	༨	༩	༠
1	2	3	4	5	6	7	8	9	0
༪	༫	༬	༭	༮	༯	༰	༱	༲	༳
0.5	1.5	2.5	3.5	4.5	5.5	6.5	7.5	8.5	－0.5

9. 藏文特殊符号

符号	藏文名称	中文名称
་	ཚེག	隔音点
།	ཚིག་ཤད།	单垂符
༎	ཉིས་ཤད།	双垂符
༎༎	བཞི་ཤད།	四垂符
༑	རིན་ཆེན་སྤུངས་ཤད།	集宝垂符
༈	སྦྲུལ་ཤད།	蛇形垂符
༄༅།།	ཡིག་མགོ།	双云头符
༄༅༅།།	ཡིག་མགོ།	三云头符

……

藏文中还有部分特殊符号，此处不再一一列举，在后面的章节中将详细列出。

10. 梵音藏字的构件

除了以上现代藏文的构件外，还有用于转写梵音的藏字，藏语中称为“སྔགས་ཡིག”，很多人直接称为“梵文”，但笔者认为这个概念不准确。正如没有人会说“zhōng guó”是汉文，它只是标注汉字“中国”拼音的拉丁字母；也正如没有人会说“bod”是藏文一样，它只是转写藏字“བོད”的拉丁字母。“སྔགས་ཡིག”不是梵文字母而是藏文字符，只是对梵音进行对译的藏文字母，称为“梵音藏字”比较适合。也正如用拉丁表示汉语拼音时，用拉丁字母的组合 zh ch sh 来表示汉语拼音中的卷舌音一样，用藏文字符的组合、反体等来表示梵文中的一些音。梵音藏字的构件在现代藏字的基础上多 11 个元音和 11 个辅音。

（1）11 个元音

ཨཱ ཨཱི ཨཱུ རྀ རཱྀ ལྀ ལཱྀ ཨཻ ཨཽ ཨཾ ཨཿ

（2）5 个厚字辅音（མཐུག་པོ་ལྔ།）

གྷ ཛྷ ཌྷ དྷ བྷ

（3）4 个反体辅音（ལོག་པ་བཞི།）

ཊ ཋ ཌ ཎ

（4）其他 2 个辅音

ཥ ཀྵ

2.2.2 藏字的结构

1. 现代藏字的一般结构

藏字字形结构均以一个辅音字母为核心，其余字母均以此为基础前后附加和上下叠加，组合成一个完整的字表结构。通常现代藏字字形结构最少为一个辅音字母，即单独由一个基字构成；最多由 6 个辅音字母和一个元音符号构成。元音不能独立书写，只能加在辅音字母的上部或下部。核心字母叫“基字”，30 个辅音字母均可作基字，其余字母的称谓均根据加在基字的部位而得名。即加在基字前的字母叫“前加字”，加在基字上的字母叫“上加字”，加在基字下面的字母叫“下加字”，加在基字后面的字母叫“后加字”，后加字之后再加字母叫“再后加字”或“重后加字”。

藏字由三十个辅音字母和四个元音符号（简称为元音）拼写组合而成，藏文的纵向叠加只是在基字的上下，而前加字、后加字、再后加字均为无叠加的单一辅音字母。在现代藏文文法中，对藏文字符构成藏字有很严格的约束，一个藏字可由 1～7 个字符构成，其中基字是构成藏字必不可少的构件，其他位置上有无构件因字而不同。藏文的音节最多由七个字符构成（见图 2-1），一个藏字一般只有一个元音符号。四个元音中第二元音叠加在辅音字符（块）的下面（图 2-1 中有底纹的圆圈表示的元音），而第一、第三和第四元音叠加在辅音字符（块）的上面（图 2-1 中无底纹的圆圈表示的元音）。图 2-2 是 7 个构件的藏字实例。

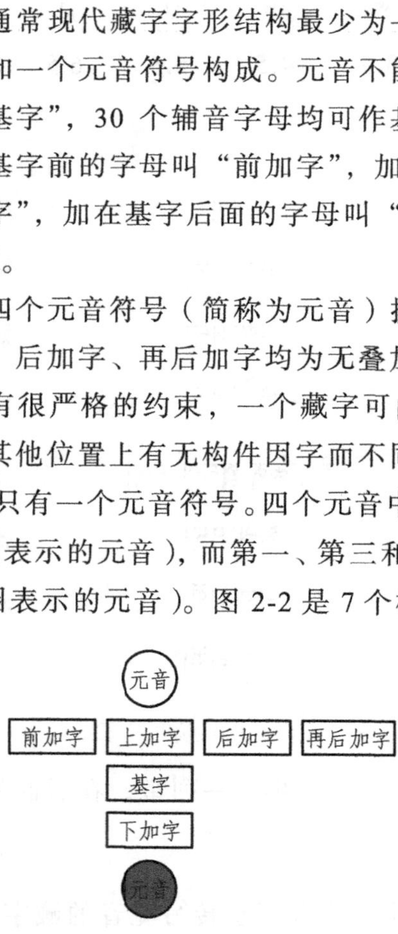

图 2-1 藏字结构图

བསྒྲིགས

图 2-2　7 个构件的藏字实例

2. 特殊的现代藏字结构

除了以上所说的现代藏字的一般结构外，也有不“符合”一般结构但在现代藏文中经常出现的藏字。

（1）有再下加字的藏字

ཕྱྭ　གྲྭ

这两个字有两个下加字叠加在基字的下面，出现了有再下加字的情况。

（2）合并的现代藏字

རྟེའུ　ཀྱིའུ　ཁོའི　གླེའུའི　སོའོ

一般一个藏字中只有一个藏文元音符号，但经常会出现两个或三个音节合并在一个音节中的情况，该音节中就出现了两个或三个元音符号，其结构也不符合一般藏字的构字规律。

（3）拼外来音的现代藏字

ཧྥ

为了音译的需要，在现代藏文字符中仍然用ཧ和ཕ的组合字符，发“法”的音，该组合虽不符合现代藏字的构字规则，但在音译中仍经常使用，还与元音符号等组合构成更多的音，比如ཧྥི ཧྥང ཧྥིའུ。该字符采用梵音藏字的构字方式，没有上、下加字与基字的概念。

2.2.3　藏字的构字规则

藏文文法不仅对藏字的不同位置上的构件有严格的限制，而且每个构成之间也有很强的相互制约作用。基字是组成藏字不可缺少的部分，后加字和元音符号的添加相对比较自由，下面分别对前加字、上加字、下加字、再后加字等的特殊添加做一个简单的介绍：

1. 前加字的添加

表 2-1 中前面的五个字符表示五个前加字，其后的字符表示该前加字只能加在这些字符的前面；第 3 个前加字后面有两排，第一排表示该前加字可以加在这些基字的前面，第二排的字符表示只有在重叠时才可以加这个前加字。

表 2-1　前加字的添加表

ག	ཅ ཉ ཏ ན ད ཙ ཞ ཟ ཡ ཤ ས
ད	ཀ ག ང པ བ མ
བ	ཀ ག ཅ ཏ ད ཙ ཞ ཟ ཤ ས
	ང ཇ ཉ ན ཛ ར
མ	ཁ ག ང ཆ ཇ ཉ ཐ ད ན ཚ ཛ
འ	ཁ ག ཆ ཇ ཐ ད ཕ བ ཚ ཛ

2. 上加字的添加

上加字的添加如表 2-2 所示。

表 2-2　上加字的添加表

ར	ཀ ག ང ཇ ཉ ཏ ད ན བ མ ཙ ཛ
ལ	ཀ ག ང ཅ ཇ ཏ ད པ བ ཧ
ས	ཀ ག ང ཉ ཏ ད ན པ བ མ ཙ

3. 下加字的添加

下加字的添加如表 2-3 所示。

表 2-3　下加字的添加表

ཡ	ཀ ཁ ག པ ཕ བ མ
ར	ཀ ཁ ག ཏ ཐ ད པ ཕ བ མ ས ཧ
ལ	ཀ ག བ ཟ ར ས
ཝ	ཀ ཁ ག ཉ ད ཚ ཞ ཟ ར ལ ཤ ཧ ཙ གྲ ཕྱ

4. 再后加字的添加

再后加字的添加如表 2-4 所示。

表 2-4　再后加的添加表

ད	ན ར ལ
ས	ག ང བ མ

5. 三重叠加字符

既有上加字又有下加字构成三重叠加的字符如表 2-5 所示。

表 2-5　三重叠加的字符

ར་མགོ་ཡ་བཏགས་ཅན།	རྐྱ རྒྱ རྨྱ
ས་མགོ་ཡ་བཏགས་ཅན།	སྐྱ སྒྱ སྤྱ སྦྱ སྨྱ
ས་མགོ་ར་བཏགས་ཅན།	སྐྲ སྒྲ སྣྲ སྤྲ སྦྲ སྨྲ

2.2.4　现代藏字的结构方式

现代藏字可由前加字、上加字、基字、下加字、元音、后加字和再后加字构成。其中基字是构成藏字必不可少的构件，其他构件因字而异。每个藏字由 1～7 个构件构成，除去特殊的藏字“ཟླ”及该字构成的藏字外，藏字的结构可细分为 48 种。

1. 一个构件的构字方式

一个构件的构字方式如表 2-6 所示。

表 2-6　一个构件的藏字

结构方式	组成的藏字个数	例字
辅音字母	30	ང

2. 两个构件的构字方式

两个构件的构字方式如表 2-7 所示。

表 2-7　两个构件的藏字

结构方式	组成的藏字个数	例字
基字 + 元音	120	ཆུ
基字 + 后加字	270	ངག
上加字 + 基字	33	རྗ
基字 + 下加字	43	ཟླ

3. 三个构件的构字方式

三个构件的构字方式如表 2-8 所示。

表 2-8　三个构件的藏字

结构方式	组成的藏字个数	例字
前加字 + 基字 + 后加字	480	བདག
前加字 + 基字 + 元音	192	མཛོ
前加字 + 上加字 + 基字	20	བརྗ
前加字 + 基字 + 下加字	31	བཀྲ
上加字 + 基字 + 元音	132	རྐོ
上加字 + 基字 + 下加字	15	སྒྲ
特殊的两个字（基字 + 下加字 + 下加字）	2	ཕྱྭ གྲྭ
上加字 + 基字 + 后加字	297	ལྗས
基字 + 下加字 + 元音	172	ཁྲི
基字 + 下加字 + 后加字	387	བྲལ
基字 + 元音 + 后加字	1 080	ཚོན
基字 + 后加字 + 再后加字	210	གངས

4. 四个构件的构字方式

四个构件的构字方式如表 2-9 所示。

表 2-9　四个构件的藏字

结构方式	组成的藏字个数	例字
前加字 + 上加字 + 基字 + 元音	80	བརྐོ
前加字 + 基字 + 下加字 + 元音	124	བཀྲི
前加字 + 基字 + 元音 + 后加字	1 728	གཅིང

续表 2-9

结构方式	组成的藏字个数	例字
前加字 + 上加字 + 基字 + 下加字	6	བསྒྲ
前加字 + 上加字 + 基字 + 后加字	180	བསྒང
前加字 + 基字 + 下加字 + 后加字	279	བཀྱང
前加字 + 基字 + 后加字 + 再后加字	336	འགངས
上加字 + 基字 + 下加字 + 元音	68	རྒྱུ
上加字 + 基字 + 元音 + 后加字	1 188	སྐེད
上加字 + 基字 + 下加字 + 后加字	153	སྐྱབ
上加字 + 基字 + 后加字 + 再后加字	231	སྐངས
基字 + 元音 + 后加字 + 再后加字	840	ཁེངས
基字 + 下加字 + 元音 + 后加字	1 548	ཀྲུས
基字 + 下加字 + 后加字 + 再后加字	301	དྲངས

5. 五个构件的构字方式

五个构件的构字方式如表 2-10 所示。

表 2-10　五个构件的藏字

结构方式	组成的藏字个数	例字
前加字 + 上加字 + 基字 + 下加字 + 元音	24	བསྒྲོ
前加字 + 上加字 + 基字 + 下加字 + 后加字	54	བསྒྲང
前加字 + 上加字 + 基字 + 元音 + 后加字	720	བརྗོས
前加字 + 上加字 + 基字 + 后加字 + 再后加字	140	བསྒངས
前加字 + 基字 + 下加字 + 元音 + 后加字	1 116	འཁྲོད
前加字 + 基字 + 下加字 + 后加字 + 再后加字	217	བཀྲམས
前加字 + 基字 + 元音 + 后加字 + 再后加字	1 344	དབུགས
上加字 + 基字 + 下加字 + 元音 + 后加字	612	སྒྲོག
上加字 + 基字 + 下加字 + 后加字 + 再后加字	119	སྒྲངས
上加字 + 基字 + 元音 + 后加字 + 再后加字	924	སྒུངས
基字 + 下加字 + 元音 + 后加字 + 再后加字	1 204	གྲོངས

6. 六个构件的构字方式

六个构件的构字方式如表 2-11 所示。

表 2-11　六个构件的藏字

结构方式	组成的藏字个数	例字
前加字 + 上加字 + 基字 + 下加字 + 元音 + 后加字	216	བསྐྱོད
前加字 + 基字 + 下加字 + 元音 + 后加字 + 再后加字	868	བཀྲོངས
前加字 + 上加字 + 基字 + 元音 + 后加字 + 再后加字	560	བསྐུངས
前加字 + 上加字 + 基字 + 下加字 + 后加字 + 再后加字	42	བསྒྲངས
上加字 + 基字 + 下加字 + 元音 + 后加字 + 再后加字	476	འགྲེམས

7. 七个构件的构字方式

七个构件的构字方式如表 2-12 所示。

表 2-12　七个构件的藏字

结构方式	组成的藏字个数	例字
前加字＋上加字＋基字＋下加字＋元音＋后加字＋再后加字	168	བསྒྲིགས

2.3　藏字的书写

藏字的书写涉及藏文字体和藏文的书写规则。

2.3.1　藏文字体①

经过千余年的实践创新，现行藏文字体发展到几十种。从大的方面讲，一般分为乌金体与乌梅体两大类。

乌金体（དབུ་ཅན།）即有冠体，因其有一个显著特点，每个字母最上一笔是横直的，字母排列时，上端必须在一条直线上。由于乌金体多用于刊印书籍，故也有人称其为印刷体，但这是不确切的。因为乌金体不仅用于印书，也用于记录、写文章等。乌梅体（དབུ་མེད།）即无冠体，这种字体的上端没有横直的一笔，酷似除去帽子，故得此名。

1. 乌金体

（1）前宏期的乌金体

随着吞弥藏文的迅速推广，藏文的书法艺术也得到了发展。公元 7 ~ 9 世纪，在短短的二百多年中，乌金体出现了八种不同风格的字体。

① 蟾体。

吞弥·桑布札所创的最初的乌金体，其形状如同草坪上一只伸开四肢的黑色蟾蜍（见图 2-3），因此被称为“蟾体”。

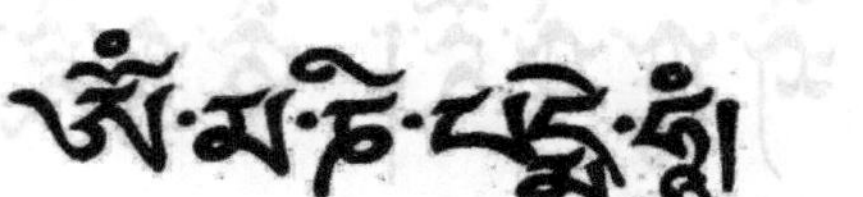

图 2-3　蟾体字样

② 列砖体。

这种乌金体是公元 7 世纪末的大书法家恰阿仁钦巴所创。因这种字体的每一个字母形似方砖，每行字如同排列整齐的方砖而得名，如图 2-4 所示。

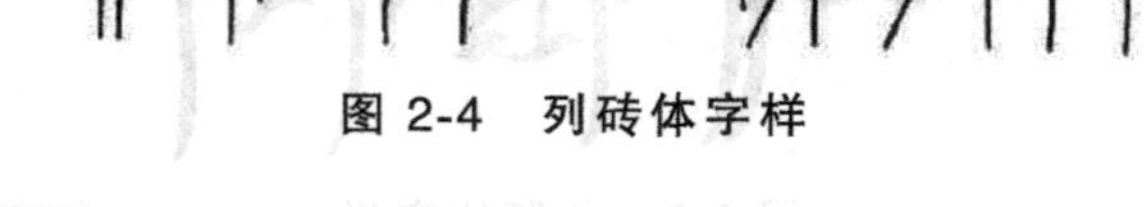

图 2-4　列砖体字样

① 藏文字体简介[EB/OL]. http://www. doc88. com/p-99455995562. html.

③ 雄鸡体。

这种字体是公元 7 世纪末至 8 世纪中叶的大书法家恰嘎比乌次所创。这种乌金体形似昂首高叫的雄鸡，如图 2-5 所示。它的显著特点是字体的腿细长，横向笔画略带倾斜，三个元音符翘起。

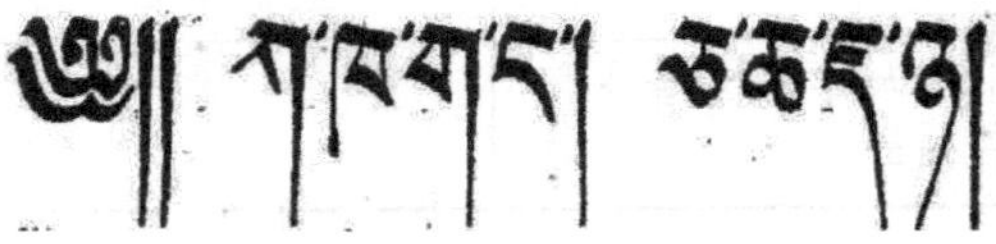

图 2-5 雄鸡体字样

④ 青稞体。

这种字体是公元 8 世纪中叶的大书法家格年贡觉旺所创。用这种字体书写的文稿酷似青稞粒撒在古色的毡子上一样，如图 2-6 所示。青稞粒呈橄榄状即椭圆形，这种字体也呈橄榄状。

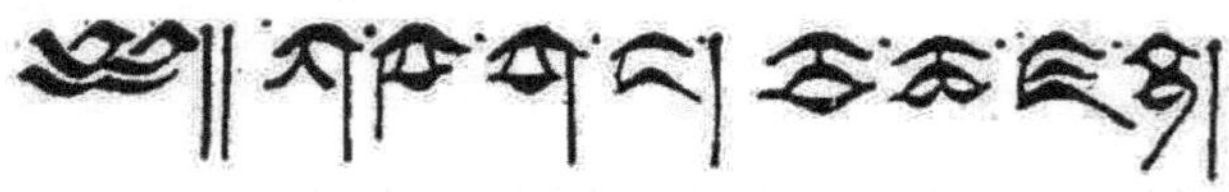

图 2-6 青稞体字样

⑤ 串珠体。

这种字体是公元 8 世纪末的大书法家伯雪昌姆所创。立于桑耶寺大殿大门左侧石碑上的铭文就是这种字体。如图 2-7 所示，这种字体的特点是圆弧形笔画醒目，因用这种字体书写的每行字很像一串珍珠，故得此名。

图 2-7 串珠体字样

⑥ 蜣螂体。

这种字体系公元 8 世纪末至 9 世纪中叶的大书法家次奔降秋所创。其特点是字的主体粗大，而元音符号和字的腿细而短，酷似蜣螂，如图 2-8 所示。它是在青稞体的基础上加以创新的字体。

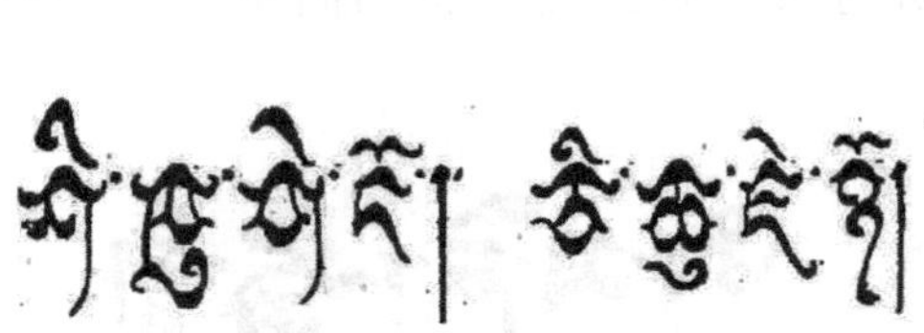

图 2-8 蜣螂体字样

⑦ 鱼跃体。

这种字体是公元 9 世纪初叶的大书法家智瓦云旦所创。这种字体形似鱼儿跃出水面。它是雄鸡体和青稞体的结合型，每个字呈左高右低，元音符的倾斜度更大。它不同于前几种字体，其字形主要由斜形曲线或左高右低的斜向弧形笔画组成，这种笔画近似鱼形或柳叶，如图 2-9 所示。

图 2-9 鱼跃体字样

⑧ 腾狮体。

这种字体是公元 9 世纪中叶的大书法家札氏和许氏二人共创的。其形状如腾跃的雄狮一般。它是综合雄鸡体的雄姿、鱼跃体的腾态，加上厚重的笔画书写的一种雄健的字体。这种字体扁长、斜向笔画和纵向笔画末端斜挑，如图 2-10 所示。

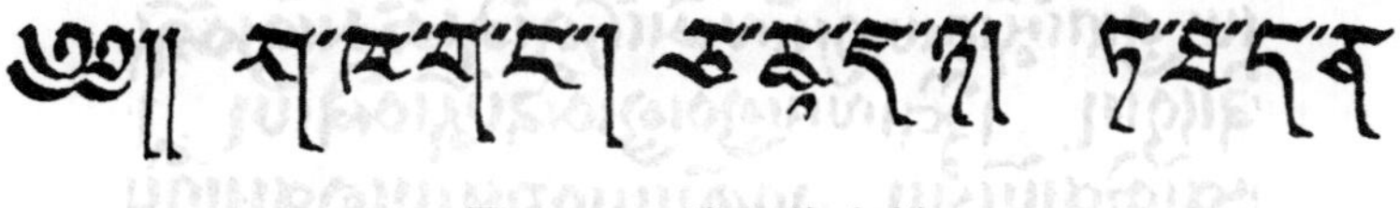

图 2-10　腾狮体字样

（2）后宏期的乌金体

前宏期的八大书法家虽然都独创了一种有别于他家的字体，但是并未定出比较精细的字体格局和运笔法则。琼布右迟是公元 10 世纪末至 11 世纪的大书法家，是后宏期开始时期藏文书法艺术的集大成者，他创制了琼体（见图 2-11 ~ 2-13）。

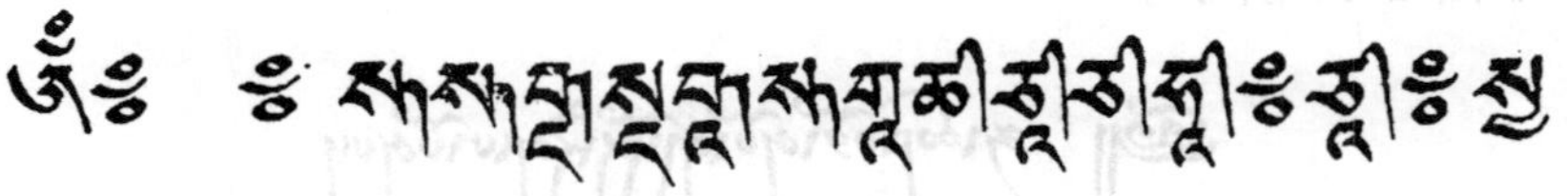

图 2-11　琼体字样 1

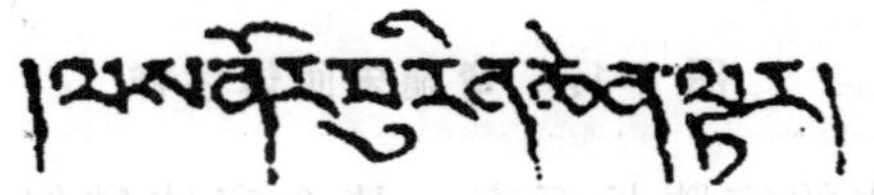

图 2-12　琼体字样 2

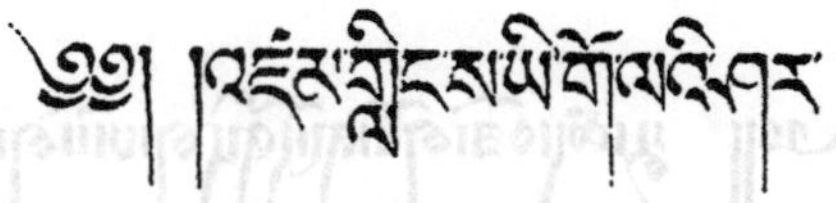

图 2-13　琼体字样 3

吐蕃时期王室发布的文告、执照以及碑文、钟铭，特别是佛经写卷几乎都是用乌金体书写的。吐蕃时期乌金体呈现出新字体层出不穷、名家并起的局面，使得乌金体达到了完善的地步。

2. 乌梅体

吐蕃时期虽然主要着力于乌金体的书艺，但是乌梅体也有长足的进步。乌梅体的类型远比乌金体多，而且不同字体之间形态相差很远，从大的方面可分为 7 种乌梅体。

① 白徂体。

白徂体又分净足体、毛足体和朱徂体三种。所谓净足白徂体（见图 2-14），是指这类字体字腿末端像刀切的一样不带毛刺，形成末端齐茬；所谓毛足白徂体（见图 2-15），是指其字长腿末端略带向下挑的墨迹；所谓朱徂体（见图 2-16），即白徂体和朱匝体的混合体。在刻板印经技术出现之前，白徂体很盛行。

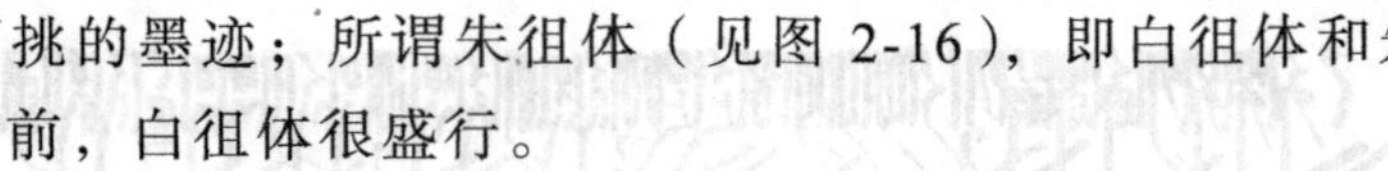

图 2-14　净足白徂体字样

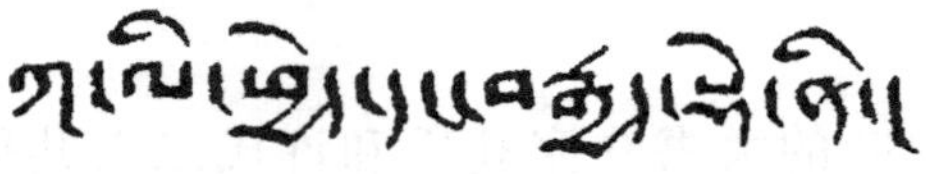

图 2-15 毛足白徂体字样

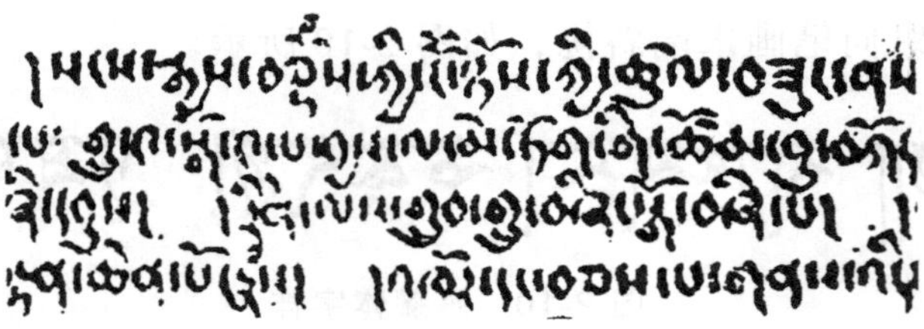

图 2-16 朱徂体字样

② 朱匝体。

朱匝体分长腿体和短腿体两类，长腿朱匝体又分弯腿体和直腿体两种。

弯腿朱匝体：弯腿朱匝体字的主体呈圆粒状，长腿略带曲度，再配以弯曲的元音符号，显得和谐柔丽，如图 2-17 所示。

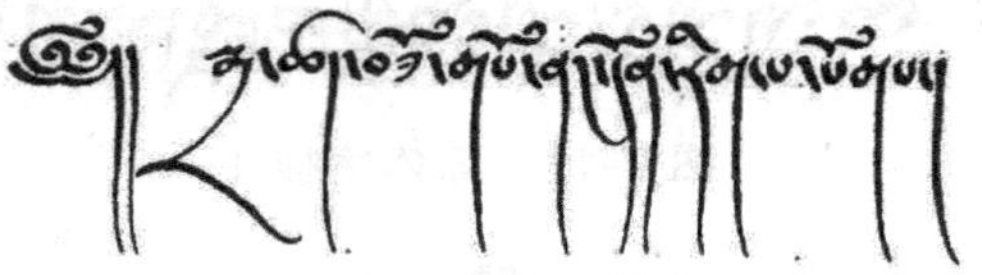

图 2-17 弯腿朱匝体字样

直腿朱匝体：直腿朱匝体的字腿长而直，整个字体酷似长杆经幡，每行字如同列队的仪仗，如图 2-18 所示。

图 2-18 直腿朱匝体字样

短腿朱匝体如图 2-19 所示。

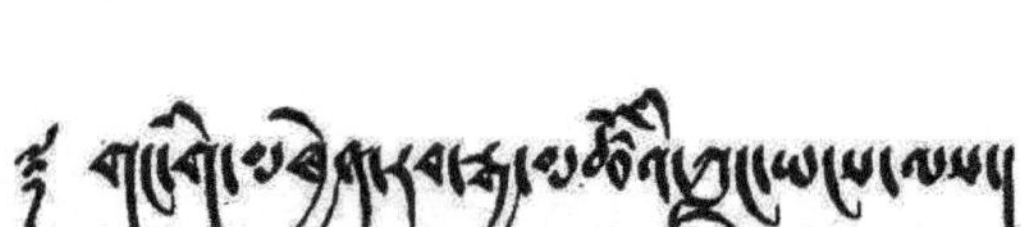

图 2-19 短腿朱匝体字样

③ 徂仁体。

徂仁体字面上就是长腿字符，其每个字符的腿都比较长，如图 2-20 所示。

图 2-20 徂仁体字样

④ 徂同体。

徂同体的字面意思就是短腿字符，其字的腿较短，但元音拉得比较长，如图 2-21 所示。

图 2-21 徂同体字样

⑤ 酋体。

酋即迅疾、敏捷、活泼、熟练等，这样酋体可以称作“迅捷体”或“疾字体”，也有人称为藏文书写的“草体”。酋体字样如图 2-22 所示。

图 2-22 酋体字样

⑥ 徂玛酋体。

徂玛酋体即徂体和酋体合一的字体。徂玛酋体集徂体的稳健、娟秀和酋体的曲线美为一体，如图 2-23 所示。

图 2-23 徂玛酋体字样

3. 其他书法家字体

藏文除有以上二十余种字体外，自后宏期开始，历代学者和书法家中不少人创造了多种新体，这些新体形态各异，主要简述如下。

① 八思巴体。

八思巴所创的藏文新字体有形状呈正方形、横竖笔画一般粗、纵向书写等特点，多用于印章、佛殿门框铭文等，如图 2-24 所示。

图 2-24 八思巴体字样

② 多旦体。

多旦体也是以藏文为基础，参照其他文字的形体所创的藏文新体，如图 2-25 所示。

图 2-25　多旦体字样

③ 贵罗体。

贵罗体是大翻译家贵·循努白（1392—1481）所创。它也是以藏文为基础，参照其他文种字体所创的一种藏文新体。这种字体与乌金体相近，即字母大多有平顶帽，属于乌金体的一种，如图 2-26 所示。

图 2-26　贵罗体字样

④ 恰罗体。

恰罗体字样如图 2-27 所示。

图 2-27　恰罗体字样

⑤ 洛旦体。

洛旦体很像前宏期腾狮体，即字母顶部倾斜，使整个字母倾斜 45°，如图 2-28 所示。

图 2-28　洛旦体字样

⑥ 央旦体。

央旦体字样如图 2-29 所示。

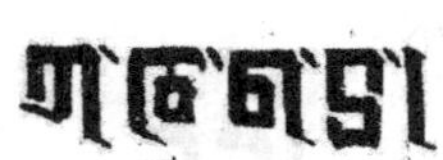

图 2-29　央旦体字样

⑦ 殊妙体。

殊妙体字样如图 2-30 所示。

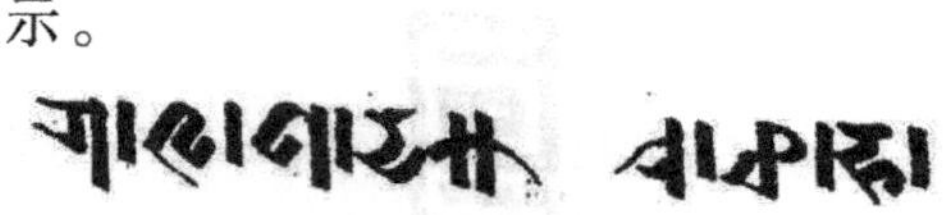

图 2-30　殊妙体字样

⑧ 觉罗体。

觉罗体字样如图 2-31 所示。

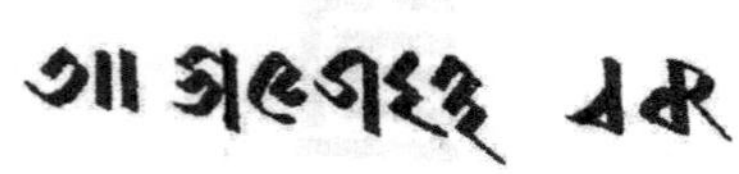

图 2-31　觉罗体字样

⑨ 三种仁布体。

图 2-32 ~ 2-34 所示为三种不同的仁布体字样。

图 2-32 仁布体字样 1

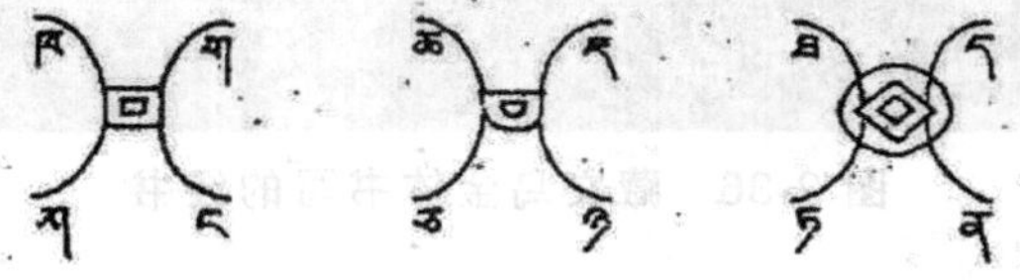

图 2-33 仁布体字样 2

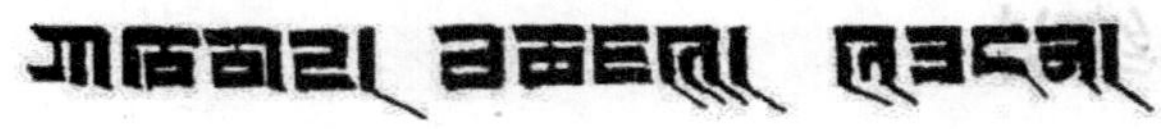

图 2-34 仁布体字样 3

除了以上介绍的字体外，不同时期、不同书法家发展了很多不同的藏文书法，丰富了藏文字符的书写形式。

2.3.2 藏文的书写规则

藏文不仅有横向拼写性，同时也有纵向拼写性，把每一个横向基本单位又称为字丁。由于藏字书写是非线性的二维阵列方式，增加了藏文信息处理的难度。所以，在藏字字模库的建立等藏文信息处理研究中把藏字纵向叠加的部分作为一个整体来处理。把纵向拼写叠加的结构作为一个整体，称为整基字丁，即藏字中的上加字、基字、下加字、元音的组合。现代藏字中，藏文的整基字丁是由 1 ~ 4 个字符叠加而成的，最多不超过四层。把藏字纵向叠加的部分作为一个整体后，藏字可以看作是前加字、整基字丁、后加字和再后加字的线性排列，这就与其他文字的处理方式相同了，可减少藏文处理的难度。这种处理方式虽减少了处理难度，但把藏文纵向叠加的属性完全掩盖了，不利于藏文信息处理。

随着时间的推移，演变出了很多种藏文字体，再加之同一种字体在不同的地方也有很多不同的书写方式，所以藏文字体也有很多种。除八思巴字体以外，常用的藏文书写规则很简单，从左到右、自上而下的书写。书写时以“上平线”（一条水平直线作为藏字书写的上端基准）上端对齐，上平线以上可能有元音，大丁从上平线开始从上到下的顺序书写，有元音的大丁写完上平线以下的部分后再写上平线以上的元音部分。每个藏字的书写与该音节的拼读顺序（前加字、上加字、基字、下加字、元音、后加字、再后加字）是一致的，每个藏字之间用藏字隔音符相隔。图 2-35 是藏文乌梅体书写的经书。图 2-36 是藏文乌金体书写的经书。

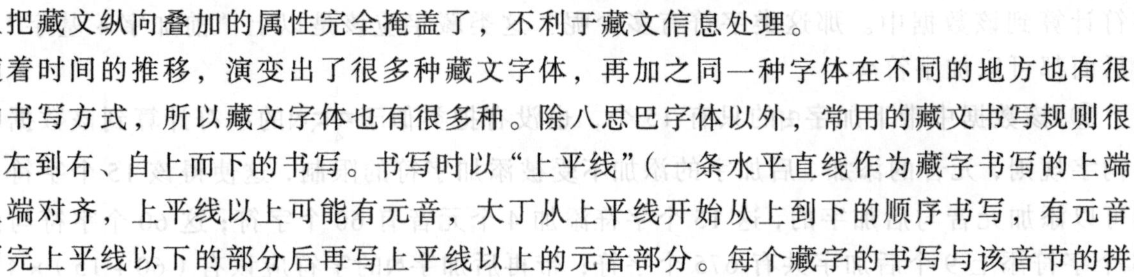

图 2-35 藏文乌梅体书写的经书

图 2-36 藏文乌金体书写的经书

2.4 藏字的属性统计

2.4.1 藏字的数量

1. 藏字全集的数量

符合现代藏文文法的藏字称为现代藏字，所有的现代藏字的集合称为现代藏字全集（简称为藏字全集）。现代藏字全集是有限集，据笔者统计共有 19 380 个藏字①。该数据是所有符合现代藏文文法拼写规律的藏字的一个集合，其中不包括ཀྵ及该字组合得来的字符、书写中类似于རྗེའུ ཀྱིའུ ཁོའི སྤྱིའུའི སོའོ ཁྭ等的合并藏字。

关于藏字的数量问题，才旦夏茸先生在《藏文文法详解》②中也给定了一个数量，该数量的依据如表 2-13 所示。

才旦夏茸先生指出藏文的全集字符数应该是 17 532。表 2-13 不仅给出了构成藏字全集的过程，还给出了每个构字中的数量。详细分析可以发现该统计的一些不足：

① 基础字符添加后加字时，直接添加了除འ以外的 9 个后加字，并没有把类似于དགའ的字符计算到该数据中。那这类字符有多少呢？这类藏字应该是以上“前加字 + 基字”的 48 种后面都可以加字符འ。

② 该数据中带下加字ཝ的只有 15 个，也没有把类似于དྭངས的字符计算到该数据中。按照构字规则，元音的添加、后加字的添加不受被添加字符的限制，这使得该 15 个字符都应该是可以添加元音与后加字的，这 15 个字符添加 4 个元音有 60 个字符；这 60 个字符与前面的 15 个字符添上 9 个后加字共有 675 个字符；带再后加字ས的字符应该有（60 + 15）× 4 = 300，带再后加字ད的应该有（60 + 15）× 3 = 225；这样就多出来 60 + 675 + 300 + 225 = 1 260 个。

不计表 2-13 中的 11 行，再增加以上这些数据，则藏字的全集也至少应该为 17 525 + 48 + 1 260 = 18 833 个。与笔者枚举所有藏字相差 19 380 − 18 833 = 547 个，这 547 个藏字是以ཥ ཊ ཋ ཎ ཌ为基础构成的藏字。这些数据都有待于细化，在信息处理时，也可以按照自身的需求生成所需要的藏字。

① 高定国，龚育昌. 现代藏字全集的属性统计研究[J]. 中文信息学报，2005（01）.

② ཚེ་ཏན་ཞབས་དྲུང་། བོད་གངས་ཅན་གྱི་སྐད་རིག་པའི་བསྟན་བཅོས་ལེ་ཚན་འགའ་ཕྱོགས་བསྡུས་བཞུགས་སོ། མཚོ་སྔོན་མི་རིགས་དཔེ་སྐྲུན་ཁང་།༢༠༠༤ལོའི་ཟླ་༧༢པར།.

表 2-13《藏文文法详解》中藏字个数的依据

序号	来　源	注　解	数量	累计数量
1	གསལ་བྱེད།	30 个辅音字母	30	30
2	ར་མགོ་ཅན། ལ་མགོ་ཅན། ས་མགོ་ཅན། ཡ་སྟ། ར་སྟ། ལ་བཏགས་སོགས་ཉིས་བརྩེགས་ཅན་ང་བདུན།	上加字＋基字，基字＋下加字构成 2 层的字符	57	87
3	གསུམ་བརྩེགས་ཅན་བཅུ་བཞི།	上加字＋基字＋下加字 3 层字符	14	101
4	གས་འཕུལ་བཅུ་གཅིག ད་འཕུལ་དྲུག བས་འཕུལ་བཅུ། མས་འཕུལ་བཅུ་གཅིག འས་འཕུལ་བཅུ། རྒྱང་འཕུལ་ཞེ་བརྒྱད།	前加字＋基字	48	149
5	ད་འཕུལ་ཡ་བཏགས་ཅན་དགུ། བས་འཕུལ་ར་མགོ་ཅན་བཅུ། བས་འཕུལ་ལ་མགོ་ཅན་གཉིས། བས་འཕུལ་ས་མགོ་ཅན་བརྒྱད། བས་འཕུལ་ཡ་བཏགས་ཅན་གཉིས། བས་འཕུལ་ར་སྟ་ཅན་གསུམ། བས་འཕུལ་ལ་བཏགས་ཅན་བཞི། བས་འཕུལ་གསུམ་བརྩེགས་ཅན་དྲུག མས་འཕུལ་ཡ་ར་འདོགས་ཅན་བཞི། འས་འཕུལ་ཡ་ར་འདོགས་ཅན་དགུ། བརྩེགས་འདོགས་ཅན་འཕུལ་བ་ང་བདུན།	前加字＋基字＋下加字，前加字＋上加字＋基字	57	206
6	ལུས་ཀྱི་ཡི་གེ་༢༠༦ལ་དབྱངས་བཞི་འདོགས་པ།	以上 206 个字符作为基础，分别添加 4 个元音（206×4）	824	1 030
7	འ་མཐའ་དོར་བའི་རྗེས་འཇུག་དགུ	以上字符添加 9 个后加字(除去འ)(1 030×9)	9 270	10 300
8	རྗེས་འཇུག་ག་ང་བ་མ་བཞིར་ས་དྲག་ཐོབ་པ།	带再后加字ས的字符(1 030×4)	4 120	14 420
9	རྗེས་འཇུག་ན་ར་ལ་གསུམ་ལ་ད་དྲག་ཐོབ་པ།	带再后加字ད的字符(1 030×3)	3 090	17 510
10	ཝ་བཏགས་བཅུ་གཉིས་ལ་རྭ་ཕྭ་གྲྭ་གསུམ་བསྣན།	带下加字ཝ的 15 个	15	17 525
11	དབྱངས། དབུ་ཁྱུད། ཤད། ཚེག	4 个元音、起头符合、单垂符号、隔字符	7	17 532

2. 动态统计的藏字数量

所谓动态统计指的是在语料库或藏文连续文本中对藏文字符的某种属性进行统计，该结果能比较全面地反映藏文字符在实践使用中的一些属性，在藏文信息处理过程中，这类数据更重要。

1998 年，江荻在 100 万字的现代藏语文本中统计不同字形数达到 5 581 个字①。

2.4.2　藏字字长

1. 静态藏字的字长②

一个藏字的字长是指构成该藏字的构件的多少。一个藏字可由 1～7 个构件构成，因此

① 江荻，龙从军. 藏文字符研究[M]. 北京：社会科学文献出版社，2010.

② 高定国，龚育昌. 现代藏字全集的属性统计研究[J]. 中文信息学报，2005（1）.

藏字的构造上是不等长的。藏字的构件数的研究对计算机藏文内码、输入编码设计和藏字识别等研究有重要的理论和实践意义。藏字全集中藏字字长的统计结果如表 2-14 所示。

表 2-14 藏字全集中藏字字长的统计结果

字符长度（字长）	对应的藏字个数	占所有藏字的百分比（%）
一个字符	30	0.155
两个字符	466	2.505
三个字符	3 018	15.557
四个字符	7 062	36.402
五个字符	6 474	33.371
六个字符	2 162	11.144
七个字符	168	0.866
藏字全集	19 380	100

藏字全集中总共出现了 84 782 次构件。从表 2-14 中可以看出，藏字全集中字长为四、五个构件的藏字约占全藏字的 70%，是构成藏字最主要的方式。藏字全集中藏字的平均长度为 4.372 3 字符。

2. 动态藏字的字长

江荻等人对《藏汉拉萨口语词典》、《拉萨口语读本》词汇表、《藏语简志》词汇表中的藏字字长进行统计的结果如表 2-15 所示。①

表 2-15 字典中统计的藏字字长

字符长度	藏字数	频度（百分比）	累计频度
1	30	0.76	0.76
2	402	10.24	11.00
3	1 287	32.78	43.78
4	1 436	36.58	80.36
5	636	16.20	96.56
6	123	3.13	99.69
7	12	0.31	100.00

三字符和四字符的藏字合计占全部统计藏字的 69.36%。统计藏字的平均长度为 3.678 0 字符。

20 世纪 90 年代中期，扎西次仁对 1 000 万字的《丹珠尔》进行统计发现，构成藏字的平均字符数为 2.54②，但该数据中，将纵向叠加的大丁只算一个构件来统计。

① 江荻，董颖红．藏文信息处理属性统计研究[J]．中文信息学报，1995，9（2）．
② 扎西次仁．《中华大藏经·丹珠尔》藏文对勘本字频统计分析[J]．中国藏学，1997（2）．

2.4.3 结构方式统计

1. 静态的结构方式[①]

现代藏字可由前加字、上加字、基字、下加字、元音、后加字和再后加字构成。其中基字是构成藏字必不可少的构件，其他位置上构件的有无因字而不同。藏字的结构可细分为48种。表2-16是藏字全集中藏字的结构方式及所对应的藏字的统计结果。

表2-16 藏字的结构及所对应的藏字数的统计结果

字符长度	结构方式	组成的藏字个数	占藏字全集的藏字的百分比（%）
一个字符	辅音字母	30	0.155
两个字符	基字+元音	120	0.619
	基字+后加字	270	1.495
	上加字+基字	33	0.170
	基字+下加字	43	0.222
三个字符	前加字+基字+后加字	480	2.474
	前加字+基字+元音	192	0.990
	前加字+上加字+基字	20	0.103
	前加字+基字+下加字	31	0.160
	上加字+基字+元音	132	0.680
	上加字+基字+下加字	15	0.077
	特殊的两个字（基字+下加字+再下加字）	2	0.010
	上加字+基字+后加字	297	1.531
	基字+下加字+元音	172	0.887
	基字+下加字+后加字	387	1.995
	基字+元音+后加字	1 080	5.567
	基字+后加字+再后加字	210	1.082
四个字符	前加字+上加字+基字+元音	80	0.412
	前加字+基字+下加字+元音	124	0.639
	前加字+基字+元音+后加字	1 728	8.907
	前加字+上加字+基字+下加字	6	0.031
	前加字+上加字+基字+后加字	180	0.928
	前加字+基字+下加字+后加字	279	1.438
	前加字+基字+后加字+再后加字	336	1.732
	上加字+基字+下加字+元音	68	0.351
	上加字+基字+元音+后加字	1 188	6.124
	上加字+基字+下加字+后加字	153	0.789
	上加字+基字+后加字+再后加字	231	1.190

① 高定国，龚育昌．现代藏字全集的属性统计研究[J]．中文信息学报，2005（1）．

续表 2-16

字符长度	结构方式	组成的藏字个数	占藏字全集的藏字的百分比（%）
四个字符	基字＋元音＋后加字＋再后加字	840	4.330
	基字＋下加字＋元音＋后加字	1 548	7.979
	基字＋下加字＋后加字＋再后加字	301	1.552
五个字符	前加字＋上加字＋基字＋下加字＋元音	24	0.124
	前加字＋上加字＋基字＋下加字＋后加字	54	0.278
	前加字＋上加字＋基字＋元音＋后加字	720	3.711
	前加字＋上加字＋基字＋后加字＋再后加字	140	0.722
	前加字＋基字＋下加字＋元音＋后加字	1 116	5.753
	前加字＋基字＋下加字＋后加字＋再后加字	217	1.119
	前加字＋基字＋元音＋后加字＋再后加字	1 344	6.928
	上加字＋基字＋下加字＋元音＋后加字	612	3.155
	上加字＋基字＋下加字＋后加字＋再后加字	119	0.613
	上加字＋基字＋元音＋后加字＋再后加字	924	4.763
	基字＋下加字＋元音＋后加字＋再后加字	1 204	6.206
六个字符	前加字＋上加字＋基字＋下加字＋元音＋后加字	216	1.113
	前加字＋基字＋下加字＋元音＋后加字＋再后加字	868	4.474
	前加字＋上加字＋基字＋元音＋后加字＋再后加字	560	2.887
	前加字＋上加字＋基字＋下加字＋后加字＋再后加字	42	0.216
	上加字＋基字＋下加字＋元音＋后加字＋再后加字	476	2.454
七个字符	前加字＋上加字＋基字＋下加字＋元音＋后加字＋再后加字	168	0.866

在表 2-16 数据的基础上做个简单的计算，可以看出，无纵向叠加的藏字（不含上加字、下加字、元音）只有 1 326 个，只占藏字全集的 6.84%；而 93.16% 的藏字都是含有纵向叠加的字符。再按位置特征做个简单的计算，可以统计出藏字全集中字符的位置特征对应的字数如表 2-17 所示。

表 2-17　藏字全集中字符位置特征对应的藏字数的统计结果

藏字的位置特征	藏字数	占藏字全集的藏字的百分比（%）
含有前加字的藏字	8 925	46.005
含有上加字的藏字	6 458	33.289
含有下加字的藏字	8 245	42.500
含有元音符的藏字	15 504	79.918
含有后加字的藏字	18 308	94.372
含有再后加字的藏字	7 980	41.134

从表 2-17 中可以看出，除基字外后加字是构成藏字最主要的部分，藏字全集中 94.372% 的藏字都有后加字。其原因是后加字不仅数目多（10 个后加字），而且其构字能力强。含上

加字、下加字、再后加字的藏字所占的比例较少，因为它们本身数量少，而且受基字或后加字添加的严格限制。

2. 动态的结构方式

1998 年，江荻在 100 万字的现代藏语文本中统计不同字形数达到 5 581 字，共包含藏字结构 25 类①。

表 2-18 100 万字中统计的藏字结构

序号	结　构	总数	无元音符	比率	带元音符	比率
1	基	234 123	97 693	41.73	136 430	58.27
2	基＋后	286 811	127 104	44.32	159 707	55.68
3	基＋后＋再后	42 203	20 886	49.49	21 317	50.51
4	基＋下	20 614	5 947	28.85	14 667	71.75
5	基＋下＋再下	221	221	100.00	0	0.00
6	基＋下＋后	66 186	19 454	29.39	46 732	70.61
7	基＋下＋后＋再后	10 264	5 015	48.86	5 249	51.14
8	前＋基	16 490	166	1.01	16 324	98.99
9	前＋基＋后	112 343	47 271	42.08	65 072	57.92
10	前＋基＋后＋再	11 906	4 377	36.76	7 529	63.24
11	前＋基＋下	6 099	2 679	43.93	3 420	56.07
12	前＋基＋下＋后	12 368	3 250	26.28	9 118	73.72
13	前＋基＋下＋后＋再后	2 083	713	34.23	1 370	65.77
14	上＋基	15 705	8 246	52.51	7 459	47.49
15	上＋基＋后	41 756	19 171	45.91	22 585	54.09
16	上＋基＋后＋再	10 046	7 733	76.98	2 313	23.02
17	上＋基＋下	6 325	2 299	36.35	4 026	63.65
18	上＋基＋下＋后	18 212	7 867	43.20	10 345	56.80
19	上＋基＋下＋后＋再	1 702	698	41.01	1 004	58.99
20	前＋上＋基	1 024	404	39.45	620	60.55
21	前＋上＋基＋后	6 006	3 100	51.62	2 906	48.38
22	前＋上＋基＋后＋再	1 070	462	43.18	608	56.82
23	前＋上＋基＋下	553	540	97.65	13	2.35
24	前＋上＋基＋下＋后	3 042	1 898	62.39	1 144	37.61
25	前＋上＋基＋下＋后＋再	613	370	60.36	343	39.64

2.4.4 藏字的频度统计

1. 静态的构件出现的频度②

字符在构成藏字时，三个上加字和四个下加字有的会产生变形。为了更清楚地了解各个构件的频度，我们把上加字和下加字作为与该辅音字母不同的构件进行了统计，这在藏文键

① 江荻，龙从军．藏文字符研究[M]．北京：社会科学文献出版社，2010.

② 高定国，龚育昌．现代藏字全集的属性统计研究[J]．中文信息学报，2005（1）.

盘的布局、藏字识别等方面更有利。这样，总共就有 41 个构件（30 个辅音、4 个元音、3 个上加字和 4 个下加字）。统计组成藏字的各个构件的频度结果如表 2-19 所示。

表 2-19 藏字全集中各构件的频度统计结果

序号	构件	藏字全集中的出现次数	占藏字全集中所有构件的百分比（%）	序号	构件	藏字全集中的出现次数	占藏字全集中所有构件的百分比（%）
1	b	7 380	8.705	22	l下	935	1.103
2	d	7 025	8.286	23	t	935	1.103
3	s	6 380	7.525	24	p	850	1.003
4	g	5 765	6.800	25	kh	850	1.003
5	m	4 405	5.196	26	ts	765	0.902
6	i	3 876	4.572	27	ny	680	0.802
7	u	3 876	4.572	28	ph	680	0.802
8	e	3 876	4.572	29	j	510	0.602
9	o	3 876	4.572	30	z	425	0.501
10	r下	3 145	3.710	31	h	425	0.501
11	n	3 045	3.592	32	dz	425	0.501
12	ng	2 960	3.491	33	sh	425	0.501
13	s上	2 890	3.409	34	zh	340	0.401
14	y下	2 720	3.208	35	tsh	340	0.401
15	r	2 620	3.090	36	c	340	0.401
16	l	2 450	2.890	37	th	340	0.401
17	r上	2 380	2.807	38	ch	255	0.301
18	k	1 955	2.306	39	y	170	0.201
19	v	1 748	2.062	40	a	85	0.100
20	w下	1 530	1.805	41	w	85	0.100
21	l上	1 020	1.203				

说明：表中的藏文字符用藏文的转写符号表示，有脚注“上”、“下”字样的表示该字符为上加字或下加字。

从表 2-19 可以看出，藏字中部分构件的数目相同，这表明这些构件构成藏字的能力相同，但实际使用时各藏字出现的频度不同，致使这些构件出现的频度也不同。

藏文不仅有横向拼写性，同时也有纵向拼写性，把每一个横行基本单位称为字丁。表 2-20 是藏字全集中整基字丁的结构方式及所对应的个数的统计结果。

从表 2-20 中可以看出，两个构件叠加的整基字丁占所有整基字丁的 31.87%；三个构件的叠加构成的整基字丁占所有整基字丁的 52.194%，占所有整基字丁的一半多，是构成藏文整基字丁最主要的方式，总共有 615 个整基字丁。

2. 动态字频

江荻在 100 万字的现代藏语文本中统计不同字形数达到 5 581 字，其中使用频率最高的 40 个藏字如表 2-21 所示[①]。

① 江荻，龙从军. 藏文字符研究[M]. 北京：社会科学文献出版社，2010.

表 2-20　藏字全集中整基字丁的结构方式及对应的个数的统计结果

字符长度	结构方式	组成整基字丁的个数	占所有整基字丁的百分比（%）
一个字符	基字	30	4.878
两个字符	基字＋元音	120	19.512
	上加字＋基字	33	5.366
	基字＋下加字	43	6.992
三个字符	上加字＋基字＋元音	132	21.463
	上加字＋基字＋下加字	15	2.439
	基字＋下加字＋下加字	2	0.325
	基字＋下加字＋元音	172	27.967
四个字符	上加字＋基字＋下加字＋元音	68	11.057

表 2-21　100 万字统计的高频藏字

序号	字	次数	频率	序号	字	次数	频率
1	པ	31 000	3.333	21	ཕོད	5 364	0.577
2	ལ	18 025	1.938	22	མེད	5 318	0.572
3	ནས	17 960	1.931	23	ཡང	5 175	0.556
4	འི	15 498	1.666	24	བྱས	4 910	0.528
5	དང	13 505	1.452	25	ཞེས	4 633	0.498
6	དེ	13 005	1.398	26	ཚོ	4 613	0.496
7	དུ	12 637	1.359	27	བར	4 450	0.478
8	བ	12 327	1.325	28	ཟེར	4 216	0.453
9	གི	11 644	1.252	29	ང	4 191	0.451
10	གིས	11 282	1.213	30	ལས	4 095	0.440
11	མ	10 954	1.178	31	གཉིས	4 058	0.436
12	མི	9 422	1.013	32	བཤད	3 878	0.417
13	ཕ	8 051	0.866	33	འདི	3 640	0.391
14	ཏེ	7 473	0.804	34	ཆེན	3 596	0.387
15	པར	7 464	0.803	35	རང	3 584	0.385
16	ན	7 205	0.775	36	ཏུ	3 563	0.383
17	ནི	5 932	0.638	37	སུ	3 547	0.381
18	པས	5 830	0.627	38	རྣམས	3 509	0.377
19	ཡིན	5 752	0.619	39	ཕོང	3 355	0.361
20	བྱེད	5 714	0.614	40	ཀྱང	3 302	0.355

江荻等人对《藏汉拉萨口语词典》、《拉萨口语读本》词汇表、《藏语简志》词汇表中共采集常用词语 30 428 条，经处理得藏字 3 926 个，词条中频度最高的前 10 个藏字如表 2-22 所示[①]。

表 2-22 字典统计中的高频字

序号	藏字	出现次数	出现频度	累计频度
1	བྱེད	1 751	5.75	5.75
2	པ	1 645	5.40	11.15
3	པོ	1 184	5.20	16.35
4	མ	1 018	3.35	19.70
5	རྒྱག	892	2.93	22.63
6	ཁ	710	2.33	24.96
7	གོང	637	2.09	27.05
8	བ	613	2.01	29.06
9	ཆུ	422	1.39	30.45
10	ས	420	1.38	31.38

出现频度最高的前 5 个藏字（བྱེད། པ། པོ། མ། རྒྱག）累计频度达 22.63%，占全部统计词条的 1/5 以上。

2.4.5 藏字的熵

1. 什么是熵

熵（Entropy）指的是体系混乱的程度，它在控制论、概率论、数论、天体物理、生命科学等领域都有重要应用，在不同的学科中引申为更具体的定义，是各领域十分重要的参量。熵由鲁道夫·克劳修斯（Rudolf Clausius）提出，并应用在热力学中。后来，克劳德·艾尔伍德·香农（Claude Elwood Shannon）第一次将熵的概念引入信息论中。

物理学上熵指热能除以温度所得的商，标志热量转化为功的程度。在信息论中，熵表示的是不确定性的量度。信息论的创始人香农在其著作《通信的数学理论》中提出了建立在概率统计模型上的信息度量。他把信息定义为“用来消除不确定性的东西”。

熵在信息论中的定义如下：如果有一个系统 S 内存在多个事件 $S=\{x_1, x_2, \cdots, x_n\}$，每个事件的概率分布为 $P=\{P(x_1), P(x_2), \cdots, P(x_n)\}$，则每个事件本身的信息为

$$I(x_i)=\log_2\frac{1}{P(x_i)}\text{[对数以 2 为底，单位是位元（bit）]}$$

式中，$P(x_i)$ 是选择信源符号 x_i 作为消息的先验概率，对是否选择这个消息，x_i 的不确定性与 x_i 的先验概率成反比。$I(x_i)$ 定义为消息 x_i 的自信息量，用来反映某信源产生某一消息所含有的信息量。

如果对信源的概率空间的所有符号的先验概率取一个平均值，则可获得信源中每个符号的平均信息量——信息熵。

① 江荻，董颖红. 藏文信息处理属性统计研究[J]. 中文信息学报，1995，9（2）.

$$H(x)=\sum_{i=1}^{n}P(x_i)\log_2\frac{1}{P(x_i)}$$

2. 藏语字符的一阶熵[①]

藏语按照 30 个辅音字符、5 个变形辅音符号、4 个元音字符和 1 个隔字符计共 40 个符号来计算，并假设每个字符出现的频率相等，则藏语的信息熵为

$$\begin{aligned}H(x)&=\sum_{i=1}^{n}P(x_i)\log_2\frac{1}{P(x_i)}\\&=-\sum_{x}^{40}P(x_i)\log_2 P(x_i)\\&=-\log_2(1/P)=-\log_2(1/40)=5.35\text{（比特/符号）}\end{aligned}$$

实际情况中，符号的出现不可能是等概率的，在对约 22 万字连续现代藏文文本进行统计后，提取了每个藏文字符的统计频率，不考虑音素符号间的相互组合和制约关系，则该统计样本藏语信源的熵值为

$$H(x)=\sum_{x}^{40}P(x_i)\log_2 1/P(x_i)=3.991\,3\text{（比特/符号）}$$

即藏语的一阶熵。

3. 藏语字符的二阶熵[②]

如果考虑符号间的依赖关系，则该信源称为马尔可夫信源，实际上自然语言信源都是马尔可夫信源。马尔可夫信源指任何时刻信源符号发生的概率只与前面已经发生的数个符号有关。若符号发生的概率只与前面 m 个符号相关，则称信源为 m 阶马尔柯夫信源。

二阶熵就是计算前一个字符 x 后出现字符 y 的转移概率的信息熵，即字符的条件熵，其公式为

$$H(y/x)=-\sum_{i=1}^{n}\sum_{j=1}^{n}P(x_i,y_i)\log_2 P(y_i/x_i)$$

江荻选取 18 世纪文学作品《青年达美的故事》，计算出该样本藏文的二阶熵为 1.253 1（比特/符号）。

4. 藏语字符的多余度[③]

如果信源具有无关性，并且出现是等概率的，则 N 个符号的信源的熵是最大的，称最大熵 $I_{最大}=\log_2 N$。

实际上，任何语言的符号之间都有相关性，而且不等概率，这种信源熵就是实际熵。

$$I_{相对}=I_{实际}/I_{最大}$$

① 江荻，龙从军．藏文字符研究[M]．北京：社会科学文献出版社，2010.
② 江荻，龙从军．藏文字符研究[M]．北京：社会科学文献出版社，2010.
③ 江荻，龙从军．藏文字符研究[M]．北京：社会科学文献出版社，2010.

相对熵在 0～1，用 1 减去相对熵的结果称为多余度。

$$E = 1 - I_{相对}$$

藏语字符的多余度为

$$\begin{aligned} E &= 1 - I_{相对} \\ &= 1 - 1.253\ 1/5.35 \\ &= 0.765\ 7 \end{aligned}$$

藏文字符信源有约 76% 的多余度，说明藏字中 76% 是由语言文字结构（字、词、句）规定的，是用来保证字符的组合符合藏语的组词、构字及有关语法规则的，而只有 24% 的符号是用来传递消息的。

书面藏语与欧洲一些语言的条件熵及多余度进行比较的结果如表 2-23 所示。

表 2-23　部分欧洲语言与藏语的条件熵及多余度比较

语　种	符号数	一阶熵	二阶熵	多余度
法　语	27	3.98		0.757（口语）
意大利语	22	4.00		
西班牙语	27	4.01		
英　语	27	4.03	3.32	0.753（口语）
德　语	27	4.037	3.40	0.792（口语）
罗马尼亚语	27	4.12		0.801（口语）
俄　语	32	4.35		0.777（口语）
藏　语	40	3.99	1.25	0.766

从表 2-23 可以看出，当不考虑字符之间的相互依赖关系（即一阶熵）时，藏语和欧洲语言的熵值比较接近；而当考虑字符之间的相互依赖关系（即二阶熵）时，藏语与欧洲语言之间的差别变大，这反映了藏文字符之间的相关性极强。

5. 藏文字丁的熵[①]

严海林等人从藏文《大藏经》中抽取 4 000 万字符，其中包括 768 个藏文字丁，假设每个字丁的出现是等概率的，算出藏文字丁的 0 阶熵为

$$H_0 = \log_2 N = \log_2 768 = 9.59$$

藏文真实文本中字丁的出现不是等概率的，对《大藏经》中 47 214 186 个字丁的出现概率进行统计，算出一阶熵为

$$H_1 = -\sum_{i=1}^{n} P(x_i)\log_2 P(x_i) = 4.80$$

严海林计算指出，藏文字丁的二阶熵为 3.12，三阶熵为 2.70，并与英语和汉语的信息熵进行了比较，其结果如表 2-24 所示。

① 严海林，江荻．藏文大藏经信息熵研究[J]．中国少数民族多文种信息处理研究与进展，2004.

表 2-24　英语、汉语、藏语的信息熵的比较

语种	符号数	0 阶熵	一阶熵	二阶熵	三阶熵	极限熵	多余度
英语	27	4.76	4.03	3.32	3.1	1.4	0.71
汉语	6 763	12.72	9.71			7.64	0.519
藏语	768	9.59	4.80	3.12	2.70	2.70	0.72

6. 藏文音节熵

藏文音节熵的计算是以音节为单位，统计出每个藏字的出现概率，或统计出每个藏字的前几个藏字为条件所出现的概率。

王维兰等人开展了藏文音节熵的计算①，通过对 2 000 万字语料的统计，得到音节总数 6 571 987 个，其中标准化音节共 5 334 个，按照构字，单字音节 475 种，双字音节 3 601 种，三字音节 902 种，四字音节 896 种。各类字丁音节的熵值如表 2-25 所示。

表 2-25　藏文字丁、音节熵值

字丁或音节	数量	相对熵值	绝对熵值
字　丁	521	5.878 402 2	5.878 402 2
单字音节	475	5.722 748 5	2.221 680 8
双字音节	3 601	8.069 204 4	4.384 081 9
三字音节	902	8.015 036 18	2.070 054 1
四字音节	896	5.724 489 8	0.207 100 8

语言熵值的计算在信息处理方面的用途非常广泛。学者们把最大熵方法用于语言建模，模型用于信息处理中的文本分类、命名实体识别、词性标注等问题②。

除了以上这些藏文的属性统计以外，还有一些数据，在此不一一列举。这些数据也有一定的出入，主要是研究者在进行统计时，所选的统计样本和统计单位的不一致导致的，但这些数据基本上能反映藏字的一些固有的属性。

2.5　现代藏字的字典序列

藏文字典序是给藏文排序的一种较为科学的办法。它的实现是通过比较藏字各个位置上的字符来确定藏字的序列，最终由藏字序来决定藏文文本序。藏文字典序也是人为规定的一种序列，但经过长期的使用，也是人们接受的、已经习惯的一种藏文排序的序列。

经研究发现，由于藏文字典序是人为规定的一种序列，所以不同的字典对字的序列规定也有所区别。通过分析《藏汉大词典》③等词典的排序情况后得到藏字的字典序列是分层循环的，其层次如图 2-37 所示。

① 王维兰，陈万军. 藏文字丁、音节频度及其信息熵[J]. 术语标准化与信息技术，2004（2）：27-31.
② 王晓龙，观毅等. 计算机自然语言处理[M]. 北京：清华大学出版社，2005.
③ 张怡荪. 藏汉大辞典[M]. 北京：民族出版社，1984.

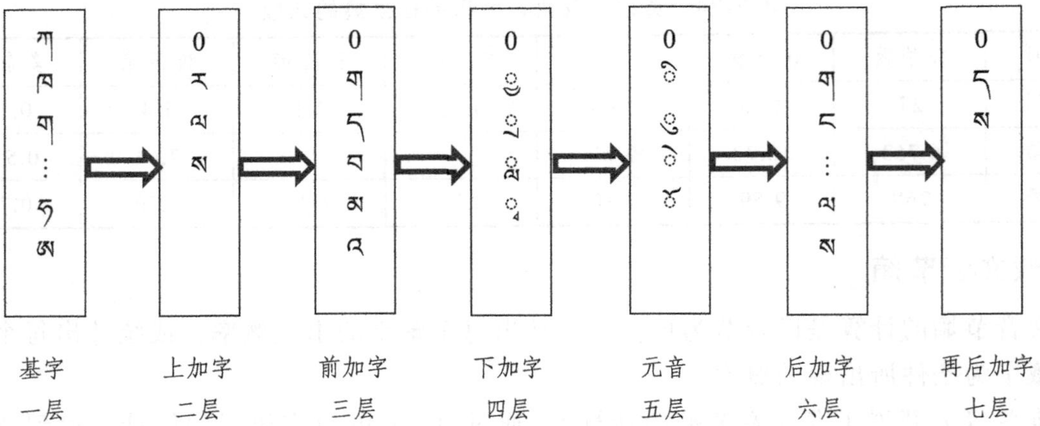

图 2-37　藏字字典序的层次图

最核心的层次即第一层是基字层，这是构成每个藏字的基础和必不可缺少的构件。而从第二层到第七层分别是上加字、前加字、下加字、元音、后加字和再后加字。第二层到第七层上的字符不是构成藏字必不可缺少的成分，即按照藏字的不同，这些成分是可以缺少的。图 2-37 中用 0 表示该缺少的成分。

现代藏字的字典序列是，以基字为核心，与二至七层的字符分层组合，每一层又与其外层的字符依次组合，其中构件的辅音序列为藏文字母序。举例说明：字典序中的第一个字是ཀ与其他六个层的 0 组合；第二个字是ཀ与第二至第五层的 0、第六层的ག组合；第七层再后加字必须加在后加字后面，也可以认为单一后加字是跟再后加字 0 组合的结果。依此类推，字典字符的序列应该为ཀ ཀག ཀགས ཀང ཀངས……ཀས ཀི ཀིག ཀིགས……ཀིས ཀུ ཀུག ཀུགས……ཀུས ཀེ ཀེག ཀེགས ……ཀེས ཀོ ཀོག ཀོགས ……ཀོས ཀྱ ཀྱག ཀྱགས……ཀྱི ཀྱིག……ཀྲ ཀྲག……ཀྲི……ཀྲོས ཀླ……ཀྭ……འསྐྭོས（如果有的话）ཁ……

本章讨论了藏字概述、藏字的结构、藏字的字体及书写、藏字的属性统计、藏字的字典序列等内容，希望为藏文信息的深入了解和研究奠定藏字方面的一点基础。

第 3 章

藏文字符编码体系

为了实现信息在计算机中的处理，首先需要解决该信息在计算机内部的表示。字符是信息的载体之一，而计算机采用二进制数码 0、1 两个数值对信息进行存储、加工等，所以也用 0、1 二进制数码表示字符，这个过程叫作编码，该“编码”是一个动词。用于表示字符的 0、1 二进制数码也叫编码，该“编码”是一个名词。字符编码是信息处理的前提，也是信息存储、信息交互的基石。

计算机中用 0、1 来表示的 1 个二进制数位叫位（bit），这是最小的信息单位。计算机中把一个 8 位二进制数叫作字节（byte），这也是计算机信息技术用于计量存储容量和传输容量的一种计量单位。从最小 00000000 到最大 11111111，即一个字节有 $2^8 = 256$ 个值。

本章介绍英文、汉文和藏文的编码。

3.1 英文字符在计算机中的表示

信息在计算机上是用二进制表示的，那么一个字符，比如 a 用哪一个二进制数值表示呢？从理论上说，用任何一个二进制表示都可以，但为保证人类和设备、设备和计算机之间能进行正确的信息交换，人们编制了统一的信息交换代码。最早的计算机内部字符编码表示是 ASCII 码，它的全称是“美国信息交换标准代码”。

美国标准信息交换代码（American Standard Code for Information Interchange，ASCII）是由美国国家标准学会（American National Standard Institute，ANSI）制定的标准的单字节（一个字节）字符编码方案。它起始于 20 世纪 50 年代后期，在 1967 年定案，最初是美国国家标准，供不同计算机在相互通信时用作共同遵守的西文字符编码标准，后被 ISO 及 CCITT 等国际组织采用。

一个字节虽然有 8 位二进制，8 位二进制有 256 个数值，但在制定 ASCII 时，可能是认为英文字符没有 256 个，用 7 位二进制 128 个数值就能表示英文字符，也就用了 7 位二进制来对英文进行编码。7 位的 ASCII 编码称为标准 ASCII 编码，一般所谓的 ASCII 编码指的都是标准 ASCII 编码。8 位的 ASCII 编码称为扩展 ASCII 编码。ASCII 码使用指定的 7 位或 8 位二进制数组合来表示 $2^7 = 128$ 或 $2^8 = 256$ 种可能的字符。标准 ASCII 码使用 7 位二进制数来表示所有的大写和小写字母，数字 0 ~ 9、标点符号，以及在美式英语中使用的特殊控制字符。

目前许多基于 x86 的系统都支持使用扩展（或“高”）ASCII。扩展 ASCII 码允许将每个字符的第 8 位用于确定附加的 128 个特殊符号字符、外来语字母和图形符号。

3.1.1 标准 ASCII 码字符

标准 ASCII 码字符集总共的编码有 128 个，其中包括 32 个通用控制符、10 个十进制数码、52 个英文大小写字母和 34 个专用符号。第 0 ~ 32 码位和第 127 号码位（共 34 个）是控制字符或通信专用字符，如控制符：LF（换行）、CR（回车）、FF（换页）、DEL（删除）等；通信专用符：SOH（文头）、EOT（文尾）、ACK（确认）等。第 33 ~ 126 码位（共 94 个）是图形字符，其中第 48 ~ 57 码位为 0 ~ 9 十个阿拉伯数字；65 ~ 90 码位为 26 个大写英文字母，97 ~ 122 码位为 26 个小写英文字母，其余为一些标点符号、运算符等。标准 ASCII 编码的对照表如表 3-1 所示。

表 3-1 ASCII 编码的对照表

ASCII 值	控制字符	ASCII 值	控制字符	ASCII 值	控制字符	ASCII 值	控制字符
0	NUT	21	NAK	42	*	63	?
1	SOH	22	SYN	43	+	64	@
2	STX	23	TB	44	,	65	A
3	ETX	24	CAN	45	-	66	B
4	EOT	25	EM	46	.	67	C
5	ENQ	26	SUB	47	/	68	D
6	ACK	27	ESC	48	0	69	E
7	BEL	28	FS	49	1	70	F
8	BS	29	GS	50	2	71	G
9	HT	30	RS	51	3	72	H
10	LF	31	US	52	4	73	I
11	VT	32	（space）	53	5	74	J
12	FF	33	!	54	6	75	K
13	CR	34	”	55	7	76	L
14	SO	35	#	56	8	77	M
15	SI	36	$	57	9	78	N
16	DLE	37	%	58	:	79	O
17	DCI	38	&	59	;	80	P
18	DC2	39	,	60	<	81	Q
19	DC3	40	(	61	=	82	R
20	DC4	41	)	62	>	83	X

续表 3-1

ASCII 值	控制字符	ASCII 值	控制字符	ASCII 值	控制字符	ASCII 值	控制字符
84	T	95	—	106	j	117	u
85	U	96	、	107	k	118	v
86	V	97	a	108	l	119	w
87	W	98	b	109	m	120	x
88	X	99	c	110	n	121	y
89	Y	100	d	111	o	122	z
90	Z	101	e	112	p	123	{
91	[	102	f	113	q	124	|
92	/	103	g	114	r	125	}
93	]	104	h	115	s	126	~
94	^	105	i	116	t	127	DEL

例如，z 的 ASCII 码是 122，说明 z 用二进制表示为 $(122)_{10} = (1111010)_2$。二进制编码的数位比较长，有时也用十六进制表示，z 的编码用十六进制表示为 $(007A)_{16}$。

3.1.2 扩展 ASCII 码字符

由于标准 ASCII 字符集字符数目很有限，在实际应用中往往无法满足要求。为此，国际标准化组织又制定了 ISO2022 标准，它规定了在保持与 ISO646 兼容的前提下将 ASCII 字符集扩充为 8 位代码的统一方法。ISO 陆续制定了一批适用于不同地区的扩充 ASCII 字符集，每种扩充 ASCII 字符集分别可以扩充 128 个字符，这些扩充字符的编码都是高位均为 1 的 8 位代码（即十进制数 128～255），称为扩展 ASCII 码。

扩展的 ASCII 字符满足了对更多字符的需求。扩展的 ASCII 包含 ASCII 中已有的 128 个字符，又增加了 128 个字符，总共 256 个字符。

① 扩展方式：8 位 ASCII 码：0000 0000——1111 1111

表示：$2^8 = 128 \times 2 = 256$ 码值；

② 扩展的大小：$128 \times 2 - 128 = 128$ 个字符。

例如，Ê 字符的 ASCII 编码是 00CA，$(00CA)_{16} = (0000\ 0000\ 1100\ 1010)_2$

该字符的第 8 位是二进制数 1。

3.2 汉字在计算机中的表示

3.2.1 汉字的编码体系

汉字的编码概念比较多，按照不同的应用范围分别取名为汉字输入码、汉字机内码、汉字交换码、汉字字形码、汉字地址码等。汉字通过输入设备将字符输入计算机中，再由汉字系统将其转换成内码存储、传送和处理，当需要输出时再由汉字系统调用字库中汉字的字形码得到输出字形。

只有在中文操作系统环境下才能处理汉字，操作系统中有实现各种汉字代码间转换的模块，在不同场合下调用不同的转换模块工作。汉字以某种输入方案输入时，就由与该方案对应的输入转换模块将其变换为机内码存储起来。汉字运算是一种字符串运算，用机内码进行，从主存到外存的传送也使用机内码。在不同汉字系统间传输时，先要把机内码转换为传输码，然后通过接口送出，对方收到后再转换为它自己的机内码。输出时先把机内码转换为地址码，再根据地址在字库中找到字形存储码，然后根据输出设备的型号、特性及输出字形特性使用相应转换模块把字形存储转换为字形输出码，把这个码送至输出设备输出。各编码的示意图如图 3-1 所示。

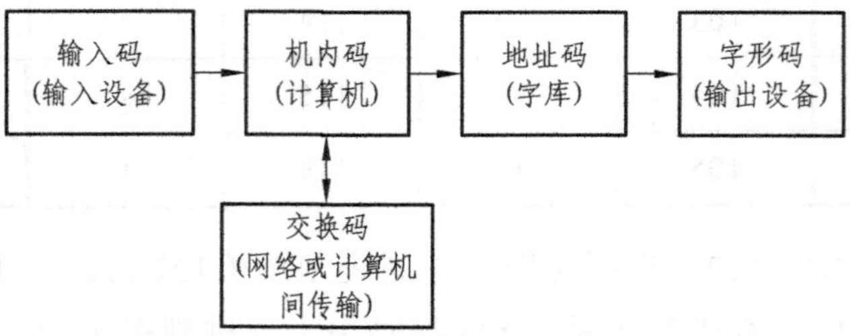

图 3-1 各编码的示意图

1. 汉字输入码

汉字输入码指汉字的键盘输入编码。常用的汉字输入码有音码、字形码、音形组合码。例如，“啊”用拼音输入时，其编码是“a”，这是一个音码；而用五笔输入法输入时，其编码是“kbsk”，这是一个字形码。汉字输入码是汉字输入法的编码。

2. 汉字的机内码

汉字的机内码是用于信息处理的汉字代码，也称为汉字处理码或汉字的内码，由扩充ASCII 码组成，指计算机内部存储、处理加工和传输汉字时所用的由 0 和 1 符号组成的代码。

输入码被接受后就由汉字操作系统的“输入码转换模块”转换为机内码，与所采用的键盘输入法（汉字输入码）无关。机内码是汉字最基本的编码，不管是什么汉字系统和汉字输入方法，输入的汉字输入码到机器内部都要转换成机内码，才能被存储和进行各种处理。

我们通常所说的内码是指国标内码，即 GB 内码。GB 内码用两个字节表示（即一个汉字要用两个字节来表示），每个字节的高位为 1，以确保 ASCII 码的西文与双字节表示的汉字之间的区别。

1980 年，为了使每一个汉字有一个全国统一的代码，我国颁布了第一个汉字编码的国家标准：《信息交换用汉字编码字符集 基本集》（GB 2312—80）。这个字符集是我国中文信息处理技术的发展基础，也是目前国内所有汉字系统的统一标准。GB 2312 将代码表分为 94 个区，对应第一字节；每个区又分为 94 个位，对应第二字节，因此也称为区位码。

3. 汉字的交换码

汉字的交换码是用于信息交换的汉字代码，也称为汉字的传输码，用双字节表示，用于在计算机之间或 Internet 上传输汉字的信息。

4. 汉字地址码

汉字地址码是指汉字库（这里主要指整字形的点阵式字模库）中存储汉字字形信息的逻辑地址。在汉字库中，字形信息都是按一定顺序（大多数按标准汉字交换码中汉字的排列顺序）连续存放在存储介质上的，所以汉字地址码大多也是连续且有序的，而且与汉字内码间有着简单的对应关系，以简化汉字内码到汉字地址码的转换。

5. 汉字字形码

汉字字形码是指存放在字库中的汉字字形点阵码，也称为字形存储码。不同字体有不同的字库，如黑体、仿宋体、楷体等是不同的字体，点阵的点数越多时一个字的表达质量也越高，也就越美观。一般用于显示的字形码是 16×16 点阵，每个汉字在字库中占 16×16/8 = 32 个字节；一般用于打印的是 24×24 点阵字型，每个汉字占 24×24/8 = 72 个字节；一个 48×48 点阵字型，每个汉字占 48×48/8 = 288 个字节。

6. 编码间的相互转化

（1）区位码转化为交换码

区位码可以按照以下的方法转化成为交换码：

交换码的高位 = 区位码高位 + 32->转换为十六进制；

交换码的低位 = 区位码低位 + 32->转换为十六进制。

例如，“码”的区位码是“3475”，则其交换码为

$$34 + 32 = (66)_{10} = (1000010)_2 = (42)_{16}$$

$$75 + 32 = (107)_{10} = (1101011)_2 = (6B)_{16}$$

即“码”的交换码是“426B”。

（2）交换码转化为区位码

交换码可以按照以下方法转化为区位码：

区位码的高位 = 交换码的高位转换成十进制 – 32；

区位码的低位 = 交换码的低位转换成十进制 – 32。

（3）交换码转化为机内码

交换码可以按照以下的方法转化为机内码：

机内码的高位 = 交换码的高位 + 80；

机内码的低位 = 交换码的低位 + 80。

例如，“码”的交换码是“426B”，则其机内码为

$$42 + 80 = C2$$

$$6B + 80 = EB$$

增加十六进制的 $(80)_{16}$ 就是二进制的 $(1000\ 0000)_2$，即把表示汉字的双字节的最高位设置为 1 了。

（4）区内码转化为机内码

区内码可以按照以下方法转化为机内码：

机内码高位 = 区位码高位转化为十六进制 + A0；

机内码低位 = 区位码低位转化为十六进制 + A0。

例如，“码”的区位码是“3475”，则其机内码为

$$(34)_{10} + A0 = (22)_{16} + A0 = C2$$

$$(75)_{10} + A0 = (4B)_{16} + A0 = EB$$

3.2.2 ISO/IEC 2022 汉字编码理论

为了汉字等字符能在计算机中通行，由国际标准化组织（ISO）及国际电工委员会（IEC）联合制定了 ISO/IEC 2022 标准。该标准是一个使用 7 位编码表示汉语文字、日语文字或朝鲜文字的方法。

ISO 2022 等同于欧洲标准组织（ECMA）的 ECMA-35、中国国标 GB 2312、日本工业规格 JIS X 0202（旧称 JIS C 6228）及韩国工业规格 KS X 1004（旧称 KS C 5620）。

英语可用 7 位编码储存，而其他使用拉丁字母、希腊字母、西里尔字母、希伯来字母等的语文，由于只使用数十个字母，传统上使用 8 位编码的 ISO/IEC 8859 标准来表示就足够了，但由于汉语、日语及朝鲜语字数众多，无法用一个 8 位字符来表达，故需要多于一个字节来代表一个字。于是，ISO 2022 就设计出使汉语、日语及朝鲜语可以用多个 7 位编码的字符来表示。除去每个 7 位中控制字符区外，可获得 94 个编码空间。该标准定义了 7 位代码和 8 位代码的空间及其代码空间的扩充技术。该标准的理论依据如下：

① 1 个 7 位的空间：$2^7 = 128$ 个，除去 32 个控制字符、空格字符和 Del 有 94 个编码空间。

② 2 个 7 位的空间：000 0000 000 0000——111 1111 111 1111

2 位　1 位　　2 位　1 位

$2^{14} = (2^7)^2 = 128^2$，而不是 128×2

③ 同理，2 个 7 位的空间：94×94

3 个 7 位的空间：$94 \times 94 \times 94$

⋮　　⋮

N 个 7 位的空间：$\underbrace{94 \times 94 \times \cdots \times 94}_{N个}$

一个 7 位已经用于表示英文字母，则需要选择多个 7 位来表示汉字，若选择双字节 7 位代码，又为了与 ASCII 系统兼容，通常采用最高位设置成 1 的方法来区别汉字代码与 ASCII 代码，编码区段如下：

100 0000 000 0000——111 1111 111 1111

高位　低位　　高位　低位

若选择 3 字节的 7 位代码，则可以用一个字节作为汉字代码的表示，其余 2 个 7 位编码作为汉字的代码，表示如下：

第三字节	第二字节	第一字节
汉字代码的标识	汉字的代码	

若选择 4 字节的 7 位代码，则选择一个字节作为汉字的标识，其余三个字节作为汉字的编码。

ISO/IEC 2022 标准给出了汉字编码的方案，但存在一些不足之处[①]：

① 代码空间狭小，凡是与 C0、C1 相关的空间都不使用，汉字编码没有利用 $(80)_{16}$ 以上的空间。

② 按国家/地区分别编码。

③ 需要一整套复杂的指明/调用的控制功能来区分代码空间中的词汇。

3.2.3　GB 2312—80

GB 2312—80[②]是中国国家标准简体中文字符集，全称《信息交换用汉字编码字符集 基本集》，由中国国家标准总局发布，1981 年 5 月 1 日实施。GB 2312 编码通行于中国（港澳台除外），新加坡等地也采用此编码。中国（港澳台除外）几乎所有的中文系统和国际化的软件都支持 GB 2312。GB 2312 编码图如图 3-2 所示。

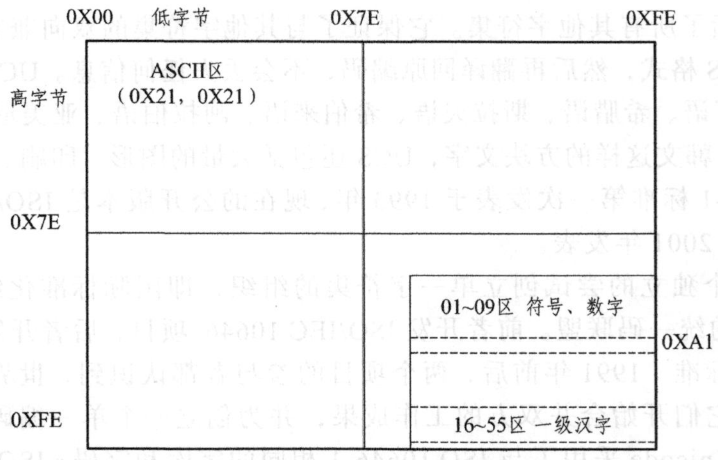

图 3-2　GB 2312 编码图

GB 2312 收录简化汉字及符号、字母、日文假名等共 7 445 个图形字符，其中收录 6 763 个汉字（一级汉字 3 755 个，二级汉字 3 008 个）；同时收录了包括拉丁字母、希腊字母、日文平假名及片假名字母、俄语西里尔字母在内的 682 个字符。该字符集中的字符基本满足汉字计算机处理的需要，它所收录的汉字已经覆盖中国内地 99.75% 的使用频率，但对于人名、古汉语等方面出现的罕用字，GB 2312 不能处理，故后来出现了 GBK 及 GB 18030 汉字字符集。

---

① 朱巧明，李培峰，吴娴，等. 中文信息处理技术教程[M]. 北京：清华大学出版社，2005.

② 中国国家标准总局. GB 2312—80 信息交换用汉字编码字符集 基本集[S]. http://baike. baidu. com/view/3058663. htm.

GB 2312 规定“对任意一个图形字符都采用两个字节表示，每个字节均采用七位编码表示”，习惯上称第一个字节为“高字节”，第二个字节为“低字节”。与 ASCII 有重叠，通行方法是将 GB 码两个字节的最高位设置为 1 以示区别。

GB 2312 将代码表分为 94 个区，对应第一字节；每个区又分为 94 个位，对应第二字节，两个字节的值分别为区号值和位号值加 32，因此也称为区位码。01 ~ 09 区为符号、数字区，16 ~ 87 区为汉字区，10 ~ 15 区、88 ~ 94 区是有待进一步标准化的空白区。比如，“啊”字是 GB 2312 之中的第一个汉字，它是 16 区的第 01 个字符，它的区位码就是 1601。

“高位字节”使用了 0XA1 ~ 0XF7（把 01 ~ 87 区的区号加上 0XA0），“低位字节”使用了 0XA1 ~ 0XFE（把 01 ~ 94 加上 0XA0）。由于一级汉字从 16 区起始，汉字区的“高位字节”的范围是 0XB0 ~ 0XF7，“低位字节”的范围是 0XA1 ~ 0XFE，占用的码位是 72 × 94 = 6 768 个，其中有 5 个空位是 D7FA ~ D7FE。

3.3 ISO/IEC 10646

3.3.1 ISO/IEC 10646 简介

ISO/IEC10646[①]通用字符集（Universal Character Set，UCS）是由 ISO 制定的 ISO 10646（或称 ISO/IEC 10646）标准所定义的标准字符集。

通用字符集又称 Universal Multiple-Octet Coded Character Set，我国大陆译为通用多八位编码字符集，我国台湾译为广用多八位元编码字元集。

通用字符集包括了所有其他字符集。它保证了与其他字符集的双向兼容，即如果将任何文本字符串翻译到 UCS 格式，然后再翻译回原编码，不会丢失任何信息。UCS 包含了已知语言的所有字符。除了拉丁语、希腊语、斯拉夫语、希伯来语、阿拉伯语、亚美尼亚语、格鲁吉亚语，还包括中文、日文、韩文这样的方块文字，UCS 还包括大量的图形、印刷、数学、科学等符号。

ISO/IEC 10646-1 标准第一次发表于 1993 年，现在的公开版本是 ISO/IEC 10646-1：2000，ISO/IEC 10646-2 在 2001 年发表。

历史上存在两个独立的尝试创立单一字符集的组织，即国际标准化组织（ISO）和多语言软件制造商组成的统一码联盟。前者开发 ISO/IEC 10646 项目，后者开发统一码项目，因此最初制定了不同的标准。1991 年前后，两个项目的参与者都认识到，世界不需要两个不兼容的字符集。于是，它们开始合并双方的工作成果，并为创立一个单一编码表而协同工作。从 Unicode 2.0 开始，Unicode 采用了与 ISO 10646-1 相同的字库和字码；ISO 也承诺，ISO 10646 将不会对超出 U + 10FFFF 的 UCS-4 编码赋值，以使得两者保持一致。两个项目仍都存在，并独立地公布各自的标准，但统一码联盟和 ISO/IEC JTC1/SC2 都同意保持两者标准的码表兼容，并紧密地共同调整任何未来的扩展。在发布的时候，Unicode 一般都会采用有关字码最常见的字形，但 ISO 10646 一般都尽可能采用 Century 字形。

3.3.2 UCS 的总体结构

UCS 的编码体系采用 128 个三维的组构成的四维编码空间，用 4 个“八位”（即 4 个字

---

① 通用字符集[EB/OL]. http://zh. wikipedia. org/wiki/ISO_10646.

节）编码方式分别表示组（group）、面（plane）、行（rows）和字位（cells）。整个编码空间可区别 128（00 ~ 7F）个组，每个组再根据次高字节分为 256（00 ~ FF）个面，每个面根据第 3 个字节分为 256（00 ~ FF）行（rows），每行包含 256 个位（00 ~ FF）。ISO/IEC10646 还规定每一个面的最后两个编码位置 FFFE 和 FFFF 保留不用，则整个编码总共有 128×256 = 32 768 个面，每一个面有 256×256 − 2 = 65 534 个编码位置，合计有 32 768×65 534 = 2 147 418 112 个编码位置，如图 3-3 所示。

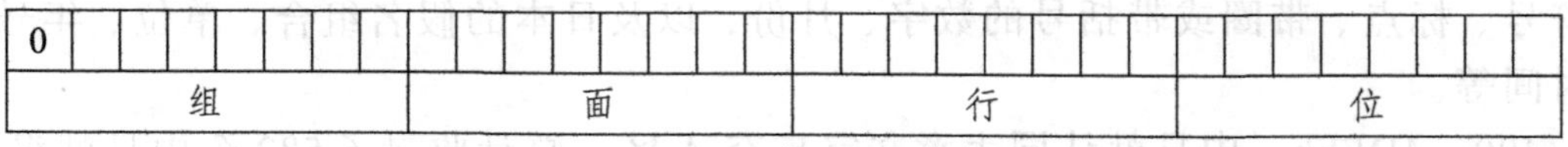

组：00 ~ 7F 即 128 个组
面：00 ~ FF 即 256 个面
行：00 ~ FF 即 256 个行
位：00 ~ FF 即 256 个位

图 3-3　构成 UCS 编码的四维空间的说明图

在 UCS 中，任何一个八位的值均用 00 ~ FF 的十六进制记数法表示。编码的总体代码空间如图 3-4 所示。

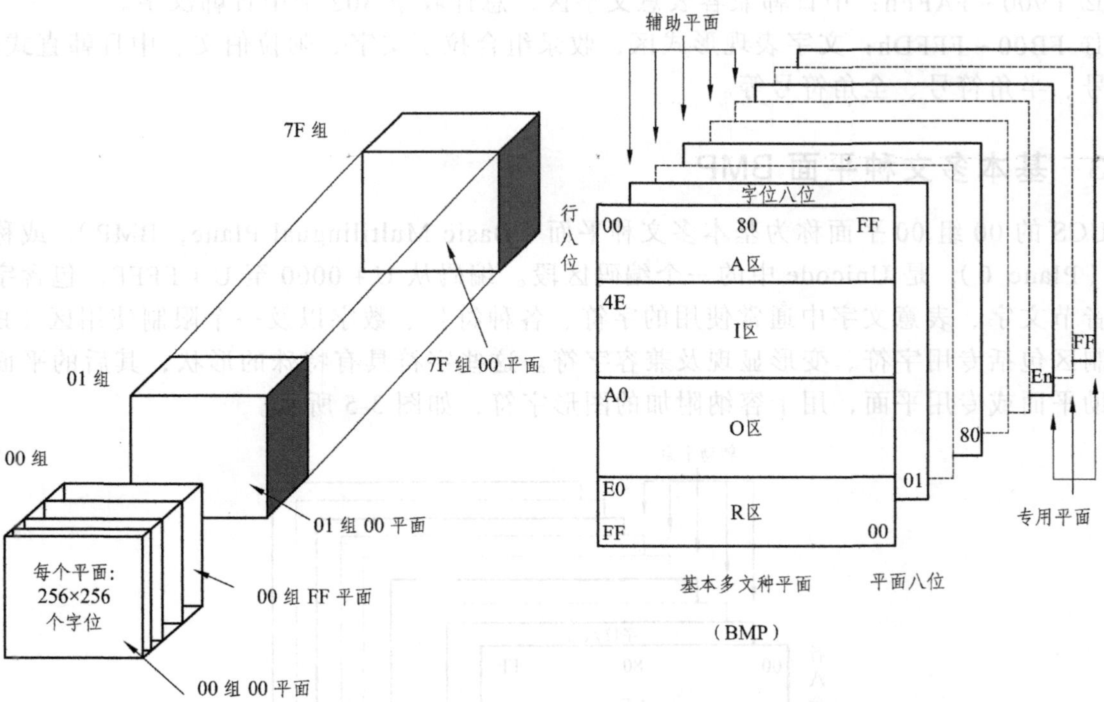

图 3-4　UCS 的总体代码空间图

ISO 10646 所有面中，目前仅有第 0、第 1 和第 2 面真正收录了编码字符，其收录的字符的分布如下①：

① 0000 ~ 007Fh：基本拉丁字母区。其中 0000 ~ 001Fh 为 C0 控制码，0020h 为空格（space），0021 ~ 007Eh 为 ASCII 图形字符，007Fh 为控制符 DEL。事实上，这个 128 个字符码只要把前 8 个位去掉就可变成 8 位形式的 ASCII 码。

② 0080 ~ 00A0h：控制区字符。其中 0080 ~ 00A0h 为 C1 控制符区，00A0h 为软回车（no-break space）。

---

① 朱巧明，李培峰，吴娴，等. 中文信息处理技术教程[M]. 北京：清华大学出版社，2005.

③ 00A1 ~ 1FFFh：拼音文字区。收录除基本拉丁字母以外的各种拼音文字字符，包括欧洲各国语言、希腊文、斯拉夫语文、希伯来文、阿拉伯文、亚美尼亚文、泰文、满文、藏文、蒙文、印第安语文等。

④ 2000 ~ 28FFh：符号区。收录各种符号，包括标点符号、上下标、钱币符号、数字、光学辨识符、表格绘制符号、地理图标、盲用点字、装饰图形等。

⑤ 2E80 ~ 33FFh：中日韩符号区。收录康熙字典部首、中日韩辅助部首、注音符号、中日韩的符号、标点、带圈或带括号的数字、月份，以及日本的假名组合、单位、年号、月份、日期、时间等。

⑥ 3400 ~ 4DFFh：中日韩认同表意文字扩充 A 区，总计收录 6 582 个中日韩汉字。

⑦ 4E00 ~ 9FFFh：中日韩认同表意文字 A 区，总计收录 20 902 个中日韩汉字。

⑧ A000 ~ A4FFh：彝族文字区，收录中国彝族文字和字根。

⑨ AC00 ~ D7FFh：韩文拼音组合字区，收录以韩文音符拼成的文字。

⑩ D800 ~ DFFFh：S 区，专用于 UTF-16。

⑪ E000 ~ F8FFh：专用字区，其内容 WG2 不予规定，保留供使用者自行添加 ISO 10546 未收录字符。

⑫ F900 ~ FAFFh：中日韩兼容表意文字区，总计收录 302 个中日韩汉字。

⑬ FB00 ~ FFFDh：文字表现形式区，收录组合拉丁文字、阿拉伯文、中日韩直式标点、小符号、半角符号、全角符号等。

3.3.3 基本多文种平面 BMP

UCS 的 00 组 00 平面称为基本多文种平面（Basic Multilingual Plane，BMP），或称第零平面（Plane 0），是 Unicode 中的一个编码区段。编码从 U + 0000 至 U + FFFF，包含字母文字、音节文字、表意文字中通常使用的字符、各种符号、数字以及一个限制使用区（BU）。该限制区包括专用字符、变形显现及兼容字符。这些字符具有特殊的形状，其后的平面被视为辅助平面或专用平面，用于容纳附加的图形字符，如图 3-5 所示。

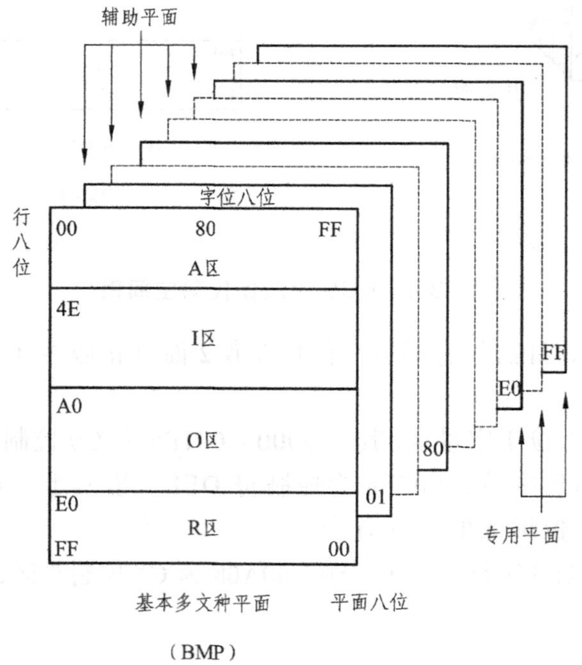

图 3-5 UCS 的 00 组

该平面分为四个区：A 区、I 区、O 区以及 R 区。其中 A 区用于字母文字、音节文字以及各种符号；I 区用于中日韩（CJK）统一的表意文字（统一的东亚表意文字）；O 区留作未来标准化；R 区作为 BMP 的限制使用区，它包括专用字符、变形显现及兼容字符，如图 3-6、图 3-7 所示。

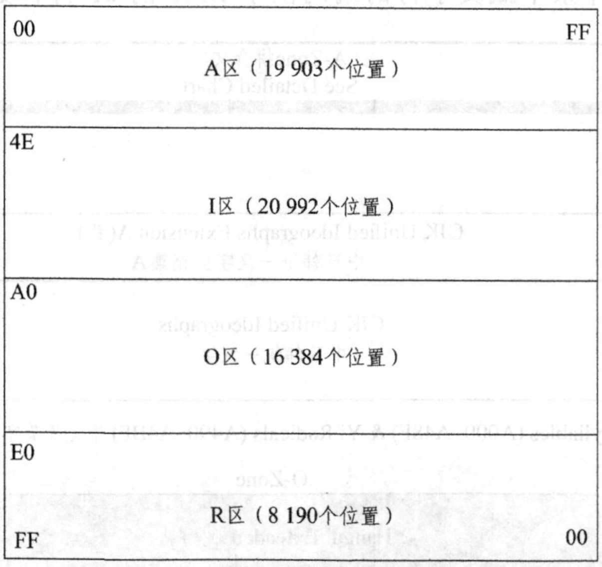

图 3-6 通用多八位编码字符集的基本多文种平面的分区

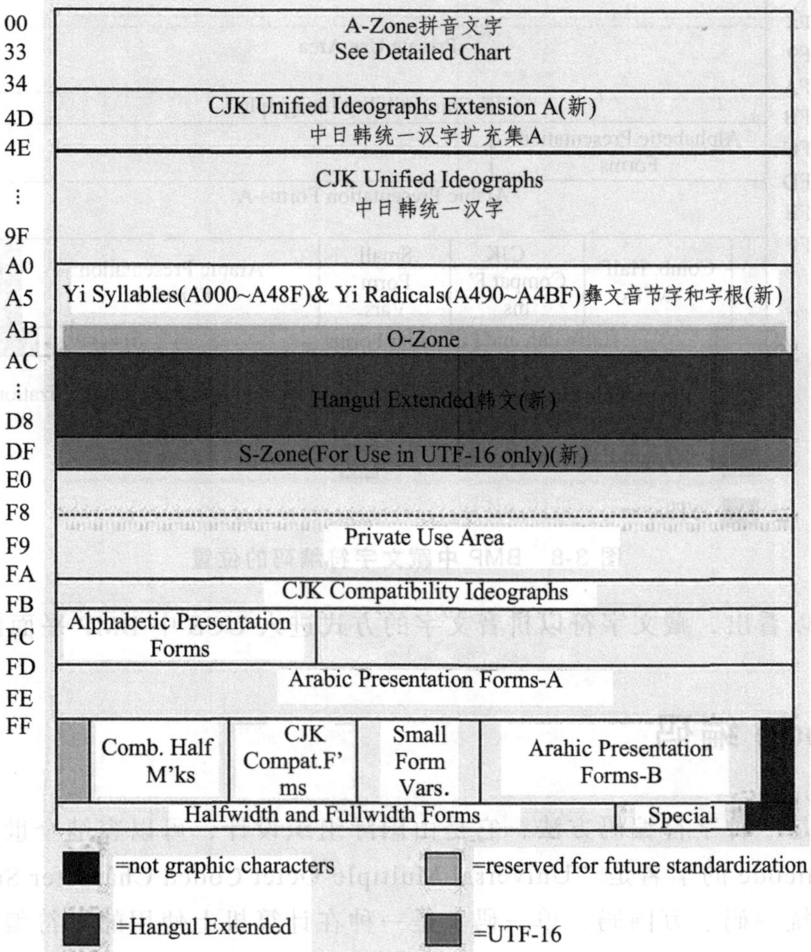

图 3-7 UCS 的基本多文种平面

3.3.4 BMP 平面中藏文的编码段

BMP 平面中采用双八位编码，其中第一个八位表示该字符所在的行，第二个八位表示该字符所在的位。该编码体系中藏文字符的编码位于 BMP 的 0F 行，如图 3-8 所示。

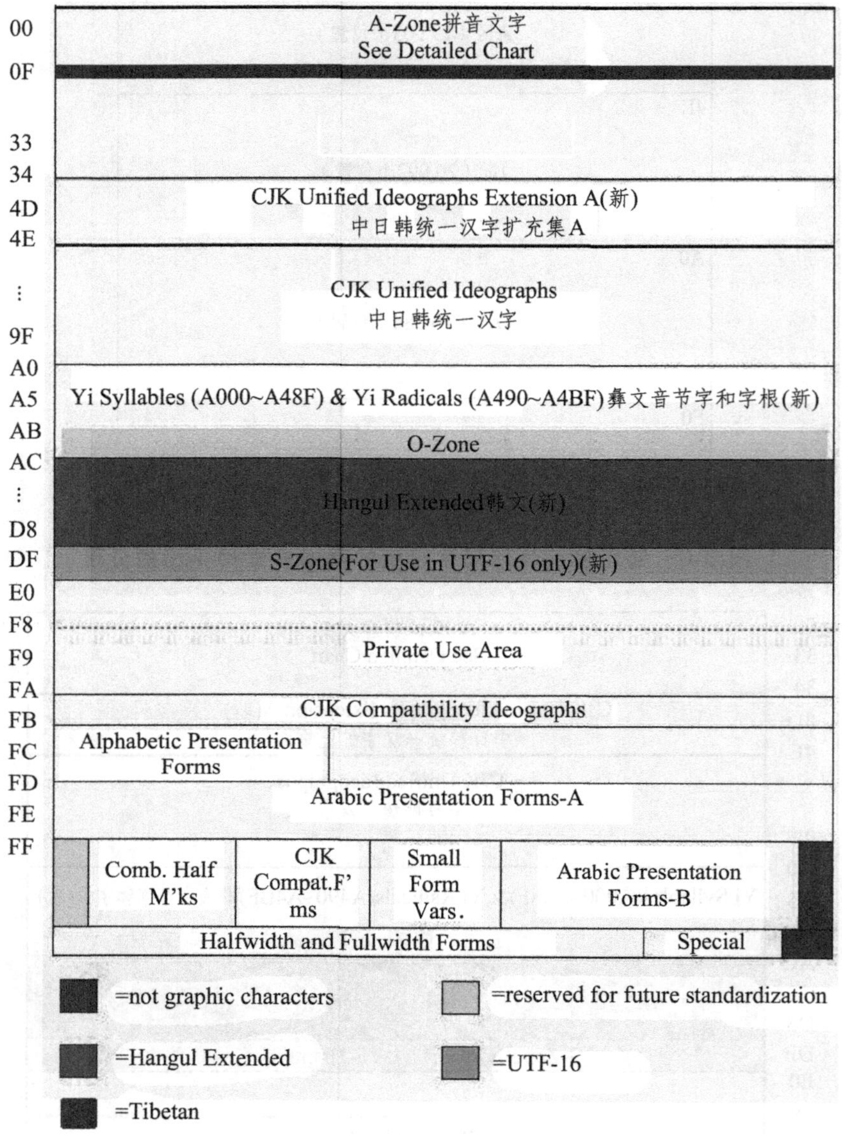

图 3-8 BMP 中藏文字符编码的位置

由图 3-8 可以看出，藏文字符以拼音文字的方式进入 UCS 中 BMP 平面的 A 区。

3.4 Unicode 编码

Unicode 也是一种字符编码方法，它是由国际组织设计，可以容纳全世界所有语言文字的编码方案。Unicode 的学名是 “Universal Multiple-Octet Coded Character Set”。

Unicode① (统一码、万国码、单一码) 是一种在计算机上使用的字符编码。它为每种语

① Unicode. http://baike. baidu. com/view/40801. htm.

言中的每个字符设定了统一且唯一的二进制编码，以满足跨语言、跨平台进行文本转换、处理的要求。1990 年开始研发，1994 年正式公布。随着计算机工作能力的增强，Unicode 在面世以来的十多年里得到了普及。

Unicode 是基于通用字符集（Universal Character Set）的标准来发展的，并且同时也以书本的形式出版。比如，2005 年 3 月 31 日推出了 Unicode 4.1.0；5.0 Beta 于 2005 年 12 月 12 日推出，5.2 版本（Unicode Standard）于 2009 年 10 月 1 日正式推出，以供各会员评价。2012 年 9 月推出的最新 Unicode 版本是 Unicode 6.2①。

Unicode 是国际组织制定的可以容纳世界上所有文字和符号的字符编码方案。Unicode 用数字 0 ~ 0x10FFFF 来映射这些字符，最多可以容纳 1 114 112 个字符，或者说有 1 114 112 个码位。

在 Unicode 5.0.0 版本中，已定义的码位只有 238 605 个，分布在平面 0、平面 1、平面 2、平面 14、平面 15、平面 16。其中，平面 15 和平面 16 上只是定义了两个各占 65 534 个码位的专用区（Private Use Area），分别是 0XF0000 ~ 0XFFFFD 和 0X100000 ~ 0X10FFFD。所谓专用区，就是保留给大家放自定义字符的区域，可以简写为 PUA。平面 0 也有一个专用区：0XE000 ~ 0XF8FF，有 6 400 个码位。平面 0 的 0XD800 ~ 0XDFFF，共 2 048 个码位，是一个被称作代理区（Surrogate）的特殊区域。代理区的目的用两个 UTF-16 字符表示 BMP 以外的字符。如前所述在 Unicode 5.0.0 版本中，余下 238 605 − 65 534 × 2 − 6 400 − 2 048 = 99 089 个已定义码位分布在平面 0、平面 1、平面 2 和平面 14 上，它们对应着 Unicode 目前定义的 99 089 个字符，其中包括 71 226 个汉字。平面 0、平面 1、平面 2 和平面 14 上分别定义了 52 080、3 419、43 253 和 337 个字符。平面 2 的 43 253 个字符都是汉字，平面 0 上定义了 27 973 个汉字。

在汉字代码体系中提到了“码”的区位码是“3475”，交换码是“426B”，机内码是“C2EB”，但在 Word 2010 中看“码”的编码（按组合键“Alt + X”即可看到该字符的编码）是“7801”。“7801”是“码”的 Unicode 编码。

3.5 GB 13000 标准

为了便于多个文种的同时处理，国际标准化组织下属编码字符集工作组研制了新的编码字符集标准 ISO/IEC 10646。该标准第一次颁布于 1993 年，当时只颁布了其第一部分，即 ISO/IEC 10646.1：1993。中国相应的国家标准是（GB 13000.1—1993）《信息技术 通用多八位编码字符集（UCS）第一部分：体系结构与基本多文种平面》。制定这个标准的目的是对世界上的所有文字统一编码，以实现世界上所有文字在计算机上的统一处理。

GB 13000 的全称为国家标准《信息技术 通用多八位编码字符集（UCS）第一部分：体系结构与基本多文种平面》（GB 13000.1—1993）②，此标准等同采用国际标准《信息技术 通用多八位编码字符集（UCS）第一部分：体系结构与基本多文种平面》（ISO/IEC 10646-1：1993）。Unicode 标准目前在基本平面上与 GB 13000 保持一致。采纳 UTF-16 方案作为未来实现 01 ~ 0F 共 15 个辅助平面的方式，其他方面与 GB 13000 基本一致。

GB 13000 建立了一个全新的编码体系。ISO/IEC 10646 被称作“多八位”编码字符集，

① Unicode 6. 2. 0. http://www. unicode. org/versions/Unicode6. 2. 0/.
② GB 13000. http://baike. baidu. com/view/1207096. htm.

是因为它采用四个“八位”（即 8 bit 或称作字节）编码。这四个字节被用来分别表示组、平面、行和字位。

GB 2312 规定的汉字为常用汉字，包括简化汉字三千余个。由于我国汉字数量巨大（约 10 万字），我国又陆续增加了六个辅助集。其中，基本集与第二、第四辅助集是简化汉字集，第一（即 GB 12345）、第三、第五辅助集是繁体汉字集，且基本集与第一、第二与第三、第四与第五辅助集分别有简、繁体字一一对应的关系（个别简、繁关系为一对多的汉字除外）。第七辅助集汉字的来源是 GB 13000.1 的 CJK 统一汉字部分，为日本、韩国和我国台湾地区使用的汉字。七个字符集共计约包含汉字 49 000 个（简化字和繁体字分别编码）。

GB 13000 的字符集包含 20 902 个汉字，此外，还收录了维哈克文（属于阿拉伯文体系）、朝鲜文、彝文、藏文和蒙文。

3.6 GB 18030 标准

1980 年，我国颁布了第一个汉字编码字符集标准，即（GB 2312—80）《信息交换用汉字编码字符集基本集》。该标准共收了 6 763 个汉字及常用符号，奠定了中文信息处理的基础。随着国际间交流的加强与合作的扩大，信息处理应用对字符集提出了多文种、大字量、多用途的要求。1993 年，国际标准化组织发布了（ISO/IEC 10646-1）《信息技术通用多八位编码字符集第一部分体系结构与基本多文种平面》。我国等同采用此标准制定了 GB 13000.1—1993。该标准采用了全新的多文种编码体系，收录了中、日、韩 20 902 个汉字，是编码体系未来发展的方向。由于其新的编码体系与现有多数操作系统和外部设备不兼容，所以它的实现仍需要一个过程，目前还不能完全解决我国应用的迫切需要。考虑到 GB 13000 的完全实现有待时日，以及 GB 2312 编码体系的延续性和现有资源和系统的有效利用与过渡，选择在 GB 2312（GB 2311）的基础上进行扩充，并且在字汇上与 GB 13000.1 兼容的方案，研制一个新的标准——汉字编码基本集的扩充，进而完善 GB 2312，以满足我国邮政、户政、金融、地理信息系统等应用的迫切需要。

信息产业部和原国家质量技术监督局于 2000 年 3 月 17 日联合发布了该标准，即《信息技术信息交换用汉字编码字符集基本集的扩充》（GB 18030—2000）[①]。目前 GB 18030 的最新版本是 GB 18030—2005。《信息技术中文编码字符集》（GB 18030—2005）是我国自主研制的以汉字为主并包含多种我国少数民族文字（如藏、蒙古、傣、彝、朝鲜、维吾尔文等）的超大型中文编码字符集强制性标准，其中收入汉字 70 244 个。

GB 18030—2005 标准采用单字节、双字节和四字节三种方式对字符进行编码。单字节部分采用 GB/T 11383 的编码结构与规则，使用 0X00 ~ 0X7F 码位（对应于 ASCII 码的相应码位）。双字节部分，首字节码位为 0X81 ~ 0XFE，尾字节码位分别是 0X40 ~ 0X7E 和 0X80 ~ 0XFE。四字节部分采用 GB/T 11383 未采用的 0X30 ~ 0X39 作为对双字节编码扩充的后缀，这样扩充的四字节编码，其范围为 0X81308130 ~ 0XFE39FE39。其中第一、三个字节编码码位均

① GB 18030. http://baike. baidu. com/view/889058. htm.

为 0X81～0XFE，第二、四个字节编码码位均为 0X30～0X39。码位总体结构如图 3-9 所示。

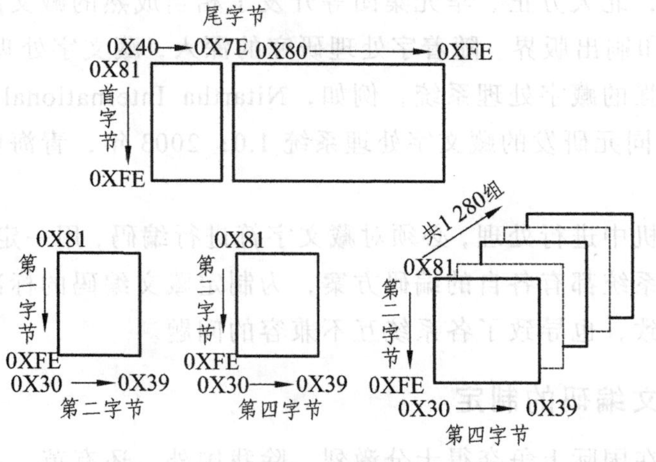

图 3-9 GB18030 编码总体结构图

3.7 藏文编码字符集

3.7.1 藏文编码概况

藏文编码是藏字输入计算机的第一个环节，是藏文信息处理的关键技术之一。20 世纪 80 年代初以来，随着藏文信息技术在我国的快速发展，以及众多藏文编码工作者的不懈努力，到目前为止，出现了多种藏文编码方案，并已投入使用，为藏文编码技术的完善和发展提供了保证。

1. 非标准的藏文编码

20 世纪 80 年代初，中国社科院的张连生先生根据中央民族学院于道泉教授提出的以数码代替藏文的编码方案，初步设计了一个藏文检索系统。该编码设计可看作是最早的藏文编码①。

“1987 中文信息处理国际会议”中，北京信息控制研究所的罗圣仪等人提出了一种藏汉西文混合输入和编辑的藏文处理系统—TCES②，其中讨论了藏文基本字符库的建立、藏文字符的编码方案、藏汉西文混合输入和编辑、交互式操作等。

1993 年 9 月，成都电子科技大学的彭寿全等人提出了“外挂式藏汉英混合处理系统”③的设计方案，其思想是将藏文处理系统灵活地挂接到各种常用的汉字系统上，实现藏汉英混合处理，同时，解决了藏文间隔点打印和补点对齐等难题。

20 世纪 90 年代初期，航天 CAD 公司技术开发部总结了用户的需求，开发了“HT-藏文轻印刷系统”④。该系统集藏文输入、编辑、排版、版面显示及打印输出为一体，可实现

① 江荻，龙从军. 藏文字符研究[M]. 北京：社会科学文献出版社，2010.

② 罗圣仪，刘英杰，刘璐. 一种藏汉西文混合输入和编辑的藏文处理系统[G]//中文信息处理国际会议论文集. 北京：中国中文信息学会，1987.

③ 彭寿全，黄可，万国根，等. 外挂式藏汉英混合处理系统[J]. 中文信息学报，1993.

④ 罗圣仪，江虹，张志芳. 藏文轻印刷系统[J]. 计算机世界，1993.

藏、汉、英混合输入、编辑及排版输出，其中包括藏文点阵字库和藏文矢量字库。

在此后的几年里，北大方正、华光集团等开发了相当成熟的藏文激光照排系统，广泛应用于藏文报刊、书版印刷出版界。随着字处理研究的深入，藏文字处理系统日趋完善。同时，也不断研发出功能更强的藏字处理系统，例如，Nitartha International 公司于 1999 年研发的 Sambhota；2000 年，同元研发的藏文字处理系统 1.0；2003 年，青海师大研发的班智达藏文字处理系统等。

把藏字输入计算机中进行处理，必须对藏文字符进行编码，用一定的编码表示藏文字符，以上处理藏字的每个系统都有各自的编码方案，为制定藏文编码的标准起到了指导作用，但各自所用的编码不一致，也导致了各系统互不兼容的问题。

2. 国际标准藏文编码的制定

藏文编码的制定在国际上争夺得十分激烈，除我国外，还有英、美、印度、爱尔兰等国都提出了藏文编码的提案。英国标准局 1988 年 7 月 12 日首先提交了 ISO/DP 10646 藏文提案，给出了 63 个编码点。1993 年，国家技术监督局、电子工业部、西藏自治区有关部门正式承担了起草“信息交换用藏文编码国际标准”的工作。1994 年 5 月，藏文编码的第一份中国提案交给了在土耳其召开的国际标准化组织的 WG2 第 25 届会议，该提案是一个含 500 多藏文整字的字符集。1994 年 10 月，按拼音文字结构特征起草的藏文编码中国提案交到了 WG2 第 26 届旧金山会议，这份提案确定了藏文编码的国际标准的框架和模式。1995 年 3 月，在瑞士日内瓦召开的 WG2 第 27 届会议上，统一编码联盟组织提交了与我国提案相近但存在差异的另一个藏文编码提案。同年 4 月，我国专家赴美参加了硅谷召开的藏文编码会，最终形成了以我国提案为主的双方一致确认的藏文编码国际标准提案。该提案交给了 1995 年 6 月在芬兰赫尔辛基举行的 WG2 第 28 届会议，通过了 WG2 一级审查，进入 SC2 一级投票处理阶段。1996 年 4 月，在丹麦哥本哈根举行的 WG2 第 30 届会议上，英国、爱尔兰又提交了藏文编码扩充方案，经过辩论，原藏文编码方案进入了第二轮投票阶段①。1997 年 7 月，国际标准化组织 ISO 和国际电工委员会 IEC 在第 33 届 WG2（编码标准第二工作组）会议上表决通过了由我国提交的编码方案——《藏文编码字符集 基本集》。该标准是国际标准《通用多八位编码字符集》（ISO/IEC 10646）的重要组成部分。

该藏文字符基本集的编码方案于 1997 年 9 月被国家技术监督局批准、发布为国家标准《信息技术 信息交换用藏文编码字符集 基本集》（以下简称《藏文字符基本集》，GB 16959—1997）。该编码方案既是国际标准也是国家标准，这是藏族科技史上重要的一页。该藏文编码是我国第一个有国际标准的少数民族文字的编码，标志着藏文的信息化正式走向世界，为藏文在国际互联网络上进行信息处理和交换、资源共享奠定了基础。

1997 年藏文国际编码通过了 ISO/IEC 标准后，也被 Unicode2.0 收入。此后在 Unicode3.0，Unicode4.1，Unicode5.1，Unicode6.2 中陆续有所修改，最新的 Unicode 6.2 版本含 256 个编码点，已经收录了 211 个字符②，包括辅音字符、元音符号、变音符号、数字符号、标点符号和一些其他符号。

---

① 江荻，龙从军. 藏文字符研究[M]. 北京：社会科学文献出版社，2010.

② Unicode 6. 2. 0. http://www. unicode. org/cgi-bin/Code2Chart. Pl.

3. 国家标准藏文编码的制定

1997 年虽制定了《藏文字符基本集》，Unicode 中也收录了藏文编码，理论上基于该标准对藏文字符进行编码是没有问题的，但限于当时的技术，在计算机上仅基于该标准还不能实现对藏文的录入、存储、显示、打印等信息处理和信息交换。为推动藏文信息化建设，国内一些专家提出了两个路线的方针：一是继续对国际标准小字符集 [《信息技术 信息交换用藏文编码字符集 基本集》相对于后面制定的《信息技术 藏文编码字符集标准 扩充集》（简称为《藏文字符扩充集》）字符少，也有人称为小字符集] 技术进行深入的研究；二是根据国内信息化的需求制定藏文大字符集国家标准。

《藏文字符基本集》把二维藏文字符中的每一个字符作为编码的对象，反映了藏文字符的拼音性属性，也反映了藏文字符的组合性特征；而《藏文字符扩充集》把藏文纵向叠加而成的大丁看作不可分割的整体，对结构稳定、使用频繁的藏字和梵音藏字纵向叠加体作为编码的对象。把二维的藏文字符简化为一维线性来进行信息处理，也模仿汉字的使用频度制定了《信息技术 藏文编码字符集标准 扩充集 A》和《信息技术 藏文编码字符集标准 扩充集 B》两个标准。

2003 年，我国提交了《关于国际标准 ISO/IEC 10646 基本平面为藏文大字符集编码的提案》（WG2 N2621），就此收到了来自国内外多方的意见，归纳起来不外乎两种：一种认为，原有藏文小字符集已经能够解决藏文编码问题，藏文大字符集既无必要，又违反了组合字符不能在国际标准 ISO/IEC 10646 基本平面的原则，两种编码并存造成实现负担和处理困难。另一种则认为，藏文进入信息时代以来，从 DOS 到 Windows 系统，国内外一直使用小字符集加大字符集的实现方式。比如，方正、华光等藏文信息处理系统就是基于小字符集加大字符集。特别强调藏文字中有许多叠加字符，这些字符的构件和跨度较大，有些字符的叠加层数较多，在字形描述、系统实现以及应用软件的支持等方面由于技术原因，通过动态叠加组合的方式得到成千上万的藏文字符很难处理，因此仅靠小字符集，彻底解决藏文的信息处理和交换，尚有一定距离。

中华人民共和国国家质量监督检验检疫总局和中国国家标准化管理委员会于 2006 年发布了《信息技术 藏文编码字符集标准 扩充集 A》（GB/T 20542—2006），于 2008 年 6 月发布了《信息技术 藏文编码字符集标准 扩充集 B》（GB/T 22238—2008）。这两个藏文字符编码集作为国家推荐标准。

3.7.2 《藏文编码字符集 基本集》

1.《藏文编码字符集 基本集》概述

BMP 平面中采用双八位编码，其中第一个八位表示该字符所在的行，第二个八位表示该字符所在的位。藏文字符以拼音文字的方式进入 UCS 中 BMP 平面的 A 区。Unicode 6.2 收录的藏文字符的编码位于 BMP 的 0F 行的 00 位至 DA 位（0F00 ~ 0FDA），共 211 个字符，如图 3-10 所示。

图 3-10 Unicode6.2 中藏文基本集的编码

从图 3-10 可以看出，每个字符由表中列的三个字符与行的一个字符构成双八位编码表示，例如，ༀ 的编码由第一列的 0F0 和第一行的 0 构成编码 0F00，其意义是该字符处于基本平面 0F 行的 00 位上。

Unicode 6.2 收录的藏文字符的编码为 0F00～0FDA，共 211 个，其中包括辅音字符、元音符号、变音符号、数字符号、标点符号和一些其他符号。

（1）辅音字符

辅音字符包括一般辅音（前导辅音）和组合用辅音字符，而一般辅音和组合用辅音字符都包括现代藏字的辅音字符和梵音藏字的辅音字符。一般辅音包括现代藏字的一般辅音 31 个（包括一个ར作为前导字符不变形的情况）、梵音藏字专用辅音 11 个、特殊辅音 2 个；组合用辅音字符包括现代藏字组合用辅音 30 个，梵音藏字组合用辅音 14 个（包括下加字不变形的三个），一共 88 个。

（2）元音符号

元音符号包括现代藏字的 4 个元音符号和专用于梵音藏字的 13 个元音符号，共 17 个。

（3）变音符号

变音符号附着在元、辅音字符上，用来说明元、辅音发生的语音性质的变化，共 15 个。

（4）数字符号

数字符号包括 10 个基本数字符号和 10 个半数字符号，共 20 个。

（5）标点符号

标点符号在文本中用来分割词语，表示停顿、语气等，共 28 个。

（6）其他符号

标准中还收录了藏文起始符号、吟诵示意符、历算占星符和装饰符号等，共 43 个。

- 起始符号 13 个；
- 吟诵示意符 8 个；
- 历算占星符 13 个；
- 装饰符号 9 个。

2.《藏文编码字符集 基本集》的编码方式

《藏文编码字符集 基本集》以藏字中的每一个字符作为编码的对象，编码流的顺序规定为藏字的书写顺序，也就是藏字在键盘上的输入顺序。其说明示意图如图 3-11 所示。

བསྒྲིགས་ =	བ +	ས +	◌ྒ +	◌ྲ +	◌ི +	ག +	ས +	་
	0F56	0F66	0F92	0FB2	0F72	0F42	0F66	0F0B

图 3-11　藏文基本集编码流的说明图

其中，བ ག ་ 没有纵向叠加的字符直接用了辅音字符或符号的编码，而纵向叠加字符སྒྲི中的第一个字符ས是纵向叠加开始的字符，也称为前导字符，其编码与单独辅音ས（图 3-11 中的再后加字）的编码一致，而◌ྒ是用于组合的字符，也称为组合用字符，虽字形与ག（图 3-11 中的后加字）一致，但编码不一样，◌ྲ和◌ི也是组合用字符和元音符号。从图 3-11 可以看出，没有叠加的藏文字符的编码就是一般辅音或符号的编码，纵向叠加的第一个字符的编码与一般辅音的编码一致，而从纵向叠加的第二个字符开始就用组合用字符（编码表中字符带一个虚圆圈表示）的编码。

3.《藏文编码字符集 基本集》中的字符说明

Unicode 6.2 收录了 211 个藏文字符，下面以 Unicode 值、藏文字符的图形符号、Unicode 6.2 中的英文名称、汉文名称、藏文名称、符号属性、用法来详细介绍每个字符[①②]。

（1）0F00 ༀ TIBETAN SYLLABLE OM 藏文音节符 OM ཨོམ། 起始字

用法：用于传统文章的开篇或者咒语开篇，作为特殊字符单独使用或与其他符号组合使用。

（2）0F01 ༁ TIBETAN MARK GTER YIG MGO TRUNCATED A 伏藏字头 གཏེར་ཡིག་མགོ 起始符号

用法：用于文献篇首，表示文章的起始。

（3）0F02 ༂ TIBETAN MARK GTER YIG MGO-UM RNAM BCAD MA 伏藏字头 ཨུམ་རྣམ་བཅད་མ། 起始符号

用法：伏藏经文中用于文献篇首，表示文章的起始。

（4）0F03 ༃ TIBETAN MARK GTER YIG MGO-UM GTER TSHEG MA 伏藏字头 ཨུམ་གཏེར་ཚེག་མ། 标点符号

用法：类似文本分界符号，可以单独使用，相当于藏文中的垂形符。

（5）0F04 ༄ TIBETAN MARK INITIAL YIG MGO MDUN MA 云头符 ཡིག་མགོ་མདུན་མ། 起始符号

用法：用于文本、篇章的篇首，表示文章的起始。可以单独使用，也可与腰云头符连用。

（6）0F05 ༅ TIBETAN MARK CLOSING YIG MGO SGAB MA 腰云头符 ཡིག་མགོ་སྒབ་མ། 组合用起始符号

用法：不单独使用，在云头符༄后添加一个或多个，构成组合起始符号。如：༄༅།། ༄༅༅།། ༄༅༅༅།།。

（7）0F06 ༆ TIBETAN MARK CARET YIG MGO PHUR SHAD MA 橛形垂符 ཡིག་མགོ་ཕུར་ཤད་མ། 起始符号

用法：用于篇章的篇首，表示文章的起始。

（8）0F07 ༇ TIBETAN MARK YIG MGO TSHEG SHAD MA 点云头符 ཡིག་མགོ་ཚེག་ཤད་མ། 起始符号

用法：主要用于古藏文篇章标题或文章起始处。

（9）0F08 ༈ TIBETAN MARK SBRUL SHAD 蛇形垂符 སྦྲུལ་ཤད། 标点符号

用法：一般用于文章的开首处和重要人名的前面以表示尊贵。

（10）0F09 ༉ TIBETAN MARK BSKUR YIG MGO 信函起始符 བསྐུར་ཡིག་མགོ། 起始符号

用法：平辈之间手写信函起始符。

（11）0F0A ༊ TIBETAN MARK BKA-SHOG YIG MGO 诏令起始符 བཀའ་ཤོག་ཡིག་མགོ། 起始符号

用法：用于诏书的起始符。

（12）0F0B ་ TIBETAN MARK INTERSYLLABIC TSHEG 音节点 ཚེག 标点符号

用法：用于音节分割，使得音节字之间的界线不混合。

---

① 江荻，龙从军．藏文字符研究[M]．北京：社会科学文献出版社，2010.

② 江荻，燕海雄．藏文字符的分类与功能描述[J]．西藏研究，2010，10（5）：75-84.

（13）0F0C ༌ TIBETAN MARK DELIMITER TSHEG BSTAR 补空音节点 ཚེག་བསྟར། 标点符号

用法：用于补空，当一行中无法容下一个藏字的书写，但又有一定的空隙，用音节点补充该空隙，使得藏字的书写达到两端对齐。

（14）0F0D ། TIBETAN MARK SHAD 垂形符 ཤད། 标点符号

用法：用于分割词、句等。

（15）0F0E ༎ TIBETAN MARK NYIS SHAD 双垂符 ཉིས་ཤད། 标点符号

用法：① 用于篇、章末尾表示章节号；② 用于诗体或偈颂文体一行的末尾。

（16）0F0F ༏ TIBETAN MARK TSHEG SHAD 音节点垂符 ཚེག་ཤད། 标点符号

用法：用于分割句子，表示话题结束，也用于行文另起一行。

（17）0F10 ༐ TIBETAN MARK NYIS TSHEG SHAD 双音节垂符 ཉིས་ཚེག་ཤད། 标点符号

用法：用于分割句子。

（18）0F11 ༑ TIBETAN MARK RIN CHEN SPUNGS SHAD 集宝垂符 རིན་ཆེན་སྤུངས་ཤད། 标点符号

用法：印刷书刊一句话的末尾词恰好又在一行的左端起首，若该词又不足三个字符，添加该符号给该词作伴。

（19）0F12 ༒ TIBETAN MARK RGYA GRAM SHAD 十字垂符 རྒྱ་གྲམ་ཤད། 标点符号

用法：用于分割句子，填补行间空格。

（20）0F13 ༓ TIBETAN MARK CARET-DZUD RTAGS ME LONG CAN 镜子插入符 འཛུད་རྟགས་མེ་ལོང་ཅན། 标点符号

用法：表示该符号所带的一段文本插入文本中该符号所在处。

（21）0F14 ༔ TIBETAN MARK GTER TSHEG 伏藏句点 གཏེར་ཚེག 标点符号

用法：出自伏藏经文，表示一段话语完结。

（22）0F15 ༕ TIBETAN LOGOTYPE SIGN CHAD RTAGS 缺日符 ཆད་རྟགས། 历算占星符

用法：用于历算文本，表示缺日。

（23）0F16 ༖ TIBETAN LOGOTYPE SIGN LHAG RTAGS 重日符 ལྷག་རྟགས། 历算占星符

用法：用于历算文本，表示重日。

（24）0F17 ༗ TIBETAN ASTROLOGICAL SIGN SGRA GCAN-CHAR RTAGS 罗睺符 སྒྲ་གཅན་འཆར་རྟགས། 历算占星符

用法：用于历算文本，表示罗睺。

（25）0F18 ༘ TIBETAN ASTROLOGICAL SIGN -KHYUD PA 交食符 འཁྱུད་པ། 历算占星符

用法：用于历算文本，表示日食与月食按一定周期交互出现的日期。

（26）0F19 ༙ TIBETAN ASTROLOGICAL SIGN SDONG TSHUGS 下置垂符 སྡོང་ཚུགས། 历算占星符

用法：放置字符、数字下方，表示特殊的意义。

（27）0F1A ༚ TIBETAN SIGN RDEL DKAR GCIG 单白子 རྡེལ་དཀར་གཅིག 历算占星符

用法：在占星中，用一个白石子表示比较好或幸运。

（28）0F1B ༛ TIBETAN SIGN RDEL DKAR GNYIS 双白子 རྡེལ་དཀར་གཉིས། 历算占星符

用法：在占星中，用两个白石子表示好或幸运。

（29）0F1C ༜ TIBETAN SIGN RDEL DKAR GSUM 三白子 རྡེལ་དཀར་གསུམ།历算占星符

用法：在占星中，用三个白石子表示很好或很幸运。

（30）0F1D ༝ TIBETAN SIGN RDEL NAG GCIG 单黑子 རྡེལ་ནག་གཅིག 历算占星符

用法：在占星中，用一个黑石子表示比较不好或不幸运。

（31）0F1E ༞ TIBETAN SIGN RDEL NAG GNYIS 双黑子 རྡེལ་ནག་གཉིས། 历算占星符

用法：在占星中，用两个黑石子表示不好或不幸运。

（32）0F1F ༟ TIBETAN SIGN RDEL DKAR RDEL NAG 白黑子 རྡེལ་དཀར་རྡེལ་ནག 历算占星符

用法：在占星中，用一白一黑表示先霉后幸。

（33）0F20 ༠ TIBETAN DIGIT ZERO 数字 0 ཀླད་ཀོར། 数字符号

用法：表示数字 0。

（34）0F21 ༡ TIBETAN DIGIT ONE 数字 1 གཅིག 数字符号

用法：表示数字 1。

（35）0F22 ༢ TIBETAN DIGIT TWO 数字 2 གཉིས། 数字符号

用法：表示数字 2。

（36）0F23 ༣ TIBETAN DIGIT THREE 数字 3 གསུམ། 数字符号

用法：表示数字 3。

（37）0F24 ༤ TIBETAN DIGIT FOUR 数字 4 བཞི། 数字符号

用法：表示数字 4。

（38）0F25 ༥ TIBETAN DIGIT FIVE 数字 5 ལྔ། 数字符号

用法：表示数字 5。

（39）0F26 ༦ TIBETAN DIGIT SIX 数字 6 དྲུག 数字符号

用法：表示数字 6。

（40）0F27 ༧ TIBETAN DIGIT SEVEN 数字 7 བདུན། 数字符号

用法：表示数字 7。

（41）0F28 ༨ TIBETAN DIGIT EIGHT 数字 8 བརྒྱད། 数字符号

用法：表示数字 8。

（42）0F29 ༩ TIBETAN DIGIT NINE 数字 9 དགུ། 数字符号

用法：表示数字 9。

（43）0F2A ༪ TIBETAN DIGIT HALF ONE 半数字 1 ཕྱེད་དང་གཅིག 数字符号

用法：表示差半个单位到 1。

（44）0F2B ༫ TIBETAN DIGIT HALF TWO 半数字 2 ཕྱེད་དང་གཉིས། 数字符号

用法：表示差半个单位到 2。

（45）0F2C ༬ TIBETAN DIGIT HALF THREE 半数字 3 ཕྱེད་དང་གསུམ། 数字符号

用法：表示差半个单位到 3。

（46）0F2D ༭ TIBETAN DIGIT HALF FOUR 半数字 4 ཕྱེད་དང་བཞི། 数字符号

用法：表示差半个单位到 4。

（47）0F2E ༮ TIBETAN DIGIT HALF FIVE 半数字 5 ཕྱེད་དང་ལྔ། 数字符号

用法：表示差半个单位到 5。

（48）0F2F ༯ TIBETAN DIGIT HALF SIX 半数字 6 ཕྱེད་དང་དྲུག 数字符号

用法：表示差半个单位到 6。

（49）0F30 ༰ TIBETAN DIGIT HALF SEVEN 半数字 7 ཕྱེད་དང་བདུན། 数字符号

用法：表示差半个单位到 7。

（50）0F31 ༱ TIBETAN DIGIT HALF EIGHT 半数字 8 ཕྱེད་དང་བརྒྱད། 数字符号

用法：表示差半个单位到 8。

（51）0F32 ༲ TIBETAN DIGIT HALF NINE 半数字 9 ཕྱེད་དང་དགུ། 数字符号

用法：表示差半个单位到 9。

（52）0F33 ༳ TIBETAN DIGIT HALF ZERO 半数字 0 ཕྱེད་དང་ཀླད་ཀོར། 数字符号

用法：表示差半个单位到 0。

（53）0F34 ༴ TIBETAN MARK BSDUS RTAGS 省略符号 བསྡུས་རྟགས། 标点符号

用法：表示该处省略了前面已经出现过的文本的重复部分。

（54）0F35 ༵ TIBETAN MARK NGAS BZUNG NYI ZLA 着重日月符 ངས་བཟུང་ཉི་ཟླ། 标点符号

用法：加在字符下面表示着重，起强调的作用。

（55）0F36 ༶ TIBETAN MARK CARET-DZUD RTAGS BZHI MIG CAN 罗盘插入符 འཛུད་རྟགས་བཞི་མིག་ཅན། 标点符号

用法：表示该符号所带的一段文本插入文本中该符号所在处。

（56）0F37 ༷ TIBETAN MARK NGAS BZUNG SGOR RTAGS 着重圆点符 ངས་བཟུང་སྒོར་རྟགས། 标点符号

用法：加在字符下面表示着重，起强调作用。

（57）0F38 ༸ TIBETAN MARK CHE MGO 敬重符号 ཆེ་མགོ། 标点符号

用法：添加在藏文人名字首，表示尊重与崇敬。

（58）0F39 ༹ TIBETAN MARK TSA-PHRU 弱读符 ཙ་འཕྲུ། 变音符号

用法：① 加在པ ཕ等双唇音字符上，表示读音变弱；② 在藏文缩写中，用于表示ཙ ཚ ཛ中的一个。比如：用བསྟ༹ན།表示བསྟན་འཛིན།

（59）0F3A ༺ TIBETAN MARK GUG RTAGS GYON 左曲符 གུག་རྟགས་གཡོན། 标点符号

用法：左括号。

（60）0F3B ༻ TIBETAN MARK GUG RTAGS GYAS 右曲符 གུག་རྟགས་གཡས། 标点符号

用法：右括号。

（61）0F3C ༼ TIBETAN MARK ANG KHANG GYON 左半壁符 ཨང་ཁང་གཡོན། 标点符号

用法：一般与右半壁符一起用，把数字或字符括到里面，表示序列或装饰。

（62）0F3D ༽ TIBETAN MARK ANG KHANG GYAS 右半壁符 ཨང་ཁང་གཡས། 标点符号

用法：一般与左半壁一起用，把数字或字符括到里面，表示序列或装饰。

（63）0F3E ༾ TIBETAN SIGN YAR TSHES 上玄日符 ཡར་ཚེག 标点符号

用法：与下玄日符一起用于数字组合。

（64）0F3F ༿ TIBETAN SIGN MAR TSHES 下玄日符 མར་ཚེག 标点符号

用法：与上玄日符一起用于数字组合。

（65）0F40 ཀ TIBETAN LETTER KA 辅音 KA གསལ་བྱེད་ཀ།辅音字符

用法：单独用或作为纵向叠加的前导字符。比如：ཀོ ཀྱ།

（66）0F41 ཁ TIBETAN LETTER KHA 辅音 KHA གསལ་བྱེད་ཁ།辅音字符

用法：单独用或作为纵向叠加的前导字符。比如：ཁག ཁྲ།

（67）0F42 ག TIBETAN LETTER GA 辅音 GA གསལ་བྱེད་ག།辅音字符

用法：单独用或作为纵向叠加的前导字符。比如：དྭག གླ།

（68）0F43 གྷ TIBETAN LETTER GHA 辅音 GHA འབྲུག་པ་ཡི་གེ་གྷ།辅音字符

≡ 0F42 ག 0FB7 ྷ

用法：单独用或作为纵向叠加的前导字符。比如：གྷྀ་ཊཱ། གྷཏཀ

（69）0F44 ང TIBETAN LETTER NGA 辅音 NGA གསལ་བྱེད་ང་།辅音字符

用法：单独用或作为纵向叠加的前导字符。比如：ངག ངུ་།

（70）0F45 ཅ TIBETAN LETTER CA 辅音 CA གསལ་བྱེད་ཅ། 辅音字符

用法：单独用或作为纵向叠加的前导字符。比如：བཅོས། གཙུ།

（71）0F46 ཆ TIBETAN LETTER CHA 辅音 CHA གསལ་བྱེད་ཆ།辅音字符

用法：单独用或作为纵向叠加的前导字符。比如：ཆ་ཡ། ཆུ།

（72）0F47 ཇ TIBETAN LETTER JA 辅音 JA གསལ་བྱེད་ཇ། 辅音字符

用法：单独用或作为纵向叠加的前导字符。比如：རྐུ་ཇག འཇའ་ཚོན།

（73）0F49 ཉ TIBETAN LETTER NYA 辅音 NYA གསལ་བྱེད་ཉ།辅音字符

用法：单独用或作为纵向叠加的前导字符。比如：ཉག ཉྭ།

（74）0F4A ཊ TIBETAN LETTER TTA 辅音 TTA ལོག་པའི་ཡི་གེ་ཊ།辅音字符

用法：单独用或作为纵向叠加的前导字符。比如：སམ་སྐྲྀ་ཊ། ཊཱིར།

（75）0F4B ཋ TIBETAN LETTER TTHA 辅音 TTHA ལོག་པའི་ཡི་གེ་ཋ། 辅音字符

用法：单独用或作为纵向叠加的前导字符。比如：ཋཀུར།

（76）0F4C ཌ TIBETAN LETTER DDA 辅音 DDA ལོག་པའི་ཡི་གེ་ཌ། 辅音字符

用法：单独用或作为纵向叠加的前导字符。比如：ཌཀྭ།

（77）0F4D ཌྷ TIBETAN LETTER DDHA 辅音 DDHA འབྲུག་པ་ཡི་གེ་ཌྷ辅音字符

≡ 0F4C ཌ 0FB7 ྷ

用法：单独用或作为纵向叠加的前导字符。比如：ཌྷཱཡ།

（78）0F4E ཎ TIBETAN LETTER NNA 辅音 NNA ལོག་པའི་ཡི་གེ་ཎ།辅音字符

用法：单独用或作为纵向叠加的前导字符。比如：ཎིཀཿ ཎྜིཏ།

（79）0F4F ཏ TIBETAN LETTER TA 辅音 TA གསལ་བྱེད་ཏ།辅音字符

用法：单独用或作为纵向叠加的前导字符。比如：ཏོན་མུན། ཏི་ཤུ་ལ།

（80）0F50 ཐ TIBETAN LETTER THA 辅音 THA གསལ་བྱེད་ཐ།辅音字符

用法：单独用或作为纵向叠加的前导字符。比如：ཐིག་ཐིག མཐེ་བོ།

（81）0F51 ད TIBETAN LETTER DA 辅音 DA གསལ་བྱེད་ད།辅音字符

用法：单独用或作为纵向叠加的前导字符。比如：དེ་རིང་། དུང་།

（82）0F52 དྷ TIBETAN LETTER DHA 辅音 DHA འབྲུག་པ་ཡི་གེ་དྷ། 辅音字符
≡ 0F51 ད 0FB7 ྷ
用法：单独用或作为纵向叠加的前导字符。比如：དྷི་ཧི་ཀ དྷམ།
（83）0F53 ན TIBETAN LETTER NA 辅音 NA གསལ་བྱེད་ན། 辅音字符
用法：单独用或作为纵向叠加的前导字符。比如：ནོས། ཧུ་ཐོ་ཏ།
（84）0F54 པ TIBETAN LETTER PA 辅音 PA གསལ་བྱེད་པ། 辅音字符
用法：单独用或作为纵向叠加的前导字符。比如：དབྱ། བྱ།
（85）0F55 ཕ TIBETAN LETTER PHA 辅音 PHA གསལ་བྱེད་ཕ། 辅音字符
用法：单独用或作为纵向叠加的前导字符。比如：ཕྱུ། འཕྱིད།
（86）0F56 བ TIBETAN LETTER BA 辅音 BA གསལ་བྱེད་བ། 辅音字符
用法：单独用或作为纵向叠加的前导字符。比如：བྱུང་། འབྲོག
（87）0F57 བྷ TIBETAN LETTER BHA 辅音 BHA འབྲུག་པ་ཡི་གེ་བྷ། 辅音字符
≡ 0F56 བ 0FB7 ྷ
用法：单独用或作为纵向叠加的前导字符。比如：བྷོ་ཏ། བྷུ་ཀཾ།
（88）0F58 མ TIBETAN LETTER MA 辅音 MA གསལ་བྱེད་མ།辅音字符
用法：单独用或作为纵向叠加的前导字符。比如：དམུ་དགེ། དམུག
（89）0F59 ཙ TIBETAN LETTER TSA 辅音 TSA གསལ་བྱེད་ཙ། 辅音字符
用法：单独用或作为纵向叠加的前导字符。比如：བཙིར། གཙོ་བོ།
（90）0F5A ཚ TIBETAN LETTER TSHA 辅音 TSHA གསལ་བྱེད་ཚ།辅音字符
用法：单独用或作为纵向叠加的前导字符。比如：ཚ་ཁུ། མཚོ།
（91）0F5B ཛ TIBETAN LETTER DZA 辅音 DZA གསལ་བྱེད་ཛ། 辅音字符
用法：单独用或作为纵向叠加的前导字符。比如：ཛྙ་ན། མཛོད་དགེ།
（92）0F5C ཛྷ TIBETAN LETTER DZHA 辅音 DZHA འབྲུག་པ་ཡི་གེ་ཛྷ། 辅音字符
≡ 0F5B ཛ 0FB7 ྷ
用法：单独用或作为纵向叠加的前导字符。比如：ཛྷ་ས། ཛྷི་ཀྲིམ།
（93）0F5D ཝ TIBETAN LETTER WA 辅音 WA གསལ་བྱེད་ཝ། 辅音字符
用法：单独用或作为纵向叠加的前导字符。比如：ཝཧྲུ། ཝཾ་ཤེ།
（94）0F5E ཞ TIBETAN LETTER ZHA 辅音 ZHA གསལ་བྱེད་ཞ། 辅音字符
用法：单独用或作为纵向叠加的前导字符。比如：ཞྭ། བཞག
（95）0F5F ཟ TIBETAN LETTER ZA 辅音 ZA གསལ་བྱེད་ཟ། 辅音字符
用法：单独用或作为纵向叠加的前导字符。比如：ཟྭ། ཟླ་བ།
（96）0F60 འ TIBETAN LETTER-A 辅音-A གསལ་བྱེད་འ། 辅音字符
用法：单独用或作为纵向叠加的前导字符。比如：འུག་པ། འོད་ཟེར།
（97）0F61 ཡ TIBETAN LETTER YA 辅音 YA གསལ་བྱེད་ཡ། 辅音字符
用法：单独用或作为纵向叠加的前导字符。比如：ཡོ་ག་པ། གཡོ་ཅན།
（98）0F62 ར TIBETAN LETTER RA 辅音 RA གསལ་བྱེད་ར། 辅音字符
用法：单独用或作为纵向叠加的前导字符。比如：ར། བཀྲ།

（99）0F63 ལ TIBETAN LETTER LA 辅音 LA གསལ་བྱེད་ལ། 辅音字符

用法：单独用或作为纵向叠加的前导字符。比如：ལྷུན་གྲུབ། ལྷ།

（100）0F64 ཤ TIBETAN LETTER SHA 辅音 SHA གསལ་བྱེད་ཤ 辅音字符

用法：单独用或作为纵向叠加的前导字符。比如：ཤུ་བོ། ཤྲཱི་ཀ

（101）0F65 ཥ TIBETAN LETTER SSA 辅音 SSA ཥ྄་བ།辅音字符

用法：单独用或作为纵向叠加的前导字符。比如：ཥ་རོ་ཏྲ།

（102）0F66 ས TIBETAN LETTER SA 辅音 SA གསལ་བྱེད་ས། 辅音字符

用法：单独用或作为纵向叠加的前导字符。比如：བསྒྲུ། སྲུ།

（103）0F67 ཧ TIBETAN LETTER HA 辅音 HA གསལ་བྱེད་ཧ། 辅音字符

用法：单独用或作为纵向叠加的前导字符。比如：ཧྲུལ་པོ། ཧྲ།

（104）0F68 ཨ TIBETAN LETTER A 辅音 A གསལ་བྱེད་ཨ། 辅音字符

用法：单独用或作为纵向叠加的前导字符。比如：ཨྱོན། ཨོལ།

（105）0F69 ཀྵ TIBETAN LETTER KSSA 辅音 KSSA མཐར་ཟད་ཀྱི་ཡི་གེ།辅音字符

≡ 0F40 ཀ 0FB5 ྵ

用法：单独用或作为纵向叠加的前导字符。比如：ཀཀྵ།

（106）0F6A ཪ TIBETAN LETTER FIXED-FORM RA 辅音 RA གསལ་བྱེད་ཪ། 辅音字符

用法：用于组合的前导字符，该字符作为前导字符时，其形不发生变化，比如：ཪྐ།，用于区别རྐ།字符。

（107）0F6B ཫ TIBETAN LETTER KKA 辅音 KKA གསལ་བྱེད་ཀ་ཕྱིར་ལོག 辅音字符

用法：表示西藏西南巴尔提地区藏语读音的辅音。

（108）0F6C ཬ TIBETAN LETTER RRA 辅音 KKA གསལ་བྱེད་ར་ཕྱིར་ལོག 辅音字符

用法：表示西藏西南巴尔提地区藏语读音的辅音。

（109）0F71 ཱ TIBETAN VOWEL SIGN AA 元音 AA དབྱངས་ཨཱ། 元音符号

用法：添加在辅音上，表示读音加长。

（110）0F72 ི TIBETAN VOWEL SIGN I 元音 AA གི་གུ།元音符号

用法：添加在辅音上，表示读音变短。

（111）0F73 ཱི TIBETAN VOWEL SIGN II 元音 AA དབྱངས་ཨཱི། 元音符号

≡ 0F71 ཱ 0F72 ི

用法：添加在辅音上，表示读音加长。

（112）0F74 ུ TIBETAN VOWEL SIGN U 元音 AA ཞབས་ཀྱུ། 元音符号

用法：添加在辅音上，表示读音变短。

（113）0F75 ཱུ TIBETAN VOWEL SIGN UU 元音 AA དབྱངས་ཨཱུ། 元音符号

≡ 0F71 ཱ 0F74 ུ

用法：添加在辅音上，表示读音加长。

（114）0F76 ྲྀ TIBETAN VOWEL SIGN VOCALIC R 元音 AA དབྱངས་རི། 元音符号

≡ 0FB2 ྲ 0F80 ྀ

用法：添加在辅音上，表示读音变短。

（115）0F77 ཷ TIBETAN VOWEL SIGN VOCALIC RR 元音 AA དབྱངས་ཷ། 元音符号 ≈ 0FB2 ྲ 0F81 ཱྀ

用法：添加在辅音上，表示读音加长。

（116）0F78 ླྀ TIBETAN VOWEL SIGN VOCALIC L 元音 AA དབྱངས་ླྀ། 元音符号 ≡ 0FB3 ླ 0F80 ྀ

用法：添加在辅音上，表示读音变短。

（117）0F79 ཹTIBETAN VOWEL SIGN VOCALIC LL 元音 AA དབྱངས་ཹ། 元音符号 ≈ 0FB3 ླ 0F81 ཱྀ

用法：添加在辅音上，表示读音加长。

（118）0F7A ེ TIBETAN VOWEL SIGN E 元音 AA འགྲེང་བོ། 元音符号

用法：添加在辅音上，表示读音加长。

（119）0F7B ཻ TIBETAN VOWEL SIGN EE 元音 AA དབྱངས་ཨཻ། 元音符号

用法：添加在辅音上，表示读音加较长。

（120）0F7C ོ TIBETAN VOWEL SIGN O 元音 AA ན་རོ། 元音符号

用法：添加在辅音上，表示读音加长。

（121）0F7D ཽ TIBETAN VOWEL SIGN OO 元音 AA དབྱངས་ཨཽ། 元音符号

用法：添加在辅音上，表示读音加较长。

（122）0F7E ཾ TIBETAN SIGN RJES SU NGA RO 元音 AA སྣ་ལྡན་ནམ་རྗེས་སུ་ང་རོ་ཅན།元音符号

用法：添加在辅音上，表示鼻音韵尾变读。

（123）0F7F ཿ TIBETAN SIGN RNAM BCAD 元音 AA རྣམ་བཅད་ཅན། 元音符号

用法：添加在辅音上，表示无声送气。

（124）0F80 ྀ TIBETAN VOWEL SIGN REVERSED I 元音 AA དབྱངས་ཨྀ། 元音符号

用法：添加在辅音上，有人说为了避免书写的交错，用该符号替代ི。

（125）0F81 ཱྀ TIBETAN VOWEL SIGN REVERSED II 元音 AA དབྱངས་ཨཱྀ། 元音符号 ≡ 0F71 ཱ 0F80 ྀ

用法：添加在辅音上，构成长元音。

（126）0F82 ྂ TIBETAN SIGN NYI ZLA NAA DA 半鼻音符 སྣ་ལྡན། 变音符号

用法：添加在辅音上，表示元音鼻化。

（127）0F83 ྃ TIBETAN SIGN SNA LDAN 半鼻音符 སྣ་ལྡན། 变音符号

用法：添加在辅音上，表示元音鼻化。

（128）0F84 ྄ TIBETAN MARK HALANTA 无韵辅音符 སྲོག་མེད། 变音符号

用法：梵文的词尾辅音不带元音，梵文转写成藏文时，在词尾辅音下用该符号，表示该辅音不带元音。

（129）0F85 ྅ TIBETAN MARK PALUTA 超长音符 པ་ལུ་ཏ། 变音符号

用法：表示比长元音还长的音。

（130）0F86 ྆ TIBETAN SIGN LCI RTAGS 重音符 ལྕི་རྟགས། 变音符号

用法：用于藏文音译梵音时，用该符号表示梵音的重读。

（131）0F87 ྇ TIBETAN SIGN YANG RTAGS 轻读符 ཡང་རྟགས། 变音符号

用法：用于藏文音译梵音时，用该符号表示梵音的轻读。

（132）0F88 ྈ TIBETAN SIGN LCE TSA CAN 舌根音符 ལྕེ་ཚ་ཅན། 变音符号

用法：添加在辅音上，表示辅音读软腭音。

（133）0F89 ྉ TIBETAN SIGN MCHU CAN 唇音符 མཆུ་ཅན། 变音符号

用法：添加在辅音上，表示辅音读唇音。

（134）0F8A ྊ TIBETAN SIGN GRU CAN RGYINGS 有棱音符 གྲུ་ཅན་རྒྱིངས། 变音符号

用法：表示发音发生变化。

（135）0F8B ྋ TIBETAN SIGN GRU MED RGYINGS 无棱音符 གྲུ་མེད་རྒྱིངས། 变音符号

用法：表示发音发生变化。

（136）0F8C ྌ TIBETAN SIGN INVERTED MCHU CAN 反唇音符 ལོག་པའི་མཆུ་ཅན། 变音符号

用法：表示发音发生变化。

（137）0F8D ྍ TIBETAN SUBJOINED SIGN LCE TSA CAN 组合舌根音符 ལྕེ་ཚ་ཅན། 变音符号

用法：表示发音发生变化。

（138）0F8E ྎ TIBETAN SUBJOINED SIGN MCHU CAN 组合唇音符 མཆུ་ཅན། 变音符号

用法：表示发音发生变化。

（139）0F8F ྏ TIBETAN SUBJOINED SIGN INVERTED MCHU CAN 组合反唇音符 ལོག་པའི་མཆུ་ཅན། 变音符号

用法：表示发音发生变化。

（140）0F90 ྐ TIBETAN SUBJOINED LETTER KA 组合用辅音字符 KA བརྩེག་རྒྱུ་གསལ་བྱེད་ཀ། 组合用辅音字符

用法：用于纵向叠加的辅音字符。比如：ཀྐ། བསྐུར།

（141）0F91 ྑ TIBETAN SUBJOINED LETTER KHA 组合用辅音字符 KHA བརྩེག་རྒྱུ་གསལ་བྱེད་ཁ། 组合用辅音字符

用法：用于纵向叠加的辅音字符。比如：ཁཀྑརཿ། 中的 ཀྑ།

（142）0F92 ྒ TIBETAN SUBJOINED LETTER GA 组合用辅音字符 GA བརྩེག་རྒྱུ་གསལ་བྱེད་ག། 组合用辅音字符

用法：用于纵向叠加的辅音字符。比如：ཀྒམ། ཀྒྱ།

（143）0F93 ྒྷ TIBETAN SUBJOINED LETTER GHA 组合用辅音字符 GHA བརྩེག་རྒྱུ་གསལ་བྱེད་གྷ། 组合用辅音字符

≡ 0F92 ྒ 0FB7 ྷ

用法：用于纵向叠加的辅音字符。比如：ཀྒྷ།

（144）0F94 ྔ TIBETAN SUBJOINED LETTER NGA 组合用辅音字符 NGA བརྩེག་རྒྱུ་གསལ་བྱེད་ང་། 组合用辅音字符

用法：用于纵向叠加的辅音字符。比如：བཛྲ། བཙྲོ།

（145）0F95 ྕ TIBETAN SUBJOINED LETTER CA 组合用辅音字符 CA བརྩེག་ཀྱུ་གསལ་བྱེད་ཅ། 组合用辅音字符

用法：用于纵向叠加的辅音字符。比如：ཅྕི།

（146）0F96 ྖ TIBETAN SUBJOINED LETTER CHA 组合用辅音字符 CHA བརྩེག་ཀྱུ་གསལ་བྱེད་ཆ། 组合用辅音字符

用法：用于纵向叠加的辅音字符。比如：ཆྖ།

（147）0F97 ྗ TIBETAN SUBJOINED LETTER JA 组合用辅音字符 JA བརྩེག་ཀྱུ་གསལ་བྱེད་ཇ། 组合用辅音字符

用法：用于纵向叠加的辅音字符。比如：བརྗོད། ལྗོངས།

（148）0F99 ྙ TIBETAN SUBJOINED LETTER NYA 组合用辅音字符 NYA བརྩེག་ཀྱུ་གསལ་བྱེད་ཉ། 组合用辅音字符

用法：用于纵向叠加的辅音字符。比如：སྙིང་། བསྙོམས།

（149）0F9A ྚ TIBETAN SUBJOINED LETTER TTA 组合用辅音字符 TTA བརྩེག་ཀྱུ་གསལ་བྱེད་ཊ། 组合用辅音字符

用法：用于纵向叠加的辅音字符。比如：ཨཊྚཿ中用于叠加的ྚ。

（150）0F9B ྛ TIBETAN SUBJOINED LETTER TTHA 组合用辅音字符 TTHA བརྩེག་ཀྱུ་གསལ་བྱེད་ཋ། 组合用辅音字符

用法：用于纵向叠加的辅音字符。比如：གཊྛིལ།

（151）0F9C ྜ TIBETAN SUBJOINED LETTER DDA 组合用辅音字符 DDA བརྩེག་ཀྱུ་གསལ་བྱེད་ཌ། 组合用辅音字符

用法：用于纵向叠加的辅音字符。比如：གཌྜ།

（152）0F9D ྜྷ TIBETAN SUBJOINED LETTER DDHA 组合用辅音字符 DDHA བརྩེག་ཀྱུ་གསལ་བྱེད་ཌྷ། 组合用辅音字符

≡ 0F9C ྜ 0FB7 ྷ

用法：用于纵向叠加的辅音字符。比如：ཌྜྷ།

（153）0F9E ྞ TIBETAN SUBJOINED LETTER NNA 组合用辅音字符 NNA བརྩེག་ཀྱུ་གསལ་བྱེད་ཎ། 组合用辅音字符

用法：用于纵向叠加的辅音字符。比如：པིཎྞཏ།

（154）0F9F ྟ TIBETAN SUBJOINED LETTER TA 组合用辅音字符 TA བརྩེག་ཀྱུ་གསལ་བྱེད་ཏ། 组合用辅音字符

用法：用于纵向叠加的辅音字符。比如：ལྟོས། རྟ།

（155）0FA0 ྠ TIBETAN SUBJOINED LETTER THA 组合用辅音字符 THA བརྩེག་ཀྱུ་གསལ་བྱེད་ཐ། 组合用辅音字符

用法：用于纵向叠加的辅音字符。比如：ཀཐྠིི།

（156）0FA1 ྡ TIBETAN SUBJOINED LETTER DA 组合用辅音字符 DA བརྩེག་ཀྱུ་གསལ་བྱེད་ད། 组合用辅音字符

用法：用于纵向叠加的辅音字符。比如：རྡོ། ལྡབ།

（157）0FA2 ྡྷ TIBETAN SUBJOINED LETTER DHA 组合用辅音字符 DHA བརྩེག་ཀྱུ་གསལ་

བྱེད་དྷ། 组合用辅音字符

≡ 0FA1 ྡ 0FB7 ྷ

用法：用于纵向叠加的辅音字符。比如：ནྡྷ།

（158）0FA3 ྣ TIBETAN SUBJOINED LETTER NA 组合用辅音字符 NA བརྗེག་ཀྱུ་གསལ་བྱེད་ན། 组合用辅音字符

用法：用于纵向叠加的辅音字符。比如：སྣམ། རྣོ།

（159）0FA4 ྤ TIBETAN SUBJOINED LETTER PA 组合用辅音字符 PA བརྗེག་ཀྱུ་གསལ་བྱེད་པ། 组合用辅音字符

用法：用于纵向叠加的辅音字符。比如：སྤྱོད། སྤོས།

（160）0FA5 ྥ TIBETAN SUBJOINED LETTER PHA 组合用辅音字符 PHA བརྗེག་ཀྱུ་གསལ་བྱེད་ཕ། 组合用辅音字符

用法：用于纵向叠加的辅音字符。比如：སྥ།

（161）0FA6 ྦ TIBETAN SUBJOINED LETTER BA 组合用辅音字符 BA བརྗེག་ཀྱུ་གསལ་བྱེད་བ། 组合用辅音字符

用法：用于纵向叠加的辅音字符。比如：རྦ། ལྦུ་བ།

（162）0FA7 ྦྷ TIBETAN SUBJOINED LETTER BHA 组合用辅音字符 BHA བརྗེག་ཀྱུ་གསལ་བྱེད་བྷ། 组合用辅音字符

≡ 0FA6 ྦ 0FB7 ྷ

用法：用于纵向叠加的辅音字符。比如：དྦྷ།

（163）0FA8 ྨ TIBETAN SUBJOINED LETTER MA 组合用辅音字符 MA བརྗེག་ཀྱུ་གསལ་བྱེད་མ། 组合用辅音字符

用法：用于纵向叠加的辅音字符。比如：སྨ། སྨོན།

（164）0FA9 ྩ TIBETAN SUBJOINED LETTER TSA 组合用辅音字符 TSA བརྗེག་ཀྱུ་གསལ་བྱེད་ཙ། 组合用辅音字符

用法：用于纵向叠加的辅音字符。比如：རྩ། བརྩོལ།

（165）0FAA ྪ TIBETAN SUBJOINED LETTER TSHA 组合用辅音字符 TSHA བརྗེག་ཀྱུ་གསལ་བྱེད་ཚ། 组合用辅音字符

用法：用于纵向叠加的辅音字符。比如：ཙྪ།

（166）0FAB ྫ TIBETAN SUBJOINED LETTER DZA 组合用辅音字符 DZA བརྗེག་ཀྱུ་གསལ་བྱེད་ཛ། 组合用辅音字符

用法：用于纵向叠加的辅音字符。比如：བཛྲ། ཛི།

（167）0FAC ྫྷ TIBETAN SUBJOINED LETTER DZHA 组合用辅音字符 DZHA བརྗེག་ཀྱུ་གསལ་བྱེད་ཛྷ། 组合用辅音字符

≡ 0FAB ྫ 0FB7 ྷ

用法：用于纵向叠加的辅音字符。比如：ཛྷ།

（168）0FAD ྭ TIBETAN SUBJOINED LETTER WA 组合用辅音字符 WA ཝ་ཟུར། 组合用辅音字符

用法：用于纵向叠加的辅音字符，该字符叠加在辅音下面后字形发生变形，变为ྭ。比如：ཟྭ། ཞྭ།

（169）0FAE ◌ྮ TIBETAN SUBJOINED LETTER ZHA 组合用辅音字符 ZHA བརྩེག་རྒྱུ་གསལ་བྱེད་ཞ། 组合用辅音字符

用法：用于纵向叠加的辅音字符。比如：ཙྮ།

（170）0FAF ◌ྯ TIBETAN SUBJOINED LETTER ZA 组合用辅音字符 ZA བརྩེག་རྒྱུ་གསལ་བྱེད་ཟ། 组合用辅音字符

用法：用于纵向叠加的辅音字符。比如：ཛྯ།

（171）0FB0 ◌ྰ TIBETAN SUBJOINED LETTER-A 组合用辅音字符-A བརྩེག་རྒྱུ་གསལ་བྱེད་འ། 组合用辅音字符

用法：用于纵向叠加的辅音字符。比如：ཏྰ།

（172）0FB1 ◌ྱ TIBETAN SUBJOINED LETTER YA 组合用辅音字符 YA ཡ་བཏགས། 组合用辅音字符

用法：用于纵向叠加的辅音字符，该字符叠加在辅音下面后字形发生变形，变为◌ྱ。比如：ཁྱུར། སྨྱོན།

（173）0FB2 ◌ྲ TIBETAN SUBJOINED LETTER RA 组合用辅音字符 RA ར་བཏགས། 组合用辅音字符

用法：用于纵向叠加的辅音字符，该字符叠加在辅音下面后字形发生变形，变为◌ྲ。比如：ཁྲ། ཁྲུབ།

（174）0FB3 ◌ླ TIBETAN SUBJOINED LETTER LA 组合用辅音字符 LA ལ་བཏགས། 组合用辅音字符

用法：用于纵向叠加的辅音字符。比如：ཀླུམ། གློགས།

（175）0FB4 ◌ྴ TIBETAN SUBJOINED LETTER SHA 组合用辅音字符 SHA བརྩེག་རྒྱུ་གསལ་བྱེད་ཤ 组合用辅音字符

用法：用于纵向叠加的辅音字符。比如：ཀྴ།

（176）0FB5 ◌ྵ TIBETAN SUBJOINED LETTER SSA 组合用辅音字符 SSA བརྩེག་རྒྱུ་གསལ་བྱེད་ཥ། 组合用辅音字符

用法：用于纵向叠加的辅音字符。比如：ཀྵ།

（177）0FB6 ◌ྶ TIBETAN SUBJOINED LETTER SA 组合用辅音字符 SA བརྩེག་རྒྱུ་གསལ་བྱེད་ས། 组合用辅音字符

用法：用于纵向叠加的辅音字符。比如：སྶ།

（178）0FB7 ◌ྷ TIBETAN SUBJOINED LETTER HA 组合用辅音字符 HA བརྩེག་རྒྱུ་གསལ་བྱེད་ཧ། 组合用辅音字符

用法：用于纵向叠加的辅音字符。比如：ཧྷ། རྷ།

（179）0FB8 ◌ྸ TIBETAN SUBJOINED LETTER A 组合用辅音字符 A བརྩེག་རྒྱུ་གསལ་བྱེད་ཨ། 组合用辅音字符

用法：用于纵向叠加的辅音字符。比如：ཅྸ།

（180）0FB9 ◌ྐྵ TIBETAN SUBJOINED LETTER KSSA 组合用辅音字符 KSSA བརྩེག་རྒྱུ་གསལ་བྱེད་ཀྵ། 组合用辅音字符

用法：用于纵向叠加的辅音字符。比如：ཀྐྵ།

（181）0FBA ྺ TIBETAN SUBJOINED LETTER FIXED-FORM WA 组合用辅音字符 WA
བརྩེག་ཀྱུ་གསལ་བྱེད་ཝ། 组合用辅音字符

用法：用于纵向叠加的辅音字符，叠加该字符时字形不发生变化。比如：用ཙྺ།区别ཙྭ།字符。

（182）0FBB ྻ TIBETAN SUBJOINED LETTER FIXED-FORM YA 组合用辅音字符 YA
བརྩེག་ཀྱུ་གསལ་བྱེད་ཡ། 组合用辅音字符

用法：用于纵向叠加的辅音字符，叠加该字符时字形不发生变化。比如：用ཀྻ།区别ཀྱ།字符。

（183）0FBC ྼ TIBETAN SUBJOINED LETTER FIXED-FORM RA 组合用辅音字符 RA
བརྩེག་ཀྱུ་གསལ་བྱེད་ར། 组合用辅音字符

用法：用于纵向叠加的辅音字符，叠加该字符时字形不发生变化。比如：用སྼ།区别སྲ།字符。

（184）0FBE ྾ TIBETAN KU RU KHA 重复符号 ཀུ་ར་ཁ། 标点符号

用法：用来表示重复。

（185）0FBF ྿ TIBETAN KU RU KHA BZHI MIG CAN 正面插入符 ཀུ་རུ་ཁ་བཞི་མིག་ཅན། 标点符号

用法：用于表示文本的插入。

（186）0FC0 ࿀ TIBETAN CANTILLATION SIGN HEAVY BEAT 重敲符 ལྕི་རྡུང་རྟགས། 吟诵示意符

用法：用于表示重敲。

（187）0FC1 ࿁ TIBETAN CANTILLATION SIGN LIGHT BEAT 轻敲符 ཡང་རྡུང་རྟགས། 吟诵示意符

用法：用于表示轻敲。

（188）0FC2 ࿂ TIBETAN CANTILLATION SIGN CANG TE-U 手鼓符 ད་མ་རུ་རྡུ་ཆུང་། 吟诵示意符

用法：用手鼓的符号。

（189）0FC3 ࿃ TIBETAN CANTILLATION SIGN SBUB-CHAL 铙钹符 སྦུབ་ཆལ། 吟诵示意符

用法：用铙钹的符号。

（190）0FC4 ࿄ TIBETAN SYMBOL DRIL BU 法铃符 རྡོ་རྗེ་དྲིལ་བུ། 吟诵示意符

用法：用法铃的符号。

（191）0FC5 ࿅ TIBETAN SYMBOL RDO RJE 金刚杵符 རྡོ་རྗེ། 吟诵示意符

用法：用金刚杵的符号。

（192）0FC6 ࿆ TIBETAN SYMBOL PADMA GDAN 莲花座符号 པད་མ་གདན། 装饰符

用法：用于字符下面，表示装饰。

（193）0FC7 ࿇ TIBETAN SYMBOL RDO RJE RGYA GRAM 十字金刚符 རྡོ་རྗེ་རྒྱ་གྲམ། 吟诵示意符

用法：用十字金刚的符号。

（194）0FC8 ࿈ TIBETAN SYMBOL PHUR PA 金刚橛符 རྡོ་རྗེ་ཕུར་པ། 吟诵示意符

用法：用金刚橛符的符号。

（195）0FC9 ࿉ TIBETAN SYMBOL NOR BU 珠宝 ནོར་བུ། 装饰符号

用法：用于文本中起装饰作用。

（196）0FCA ࿊ TIBETAN SYMBOL NOR BU NYIS-KHYIL 双体宝物 ནོར་བུ་ཉིས་འཁྱིལ། 装饰符号

用法：用于文本中起装饰作用。

（197）0FCB ࿋ TIBETAN SYMBOL NOR BU GSUM-KHYIL 三体宝物 ནོར་བུ་གསུམ་འཁྱིལ། 装饰符号

用法：用于文本中起装饰作用。

（198）0FCC ࿌ TIBETAN SYMBOL NOR BU BZHI-KHYIL 四体宝物 ནོར་བུ་བཞི་འཁྱིལ། 装饰符号

用法：用于文本中起装饰作用。

（199）0FCE ࿎ TIBETAN SIGN RDEL NAG RDEL DKAR 黑白子 རྡེལ་ནག་རྡེལ་དཀར། 历算占星符

用法：在占星中，表示先霉后好。

（200）0FCF ࿏ TIBETAN SIGN RDEL NAG GSUM 三黑子 རྡེལ་ནག་གསུམ། 历算占星符

用法：在占星中，表示很不好。

（201）0FD0 ࿐ TIBETAN MARK BSKA-SHOG GI MGO RGYAN 信函起始符 བསྐའ་ཤོག་གི་མགོ་རྒྱན། 起始符号

用法：用于诏书的起始装饰。

（202）0FD1 ࿑ TIBETAN MARK MNYAM YIG GI MGO RGYAN 信函起始符 མཉམ་ཡིག་གི་མགོ་རྒྱན། 起始符号

用法：用于平等人员书写的起始装饰。

（203）0FD2 ࿒ TIBETAN MARK NYIS TSHEG 双音节点符 ཉིས་ཚེག 标点符号

用法：用于音节分割。

（204）0FD3 ࿓ TIBETAN MARK INITIAL BRDA RNYING YIG MGO MDUN MA 单云头符 བརྡ་རྙིང་ཡིག་མགོ་མདུན་མ། 起始符号

用法：用于文篇的起始。

（205）0FD4 ࿔ TIBETAN MARK CLOSING BRDA RNYING YIG MGO SGAB MA 单腰云头符 བརྡ་རྙིང་ཡིག་མགོ་སྒབ་མ། 起始符号

用法：与单云头符一起用，表示文篇的起始。

（206）0FD5 ࿕ RIGHT-FACING SVASTI SIGN 逆旋雍仲符 གཡུང་དྲུང་། 装饰符号

用法：用于文本中起装饰作用。

（207）0FD6 ࿖ LEFT-FACING SVASTI SIGN 雍仲 གཡུང་དྲུང་། 装饰符号

用法：用于文本中起装饰作用。

（208）0FD7 ࿗ RIGHT-FACING SVASTI SIGN WITH DOTS 逆旋带点雍仲符号 གཡུང་དྲུང་ཚེག་ཅན། 装饰符号

用法：用于文本中起装饰作用。

（209）0FD8 ࿘ LEFT-FACING SVASTI SIGN WITH DOTS 带点雍仲符号 གཡུང་དྲུང་ཚེག་

ཙན། 起始符号

用法：用于文本中起装饰作用。

（210）0FD9 ࿙ TIBETAN MARK LEADING MCHAN RTAGS 注释头符号 མཆན་མགོ་རྟགས། 标点符号

用法：用于文本中表示注释的开始。

（211）0FDA ࿚ TIBETAN MARK TRAILING MCHAN RTAGS 注释尾符号 མཆན་མཇུག་རྟགས། 标点符号

用法：用于文本中表示注释的结束。

3.7.3 《藏文编码字符集 基本集》分析

藏文编码字符集国际标准所给出的编码字符是从不同的文献中收录的，并且不断更新、完善而成的，为藏文信息处理奠定了很好的基础。

1. 藏文编码字符集国际标准的编制原则

① 能够表示和交换以藏梵文为载体的所有信息，满足现代信息处理的需要。

② 小字符集的排序遵循传统藏文字符的书写顺序。

③ 小字符集在信息处理技术上是可行的。

④ 小字符集中的字符是藏文字符的最小组合单位。

⑤ 追加新字符时应把它当作学术问题来对待，需要查史书，科学地研究、客观地评价追加字符的必要性。

2. 小字符集标准的优点

① 采用 1997 年通过的 ISO/IEC 10646-1：2000 国际标准，此标准把藏文完全当作拼音文字来进行处理，体现了藏文属于拼音文字的本质。

② 采用小字符集方案，其编码数量少、字库小，符合拼音文字的读写规律。

③ 其特点是用尽可能少的码位，通过动态叠加组合方式得到成千上万的藏文字符。

④ OpenType 技术是现在字体技术中的主流方向。OpenType 技术的出现，给阿拉伯文、藏文等复杂文字的数字化提供了技术上的保障。按照用户的需求可以完成所有藏文字符的显示、打印等处理。

3. 小字符集标准的不足

在 Unicode 编码中，藏文基本集中的字符基本满足了藏文字符的输入/输出等一系列处理的需求，但随着藏文信息处理技术研究的深入，这些编码在反映现代藏文本身的构字属性等方面仍然存在一定的局限性。同时，在使用时也发现有歧义等缺陷①。

（1）用藏文编码不能正确反映现代藏文的构字特性

现代藏文在构字时，按构成藏文的辅音所处的位置分别命名为前加字、上加字、基字、下加字、后加字和再后加字。目前，在 ISO/IEC 10646 中已有的藏文编码不能够正确反映出现代藏文的构件特征。比如说，按照目前的编码方案，སྡ和སང的第一个藏文的编码都是 U+

① 高定国，欧珠．藏文编码字符集的优化研究[J]．中文信息学报，2008，22（4）：119-122.

0F66，但是，སྔ 中的 ས 是上加字，而 སང 中的 ས 是基字，该两个字符却具有相同的编码，基字和上加字的编码混乱，单从藏文编码不能正确地反映出现代藏文的构字特性。

（2）无法只借助于藏文编码排列藏文字符的字典序列

对藏文的排序有很多种，高效的排序是基于藏文基字的藏文字典序的排序，而不是按照类似于英文的从首字符开始逐一比较排序。按照目前 ISO/IEC 10646 中藏文的编码方案，基字的编码可能会在 U + 0F40 ~ U + 0F69 中，也可能会在 U + 0F90 ~ U + 0FB9 中。因此，排序需要设定编码域，以区分这两项编码范围，增加了编程复杂度。比如：按照目前藏文基本集的编码方案，རང和རྔ的编码分别是 U + 0F62 U + 0F44 和 U + 0F62 U + 0F94，直接比较编码排序的结果རང在རྔ之前，这不符合藏文字典序的排序要求。现在也有一些基于《基本集》的排序方案，但由于《基本集》编码本身的缺陷，使得原本可以通过直接比较藏文字符编码的大小就可以实现藏文的排序，而变得不得不用较复杂的方式来完成。

（3）没有单独给出上加字的编码

如果在编码集中有上加字的编码，通过编码不仅知道这三个字处于上加字的位置，而且还可以作为藏文叠加的标示。因为上加字按照藏文的构字特点一定是叠加在基字上的，所以一旦出现了上加字的编码，意味着下一个编码的字符一定是叠加在该上加字的下面，故上加字的编码还有标示藏文构字纵向叠加开始的作用。这有利于识别藏文字符的构件，也有利于藏文字符的排序。

（4）编码集中字符收录标准不一

目前藏文基本集的编码中有藏文最基本的构件，如 U + 0F0B、U + 0F0D、U + 0F21、U + 0F40、U + 0F72 等，这些构件是不能再拆分的，是最小的构件；也有几个构件组合但又没有构成一个完整藏文的“构件组合块”，如 U + 0F77、U + 0F79 等，这些“构件组合块”可以通过其他最基本的构件组合得到；还有一些完整的藏文，如 U + 0F00、U + 0F02 等。由于收录的标准不同，导致在使用藏文基本集时产生了严重的歧义。

一个文字的编码与编码所表示的字应该是一一对应的，但由于藏文编码基本集收录藏文标准的不统一导致了一个藏文可能会出现两个、甚至多个编码的现象，使得藏文编码具有不确定的缺点。比如：藏文“གཱི”的编码可能是“U + 0F42 U + 0F73”，也可能是“U + 0F42 U + 0F71 U + 0F72”。又如：藏文中的 SHAD 一般有单个的“།”、两个的“༎”、和四个的“༎༎”，藏文基本集中有单个 U + 0F0D（SHAD）和两个 U + 0F0E（NYIS SHAD）的编码，则“༎༎”的编码可能是“U + 0F0E U + 0F0E”、“U + 0F0E U + 0F0D U + 0F0D”、“U + 0F0D U + 0F0E U + 0F0D”、“U + 0F0D U + 0F0D U + 0F0E”或“U + 0F0D U + 0F0D U + 0F0D U + 0F0D”，无法确定。

（5）收录字符的属性不确定

Unicode 中藏文字符编码的总共空间是 256 个，编码段是 0F00 ~ 0FFF，目前已经收录了 211 个，现只剩下 45 个编码点或码位，非常少。要在这些有限的码位上添加非常关键、必不可少的字符。如果一些字符的添加虽符合标准的修订，但用处不是很大的话，最好不要添加该字符。

这些年也有不少的字符添加到该字符集中，就拿起始符来说，藏文乌金体中用 U + 0F04 与 0F05 的组合；在草书中用 U + 0F09；在朱匝体中用 U + 0FD1；在白徂体中用 U + 0FD3 与 0FD4

的组合。这些都收录到标准中，例如，除了收录ཀ字符外，还收录了ཀ ཀ ྐ ྐ ཀ ཀ字符一样。

（6）收录字符的不全

在字符集中收录字符时，需要进行比较全面地考虑，有些有待于完善。比如说，研究藏文信息处理的人员都知道现代藏文有 4 个下加字，在编码标准中有 7 个编码，分别是不变形的 4 个下加字和发生变形的 3 个下加字，唯独缺少了下加字ལ发生变形的情况。如果只从乌金体的情况来说，完全没有问题，这样设计的编码是合理的，但并不说明ལ作为下加字时任何字体都不发生变形，在基于 Unicode 制作不同的藏文字体时遇到了难处理ལ作为下加字时不发生变形的ལླ和发生变形的ླ两种情况的问题。大家也知道，ལ作为下加字在乌金体中不发生变形，但在乌梅体中一般都要发生变形。《基本集》中收录字符时不能只从特定字形来考虑，需要比较全面地考虑，保证收录字符的完整性。

（7）实现技术要求高

完全采用藏文小字符集，藏文字符的打印和显示都需要进行动态组合来完成，对软硬件的要求比较高，也导致了一些软件不支持 OpenType 布局表，使得藏文不能正常显示。对硬件的内存、计算等要求也比较高，这导致了一些电子设备和手持终端上不能正常地显示和打印藏文字符。

3.7.4《藏文编码字符集 扩充集》

1.《藏文编码字符集 扩充集》概述

1997 年，虽然通过了《信息技术 信息交换用藏文字符编码国际标准》标准，但基于当时的技术，还没有办法只基于该标准完成对藏文信息技术的处理。很多人认为，《信息技术 信息交换用藏文字符编码国际标准》包括藏文和梵文字母、标点符号、天文历算符号、特殊符号等编码点，其特点是用尽可能少的码位，通过动态叠加组合的方式得到成千上万的藏文字符。与其他拼音文字不同，藏文不仅有横向组合，而且有纵向组合。在制定《藏文编码扩充集》时认为：这种编码方式在动态纵向叠加时与传统的教育、印刷、出版、电子排版系统不兼容。同时，在字形描述、系统实现以及应用软件的支持等方面，由于技术原因难以实现。因此，仅靠基本集，彻底解决藏文的信息处理和交换，尚有很大的困难①：

① 藏文字符的纵向叠加是藏文信息处理的一大难点。叠加字符的各构件变形和跨度都较大，特别是叠加层数较多的字符，各字母在不同层的高度和宽度都有不同的要求，技术上难以处理。

② 在 ISO 10646 的Ⅰ级实现中，一个字符用一个编码就可以表示，而一个藏文大丁字符则需要用几个编码来表示，长度不定，给藏文在信息系统的实现带来极大的麻烦。以 2004 年 4 月 13 日藏文编码工作组第一次会议（北京，电子工业标准化研究所）纪要的内容为准，结合 2003 年 12 月成都会议的决议，确定了藏文编码国家标准制定的指导纲要，即“在国际标准框架下制定藏文大字符集编码国家标准，定义垂直预组合的藏文字符，应作为我国藏文信息处理发展的策略；同时，不排斥小字符集的技术方案，并积极跟踪研究动态组合技术”。

2003 年，开始研制《信息技术 藏文编码字符集 扩充集 A》（简称为《扩充集 A》）与《信

① 《信息技术 藏文编码字符集 扩充集 B》研制技术报告.

息技术 藏文编码字符集 扩充集 B》(简称为《扩充集 B》), 其中《扩充集 A》于 2007 年 3 月正式颁布实施[①],《扩充集 B》于 2011 年 1 月正式颁发, 11 月正式实施。《扩充集 A》和《扩充集 B》有时也一起简称为《扩充集》。

当时, 制定《扩充集 A、B》也有一定的意义。在我国, 由于受到汉字信息处理的影响, 将藏文垂直组合作为一个处理单元进行编码(即预先进行垂直组合, 称为垂直预组合, 垂直预组合后的字符称为藏文字丁), 整个藏文处理过程就与汉字处理几乎完全相同。虽然长期以来, 国内藏文处理并没有统一的藏文大字符集编码标准, 不同的厂商在具体实现时支持的藏文字丁的字数和编码不尽相同, 但是藏文进入信息时代以来, 从 DOS 到 Windows 系统, 国内一直使用基本字符加上垂直预组合字符的实现方案。特别是自 20 世纪 80 年代中期进行我国藏文信息处理技术研究与开发以来, 基于垂直预组合字符集的不同藏文处理软件, 如电子出版系统, 在教育、出版、古籍整理研究和藏医药文献中已经广泛应用, 形成了体系, 积累的电子数据达数十亿字[②]。

2. 藏文编码字符集标准扩充集 A 与 B 的编码模式

采用扩充集对藏文进行编码时, 需要标准中的 3 个部分, 藏文基本集中的非组合用字符、藏文扩充集 A 的字符、藏文扩充集 B 的字符。藏文扩充集可以表示和交换所有现代藏文和 99%以上的古代藏文为载体的信息。

扩充集 A、B 与藏文基本集编码方式的最大不同是: 藏文基本集对组成藏字的最基本的构件进行编码, 而扩充集在 ISO/IEC 10646 编码体系结构的框架内, 对藏文中由基本字符纵向叠加而成、具有稳定结构且使用频繁的藏文和梵文藏字字丁进行编码。

经国内有关专家对藏文的历史、藏文的现行使用、藏文古籍、藏文现代出版物、藏文的结构特性进行深入的研究论证, 同时结合对藏文字符的频率统计, 确定了藏文编码字符集中编码的对象。

3.《信息技术 藏文编码字符集 扩充集 A》

《信息技术 藏文编码字符集 扩充集 A》收录了 1 536 个纵向叠加字丁, 包括所有现代藏文和已成为藏文部分的梵音转写藏文字符。

扩充集 A 的编码体系结构等同于 GB 13000《信息技术 通用多八位编码字符集》规定的通用多八位编码字符集。整个编码字符集内的每一个字符由一个双八位序列表示。一个八位的各位由 b8、b7、b6、b5、b4、b3、b2、b1 标识, 其中 b8 为最高位, b1 为最低位。相应地, 分配给每一位的权应如表 3-2 所示。

表 3-2 扩 A 数位中每一位的权值

b8	b7	b6	b5	b4	b3	b2	b1
128	64	32	16	8	4	2	1

其编码范围为 F300 ~ F8FF, 位于 BMP 专用平面内。藏文编码扩充集 A 的一部分如图 3-12 所示。

① 欧珠, 代红. 藏文编码字符集编码模式的研究与应用[J]. 信息技术与标准化, 2007(8).
② 欧珠, 代红. 藏文编码字符集编码模式的研究与应用[J]. 信息技术与标准化, 2007(8).

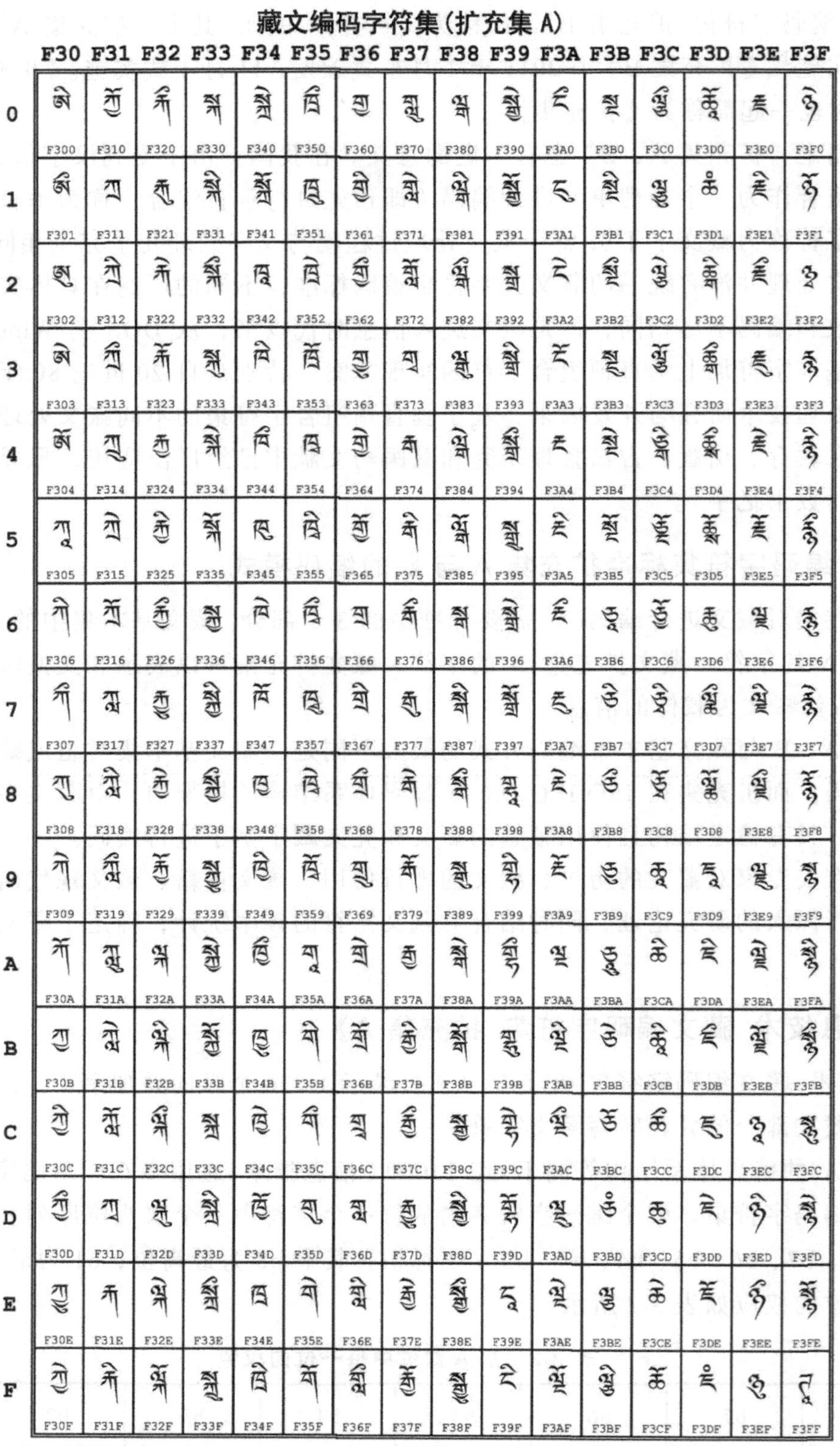

图 3-12 藏文编码扩充集 A 的一部分

4.《信息技术 藏文编码字符集 扩充集 B》[①]

《藏文扩充集 B》是《藏文扩充集 A》的补充，收录了 5 702 个基本字符纵向叠加而成的结构稳定的梵音转写藏文字符和其他佛教经典中出现的梵音转写藏文字符。

① 欧珠，代红. 藏文编码字符集编码模式的研究与应用[J]. 信息技术与标准化，2007（8）.

扩充集 B 的编码体系结构等同于 GB 13000 规定的通用多八位编码字符集。整个编码字符集内的每一个字符由四个八位序列表示。一个八位的各位由 b8、b7、b6、b5、b4、b3、b2、b1 标识，其中 b8 为最高位，b1 为最低位。相应地，分配给每一位的权应如表 3-3 所示。

表 3-3　扩 B 数位中每一位的权值

b8	b7	b6	b5	b4	b3	b2	b1
128	64	32	16	8	4	2	1

编码位置是 000F0000 ~ 000F1645，使用专用平面 A。藏文编码扩充集 B 的一部分如图 3-13 所示。

藏文编码字符集(扩充集 B) 000F

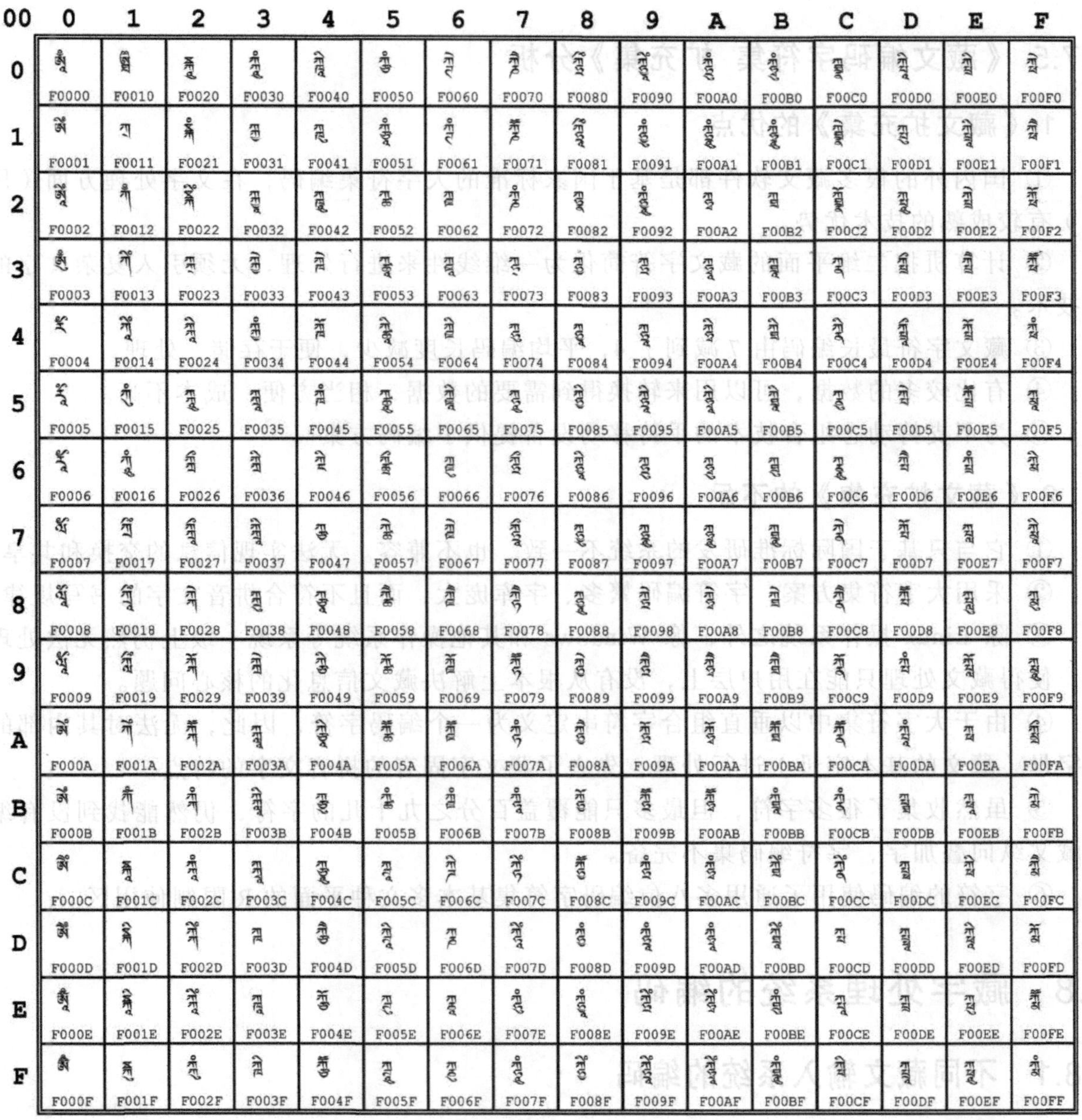

图 3-13　藏文编码扩充集 B 的一部分

5.《扩充集》的编码方式

《扩充集》以藏字中的每一个纵向叠加的字符（或组合字符）作为编码的对象，编码流的顺序规定为藏字的书写顺序，也就是藏字在键盘上的输入顺序。编码时采用《基本集》+《扩充集》的方式，即非叠加字符采用《基本集》的编码，纵向叠加字符采用《扩充集》的编码。其说明示意图如图 3-14 所示。

བསྒྲིགས་ =	བ	+ སྒྲི	+ ག	+ ས	+ ་
	0F56	F393	0F42	0F66	0F0B

图 3-14 藏文扩充集编码方式说明图

其中，བ ག ས ་ 都是非叠加字符，其编码直接用《基本集》的编码，而纵向叠加字符སྒྲི用的是《扩充集 A》的编码。

3.7.5 《藏文编码字符集 扩充集》分析

1.《藏文扩充集》的优点

① 国内外的很多藏文软件都是基于国家标准的大字符集编码，在文字处理方面（用户级）有较成熟的技术优势。

② 计算机把二维平面的藏文字符简化为一维线性来进行处理，无须引入复杂文字的处理技术。

③ 藏文字符最长编码由 7 减到了 4，平均编码长度减少，便于存储、处理。

④ 有比较多的数据，可以用来转换得到需要的数据，相当方便，成本不高。

⑤ 为不支持动态组合技术的手持移动设备提供了编码方案。

2.《藏文扩充集》的不足

① 它与只基于国际标准研发的系统不一致，也不兼容。无法实现信息的交换和共享。

② 采用大字符集方案，字符编码繁多、字库庞大，而且不符合拼音文字的书写规律。

③ 除 Linux 操作系统之外，像 Windows 和其他操作系统等系统一级上仍然无法处理藏文，使得藏文处理只能在用户层上，没有从根本上解决藏文信息化的核心问题。

④ 由于大字符集中以垂直组合字符串定义为一个编码字符，因此，无法对其内部的每个字母（藏文的基本字母）进行处理，失去了藏文字固有的拼音文字的特点。

⑤ 虽然收集了很多字符，但最多只能覆盖百分之九十几的字符，仍然能找到没有编码的藏文纵向叠加字，字符编码集不完备。

⑥ 字符的编码使用了通用多八位编码字符集基本多文种平面的 R 限制使用区。

3.8 藏字处理系统的编码

3.8.1 不同藏文输入系统的编码

目前，基于不同编码体系设计的藏文字处理软件有藏大岗杰、华光、北大方正、同元、班智达、桑博扎等多种，排版系统或出版系统方面有华光和方正专业；桑博扎的字体美观。各软件都有自己的优缺点。

1. 华光藏文系统

中国藏学研究中心和航天部 701 所于 1988 年 8 月推出了藏文文字处理及激光编辑排版印刷系统。该系统后来与潍坊华光合作开发出了华光书林藏文排版和激光照排系统（简称华光藏文系统）。中国藏学出版社出版的藏文版《中华大藏经》就是用这个系统排版的。

华光藏文系统有 FOR DOS 和 FOR Windows 版本，带有加密卡，字体有九种，有独立的编辑器，有可视化和 BD 语言两种编辑；可混合编辑藏、梵、汉、英四种文字，实现了全自动排版。

2. 北大方正藏文系统

中国计算机软件与技术服务总公司、民族印刷厂、北京大学计算机研究所、中国民族语文翻译中心在华光藏文系统的基础上，于 1990 年底联合研制并推出了北大方正藏文书报版系统（简称北大方正藏文系统）。北大方正 1997 年推出了基于 WIN31 的藏文维思彩色印刷系统。

北大方正的版本比较多，字符比较丰富，可混合编辑藏、梵、汉、英四种文字，实现全自动排版，各大印刷厂和出版系统普遍使用该系统。

以上两个系统刚开始研制时还没有藏文编码国家标准可依，但由于这两个系统的编码有完整的对应关系，而且在国内外有着广泛的用户群。在很长一段时期内，这两个系统一直是国内藏文信息处理研究领域的基本平台。事实上，至今它们仍占据着广大藏区 90% 以上的书版、报版印刷市场，也是大多数藏文信息处理研究者的首选基本平台。现在这两个系统也推出了视窗版本，并且其编码也采用了国家标准。

3. 同元藏文软件

它是适用于 Windows 的一套藏文软件，有两种字体，带有加密狗，主要用于公文处理，可在 Microsoft Office 里进行编辑，其编码是自定义的非标准编码。

4. 班智达藏文软件

它是适用于 Windows 的一套藏文软件，有四种字体，可在 Microsoft Office 里进行编辑，其编码也是自定义的非标准编码。

5. 桑博扎藏文软件

该软件使用于 Windows 操作系统和 Word 文字处理系统，字体设计美观大方，键盘布局较合理，容易掌握。不能用于 Word 以外的软件中，该软件的编码也是自定义的非标准编码，并且只占用了西文的字符编码，导致一个输入软件连接很多字库，字库文件太多。

这些软件主要有以下缺憾：

① 所有软件设计时都没有采用国际标准编码。其中有的字库占用 00 ~ FF 区 ASCII 码的码位，有的占用 GB 2312 的 10 ~ 15 区或 88 ~ 94 区的空余码位，有的字库干脆占用汉字 GB

2312 的 15～81 区的某段码位。

② 由于现有的软件都没有采用国际标准编码，所以无法支持 Internet 藏文信息交换，更没有考虑到与汉英文在系统底层实现兼容处理和对其他应用软件的支持。

③ 从这些系统所具备的功能来看，仍然不具备系统一级的藏文支持能力，即不具备真正的藏文 Windows 操作系统的功能。更有甚者只是针对某个 Windows 应用软件实现藏文字处理功能，如 Sambhota 5 就是典型的仅在 Word 上实现的一个藏文字处理软件。这类软件一旦脱离 Word 字处理环境后就无法实现藏文字处理。

④ 从技术实现角度来看，这些系统主要是在应用层面利用 Windows 的 API 或 Word API 函数挂接实现的。

6. 藏大岗杰藏文系统

藏大岗杰藏文系统是西藏大学于 2005 年研制的新一代藏文字处理软件；是按照国际、国家字符编码标准设计实现的；支持藏文断行，输入法具有藏文智能输入、词组输入。根据用户的不同选择，可以按照藏文国际标准或国家标准实现两种编码的输入。

7. 微软藏文输入系统

微软于 2005 年给出了只基于《藏文基本集》输入法的测试版，通过 Open Type 技术实现了藏文动态组合的技术。在 Windows Vista 开始以后的版本中，系统都自带了只基于《藏文基本集》的藏文输入系统。

该系统的优点如下：

① 完全基于《基本集》来实现藏字的处理，各种系统中都兼容。

② 大大方便了用户，为藏文信息的交流和共享奠定了基础，成为了未来藏文软件的发展趋势。

③ 所需要设计的字库中的字符量少，用动态组合的方式能很方便地设计不同字形的藏文字库。

该系统的缺点如下：

① 藏英汉混排时，藏文字体偏小偏低。

② 藏文文本两端对齐时，只有左端对齐，右端无法对齐。

③ 目前很多应用软件不支持 Open Type 布局表，如 Photoshop，Indesign 等。

④ 在 Access 等数据库中藏文字符无法精确查询。

3.8.2 藏文不同编码间的转化

1. 藏文不同编码间转换的原理

不同的藏文采用了不同的编码，如ཀི在同元藏文软件中的编码是 8CED，班智达藏文软件中的编码为 8584，扩充集 A 的编码是 F305。不同藏文软件的藏文编码对照示意表如表 3-4 所示。编码转换就是把源藏文编码转换为对应的目标藏文编码。

表 3-4　不同藏文软件藏文编码的对应表[①]

序号	字丁	同元编码	班智达编码	扩 A 编码
1	ཨི	7219	948E	F300
2	ཨུ	8F5E	606B	F301
3	ཨེ	8F5F	51BB	F302
4	ཨོ	8F60	6D1E	F303
5	ཀྲ	8FE7	6A0A	F304
6	ཀི	8CED	8584	F305
7	ཀྀ	4E02	4F10	F306
8	ཀུ	8CEE	96F9	F307
9	ཀ	8CEE	4FDD	F308
10	ཀེ	8D00	5821	F309

2. 藏文不同编码间的转换

藏文不同编码间进行转换时，一般采用以下步骤。

① 藏文连续文本中以音节点为界先读入一个音节字。

② 分解音节字的纵向叠加字符，把一个纵向组合部分作为处理对象。

③ 查找源藏文纵向叠加字符对应的目标藏文叠加字符，进行替换。

④ 处理完一个藏字，回到步骤①，继续处理下一个藏字，直到文件结束。

不同藏文编码间进行编码转换时，主要有以下几种情况：

（1）一对一的替换

非标准的藏文编码和扩充集的藏文编码把纵向叠加的组合块作为编码的对象，这些编码之间进行相应的转换时，把源藏文编码中的一个编码转换为目标藏文编码中的一个编码。

（2）一对多的替换

非标准的藏文编码和扩充集的藏文编码把纵向叠加的组合块作为编码的对象，纵向组合字符给了一个编码，但藏文基本集中每个字符作为编码的对象，纵向组合有几个字符就会有几个编码。所以，从这类编码转换到藏文基本集编码时，也就是一个字丁分解成部件的一个过程，比较简单。顺序读入每一个字丁的编码，查找该藏文字丁对应的基本集编码，进行一对多的转换。例如，藏文字符ཨོ由扩充集 A 的编码 F304 转换为藏文基本集编码时是 0F68（ཨ）和 0F7C（ོ），如表 3-5 所示。

① 李永宏，何向真，艾金勇，等. 藏文编码方式及其相互转换[J]. 计算机应用. 2009,（29）7.

表 3-5　藏文扩 A 编码和基本集编码的实例说明表

序号	扩 A 码	字丁	基本集编码
1	F300	ཨི	0F68 + 0F72
2	F301	ཨྀ	0F68 + 0F80
3	F302	ཨུ	0F68 + 0F74
4	F303	ཨེ	0F68 + 0F7A
5	F304	ཨོ	0F68 + 0F7C
10	F309	ཀེ	0F40 + 0F7A
50	F331	སྐི	0F66 + 0F90 + 0F72
100	F363	གྱུ	0F42 + 0FB1 + 0F74
200	F3C7	ཅྭི	0F45 + 0FAD + 0F72
1000	F6E7	ཋྱ	0F4B + 0FB1

（3）多对一的替换

藏文基本集把每个字符作为编码的对象，纵向组合有几个字符就会有几个编码。要把藏文基本集的编码转换为非标准藏文编码和扩充集的藏文编码时，需要把前导字符与组合用字符作为一个整体，把源编码中的前导字符和组合用字符的多个编码按照多对一转换为目标编码中的一个组合字符。

本章从英文字符、汉字在计算机中的表示介绍了英文字符、汉字的编码。特别介绍了跟藏文有关的编码字符集 ISO/IEC 10646、GB 13000、GB 18030，也介绍了藏文《基本集》和《扩充集》，并对不同编码进行了比较和讨论。

第 4 章

支持藏文的操作系统

操作系统是计算机硬件管理和支撑软件的系统软件。虽然没有真正意义上的藏文操作系统，但所有藏文的处理都要依靠一定的操作系统。本章简单介绍支持藏文处理的操作系统。

4.1 操作系统概述

操作系统（Operation System，OS）是直接控制和管理计算机系统基本资源、方便用户充分而有效地使用这些资源的程序集合（是计算机系统中所有硬件、软件和数据资源的组织者和管理者，是一个大型程序）。它是系统软件的基础或核心，是最基本的系统软件，其他所有软件都是建立在操作系统之上的。计算机系统中的主要部件之间能相互配合、协调一致地工作，都是靠操作系统的统一控制才得以实现的。用户都是先通过操作系统来使用计算机，所以它又是沟通用户和计算机之间的“桥梁”，是人机交互的界面，也就是用户与计算机硬件之间的接口，如图 4-1 所示。

计算机的硬件系统主要指主机（CPU + 存储器）和输入、输出设备。汇编程序、解释程序、编译程序、数据库管理系统等属于软件系统中的系统软件，文本编辑器等属于软件系统中的应用软件。由图 4-1 可见，操作系统如同一个管理中心，计算机系统的软、硬件和数据资源利用，都必须通过这个中心向用户提供正确利用这些资源的方法和环境。

图 4-1　硬件与操作系统的关系

1. 操作系统的主要作用

操作系统在硬件上建立了一个服务体系，为系统软件和用户应用软件提供了强大的支持。从结构上看，操作系统是用户程序、应用软件、物理计算机之间的接口。

操作系统是计算机系统中一个必不可少的关键组成部分，任何一个计算机系统可以不配置某些应用程序，硬件的配置也可不相同，但决不可以没有操作系统，操作系统是计算机系统中的核心。其主要作用有三个：

（1）提高系统资源的利用

通过对计算机系统的软、硬件资源进行合理的调度与分配，改善资源的共享和利用状况，最大限度地发挥计算机系统的工作效率，即提高计算机系统在单位时间内处理任务的能力（称为系统吞吐量）。

（2）提供方便友好的用户界面

通过友好的工作环境，改善用户与计算机的交互界面。如果没有操作系统这个接口软件，用户将面对一台只能识别 0、1 组成的机器代码的裸机。有了操作系统，用户才可能采用识别的方法同计算机打交道。

（3）提供软件开发的运行环境

在开发软件时，需要使用操作系统管理下的计算机系统，调用有关的工具软件及其他软件资源。进行一项开发时，先问是在哪种操作系统环境下开发的，当要使用某种保存在磁盘中的软件时，还要考虑在哪种操作系统支持下才能运行。因为任何一种软件并不是在任何一种系统上都可以进行的，所以操作系统也称为软件平台。操作系统的性能在很大程度上决定了计算机系统工作的优劣。具有一定规模的计算机系统，包括中、高档微机系统，都可以配备一个或几个操作系统。

2. 操作系统的功能

现代计算机系统中有很多重要的资源，包括硬件资源、软件资源和用户资源。从资源管理的角度，操作系统的功能有：

① 处理机（CPU）的管理；

② 存储器管理；

③ 设备管理；

④ 文件管理；

⑤ 作业管理。

3. 操作系统的种类

操作系统的种类很多，也具有不同的特征，基于不同的角度，有不同的分类方法。

（1）从计算机体系结构角度分类

- 单机操作系统；
- 主从式多终端操作系统；
- 多机多用户操作系统；
- 网络操作系统；
- 分布式操作系统。

（2）从操作系统工作的角度（服务的观点）分类

- 单用户系统；
- 批处理系统；
- 分时系统；
- 实时系统；
- 网络系统。

4.2　支持藏字处理的操作系统

4.2.1　支持藏字处理的 DOS 系统①

国内藏文信息处理的研究工作从 20 世纪 80 年代初的字处理研究起步，最早的报道是张连生于 1981 年用计算机进行的藏文词汇排序工作。当时由于没有支持藏文的操作系统，他使用英文操作系统，采用于道泉先生提出的以数码代替藏文的编码方案，使用 COBOL 语言实现了一个藏文排序软件。此后，张连生于 1983 年在美国伊利诺斯大学利用 PLATO 计算机上的一个应用软件 TUTOR，采用李方桂先生提出的罗马转写方案作为藏文输入编码，通过 TUTOR 软件提供的图形叠加功能完成了对藏文字符的显示，实现了一个集输入、显示和打印功能为一体的藏文字处理系统②。

1984 年，上海教育学院物理系的俞乐等人在 VICTOR 9000 计算机上利用 BASIC 语言实现了一个具有输入、显示和打印功能的藏文字处理系统，并用 BASIC 编写了藏文报表软件。在此前后，甘肃省计算中心胡彦发等人和西北民族学院合作也在 WANGVS/80 机上，用扩展 BASIC 语言实现了一个藏文的字处理系统 ZWCL,他们还配套编写了藏文文献联机检索系统。航天部 710 所的罗圣仪等人在 PC 8001 和 IBM PC 上实现了一个藏文字处理系统。该系统利用 TLLP 字符写入程序实现，并采用了一种藏文辅音字母和元音字母用拉丁转写、上下加字采用数字代码的编码方案。

上述几个系统代表了这一时期支持藏文操作系统的发展水平。可以看到，当时的研究工作主要围绕藏文字处理系统在应用层面的简单实现。就字处理系统而言，在实现技术上尚有许多不足和缺点。具体表现在这些藏文字处理系统都是利用 BASIC 语言、TOTOR 软件等在应用软件层面实现的，而不是在操作系统层面实现的。因此，在这些系统下无法利用英文各类应用软件和编程语言；都是单一文种（藏字）处理系统，无法与英文或汉文系统兼容；还没有统一的相关技术标准（包括内部交换码、字符集等）可参照，因而也无法实现各系统间的相互兼容；系统的藏文字符集普遍偏小或不全，基本不具备梵音藏文字符的处理能力；输入编码或采用拉丁转写或使用数字替代，输入烦琐且不便于记忆。当然，这一时期的探索工作也是非常有价值的，它为后来藏文基本字符集的确定、系统平台的开发积累了经验，提前作了技术上的储备工作。更加难能可贵的是，在当时的技术条件下有些科研人员还在语言信息处理层面进行了有益的探索。

20 世纪 80 年代中期，以 CCDOS 为代表的汉字信息处理技术极大地推动了与汉英文兼容的藏文操作系统的发展。1986 年青海省药品检验所俞汝龙，青海师范大学赵晨星，青海民族学院毛继祖、熊涛等人与北京有线电厂合作，在 CCDOS 2.13 下开发了与汉英文兼容的藏文操作系统 TCDOS。后来在 TCDOS 基础上，西北民族学院开发了可挂接在 WPS 下的藏文轻印刷系统——兰海藏文系统。在此前后，四川大学开发了一个与汉英文兼容的藏文操作系统。南京新技术研究所于江苏、葛小冲等人也开发了一个与汉英文兼容的藏文操作系统 ZWDOS。1992 年 10 月，西藏大学研究开发的《TCE 藏汉英文信息处理系统》通过了西藏自治区的鉴定。

---

① 陈玉忠，俞士汶. 藏文信息处理技术的研究现状与展望[J]. 中国藏学，2003（4）.

② 江荻，龙从军. 藏文字符研究[M]. 北京：社会科学文献出版社，2010.

在罗圣仪等人的研究基础上，中国藏学研究中心和航天部 710 所于 1988 年 8 月推出了藏文字处理及激光编辑排版印刷系统，该系统后来与潍坊华光合作开发出了书林藏文排版和激光照排系统（简称华光藏文系统）。

中国计算机软件与技术服务总公司、民族印刷厂、北京大学计算机研究所、中国民族语文翻译中心在华光藏文系统的基础上，于 1990 年底联合推出了北大方正藏文书报版系统（简称北大方正藏文系统）。

这一时期，在国家的大力支持及国内各主要研究单位和企业的通力协作下，基于 DOS 的藏文操作系统基本上与汉文操作系统同步实现了本地化工作。

4.2.2 支持藏字处理的 Windows 系统

进入 20 世纪 90 年代中期以来，随着软、硬件技术的飞速发展，基于图形界面的 Windows 操作系统逐步替代了基于字符界面的 DOS 操作系统，而成为了计算机操作系统的主流。因此，基于图形界面的藏文 Windows 操作系统的研制和开发便成为了这一时期藏字信息处理的核心任务之一。根据实现技术难度和相应功能的不同，藏文 Windows 操作系统的开发有三种可选模式：一是直接在应用层面开发；二是挂接在现有汉英文 Windows 系统下实现；三是系统内核一级实现藏化。由于 Windows 系统结构庞杂，没有公开的系统内核代码可参照，加之产品更新换代速度极快，一般研究单位在系统一级实现藏化基本上是不可能的。因此，实际上可选的开发模式只有前两种。

1997 年，北大方正推出了基于 WIN 31 的藏文维思彩色印刷系统，但藏文的输入、编辑过程仍需切换到 DOS 环境下进行；西北民族学院信息所于洪志、戴玉刚等人于 2000 年实现了一个基于 Windows 的藏文字处理软件，即同元藏文字处理软件，其主要技术是通过 API 函数实现的。在此前后，青海师范大学也采用类似的技术开发了一个基于 Windows 的藏文字处理软件——班智达藏文字处理软件，并在汉藏机器翻译系统和藏药信息系统中有所应用。2001 年，四川火狐信息技术有限公司实现了一个基于 Windows 的藏文字处理软件——“火狐”藏文字处理软件。1997 年，西藏大学开发了一个基于 Windows 的藏文字处理系统。2006 年，西藏大学开发了“藏大岗杰藏文输入系统”，该系统针对藏文的特点和藏族用户对藏文信息处理的应用需求，采用规范的标准，基于 Windows NT/2000/XP 和红旗 Linux 5.0 开发而成。

2007 年，微软发布的操作系统 Windows Vista 引入了藏、彝、维吾尔等四种少数民族语言的支持，只需要按照藏字的简单拼写规律就可以输入想要的任何藏字和梵音藏字，实现了文字的开放输入。2007 年以后微软发布的新的操作系统中都自带了藏文字符的处理功能。

4.2.3 支持藏字处理的 Linux 系统

2005 年，中国科学院软件研究所与西藏大学联合开发了“基于 Linux 的藏文信息处理系统”，该系统具有如下特点：

① 统一的系统安装盘，实现汉、藏、英文可选的安装界面与安装过程。

② 提供完全的藏文用户界面，包括菜单、按钮、帮助内容等 GUI 信息。

③ 提供符合藏文语言特性与习惯的显示和打印。

④ 提供符合藏文编码字符集国家标准的藏文输入法；提供输入法通用接口。

⑤ 提供符合藏文字形国家标准的 TrueType 藏文字库。

⑥ 提供多语言使用环境切换机制，用户可以自由地在汉、藏、英文等用户界面之间切换。

⑦ 使用完整支持汉、藏、英等多种文本的文件系统。

⑧ 提供方便的汉藏对照的用户手册。

⑨ 提供适用于国内外多种藏文编码的藏文编码转换工具。

4.2.4　系统界面藏化的软件——藏文之星

2007 年，北京方正新天地信息网络科技有限责任公司、西藏大学和北大方正集团公司联合开发了“Windows 外挂藏文操作系统”即“藏文之星 FOR Windows 2000/XP”。藏文之星 FOR Windows 2000/XP 是支持微软 Windows 2000/XP 计算机操作系统的藏文平台软件，它提供的主要功能有在 Windows 2000/XP（包括中文版本、英文版本）的环境下，实现藏文字的计算机的输入、显示，使得操作系统和各种应用软件界面进行藏化处理，给用户提供一个被藏化了的操作环境。

第 5 章

藏字输入技术

对于任何一种文字信息处理系统来讲，包括中、日、韩、蒙文、藏文、阿拉伯文（维哈柯文）等，首先解决的技术问题是文字的输入。比如移动电话、网络电话等也不例外。同样，办公自动化软件、字处理软件、行业专用软件、嵌入式软件、视频软件等，所有的软件都需要有输入法的支持。根据输入设备的不同可以将常用输入法分为 3 类：键盘输入法、字形识别输入法和语音识别输入法。从实现输入的技术而言，目前的输入技术实现可划分为：① 外挂的具有输入法功能的应用软件；② 具有输入法功能的文字编辑软件；③“IMM-IME”的结构实现输入法编程技术；④ 嵌入式数字化输入技术；等等。

输入技术是研究中文信息处理的一个重要课题，包括我国少数民族语言文字信息处理在内。输入法实现的总体思路是：通过不同的方式获取用户输入的信息，再经过转换引擎将输入的信息转换成为其对应的字符；如果出现多种转换结果，则出现选择窗口，最后由用户选择所需要输入的文字。对于中文 Windows 操作系统而言，则将结果藏文字符串转换成相应的藏文字符信息，发送到应用程序窗口，完成藏文的输入过程。

本章从藏字的键盘输入、语音输入、字形识别输入三个方面进行概述，并详细讲述这三种输入方式的原理及技术。同时，也讨论藏文字符键盘的编码理论和不同系统下藏文字符输入的实现方式。

5.1 藏字输入技术概述

藏文字符输入方法可以分为键盘输入法和非键盘输入法。藏字键盘输入法就是通过键盘使藏字进入计算机的技术。键盘输入法从单字输入、词输入、常用短语输入一直发展到句输入。非键盘输入法包括语音识别和藏文字形扫描自动识别等输入藏文字符的技术。

5.1.1 藏字键盘输入

最早研究的藏字输入方法是键盘输入法，也是目前计算机中应用最广的输入方法。键盘输入首先是把需要输入计算机的所有藏文字符用键盘上若干按键编码，这些按键码组成的序列称为对应藏文字符的输入码，通过键盘上顺序地敲击某些按键，由计算机中的输入系统把这个序列转换为对应的藏字，如图 5-1 所示。

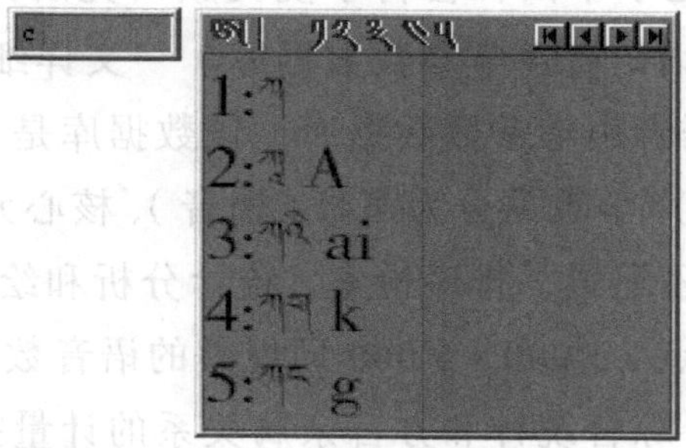

图 5-1 藏字键盘编码输入实例

键盘输入是目前计算机最主要的输入方法，绝大多数用户采用键盘编码输入方式。与其他的输入方式相比，键盘编码输入具有输入正确率高、实现简单、无须添加额外设备等优点，但同样也有输入速度慢、费时费力等缺点。

5.1.2 藏文语音识别输入

语音识别技术是自然语言处理的一个重要组成部分，包括语音的识别、处理和合成等。语音识别技术也是语音信号处理的一个重要研究方向，是模式识别研究领域的一个分支，它涉及生理学、心理学、语言学、计算机科学以及信号处理等诸多领域，甚至还涉及人的体态语言（如人在说话时的表情、手势等可帮助对方理解的行为动作）等。

语音识别的研究工作大约开始于 20 世纪 50 年代，当时 AT&T Bell 实验室实现了第一个可识别 10 个英文数字的语音识别系统——Audry 系统。20 世纪 60 年代，计算机的应用推动了语音识别的发展。该时期的重要成果是提出了动态规划（DP）和线性预测分析技术（LP），其中后者较好地解决了语音信号产生模型的问题，对语音识别的发展产生了深远影响。20 世纪 70 年代，语音识别领域取得了进一步突破。在理论上，LP 技术得到进一步发展，动态时间归正技术（DTW）基本成熟，特别是提出了矢量量化（VQ）和隐马尔可夫模型（HMM）理论。在实践上，实现了基于线性预测倒谱和 DTW 技术的特定人孤立语音识别系统。20 世纪 80 年代，语音识别的研究进一步走向深入，其显著特征是 HMM 模型和人工神经元网络（ANN）在语音识别中的成功应用。20 世纪 90 年代，随着多媒体时代的来临，迫切要求语音识别系统从实验室走向实用。

语音识别技术根据说话人说话方式的要求，可以分为孤立字（词）语音识别系统、连接字语音识别系统以及连续语音识别系统；根据说话人的依赖程度可以分为特定人和非特定人语音识别系统；根据词汇量大小，可以分为小词汇量、中等词汇量、大词汇量以及无限词汇量语音识别系统。不同的语音识别系统，虽然具体实现细节有所不同，但所采用的基本技术相似，一个典型语音识别系统的实现过程如图 5-2 所示。

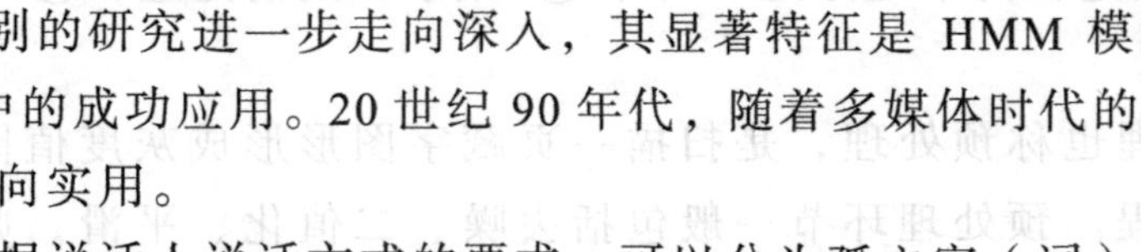

图 5-2 语音识别的实现

藏语语音研究报道最早见于中国社会科学院民族研究所鲍怀翘等人在藏语语音数据库研究方面的工作。《藏语拉萨话语音声学参数数据库》一文详细介绍了他们从1989年以来研究建立的第一个藏语拉萨话语音声学参数数据库。该数据库是在分析测量了藏语拉萨话733个单音节基础上形成的。全部声学数据分为声母（辅音）、核心元音、鼻音和声调四个数据库，共30项特征。该数据库同时还配置了排序检索、统计分析和绘图功能。此后，郑玉玲、孙宏开等人在藏语方言15个调查点、3 000～5 000词规模的语音数据库的基础上，对各方言的词汇语音特征进行了单项统计、综合统计和方言亲属关系的计量描述。近几年，西北民族大学也开展了藏语语音方面的项目。西藏大学与中科大讯飞公司开展了藏语语音识别和合成的项目，取得了比较好的成绩。

藏语语音识别的研究不仅需要建立大量藏语语音数据库，还需要对藏语的音元进行编码和分析。目前，针对藏语音元的分析、编码及国家标准等工作还未进行，这给藏语信息处理工作带来了技术上和标准上的障碍，阻碍着藏文信息产品的研发。

5.1.3 藏文字形识别输入

藏文字形识别技术是利用计算机技术对藏文字的静态（印刷体、手写规整体等）图形和动态（联机手写、特定人手写等）藏文字信息进行特征提取，与预先存储在计算机内的标准藏文特征信息进行匹配，并选择符合特征的藏文字作为所需识别的藏文字内码。藏文字的识别大致可以分为联机识别和脱机识别两类。所谓联机识别，是指用户一边用书写笔（相当于普通笔）在书写板（相当于纸）上写字，机器一边辨别出用户书写的是什么字。所谓脱机识别，是指机器所要识别的藏文字已经在纸上了，计算机为了识别出纸上的藏文字，先要把藏文字通过扫描装置扫成图像，然后计算机再对图像进行分析处理，最后辨别出纸上的藏文字。藏文字形识别技术包含了人工智能、机器学习、统计学和认知科学等多个领域。字形的识别过程既是一个学习过程，又是一个理解过程。

藏文字形的识别过程简单地分为3个：① 藏字识别前处理；② 藏字的分类和判断；③ 藏字识别后处理。

藏字识别前处理也称预处理，是扫描一页藏字图形形成灰度值图像数字信号到单字识别之前的全部过程。预处理环节一般包括去噪、二值化、平滑、归一化、线性或非线性变换等。

藏字识别的第二个过程是藏字分类和判别。在藏字分类和判别之前，首先在识别系统中要对照得出藏字识别特征。藏字识别特征是为识别藏字而对藏字字形进行分析，提取表示藏字字形结构特征规律的、关键性的稳定结构、参数或其相关的数学表示形式。藏字识别特征的选择和抽取是藏字识别技术的关键，是藏字识别方法的核心，也是一个藏字识别系统成败的关键因素。

藏字字形识别的第三个过程即识别后处理过程，是指辨别出藏字单字代码到藏字识别系统输出正确的文本之间的全过程。后处理主要利用实际藏字文本的语言知识对识别结果的代码文件做进一步的加工，自动纠正或发现单字是否错误。

藏文识别方面最早的报道始于清华大学自动化系王浩军、赵南元等人的研究工作。他们根据藏文在字形和书写方式上的特点，实现了一种适用于藏文识别的预处理技术。整个预处理过程包括二值化、版面分析、倾斜校正、字符切分和归一化，在预处理过程中还提取了一些有关字丁的基本结构特征，用于识别系统的粗分类和后处理。2002 年，王维兰、丁晓青、祁坤钰等人报道了在藏文识别中相似字丁区分研究方面的最新进展，他们利用已实现的系统对 61 篇测试文本总共 63 503 个样本字符数的测试表明，平均识别率为 96.548%。

2003 年，清华大学的丁晓青教授、西北民族学院的王维兰教授，联合研发出了“多字体印刷藏文（混排汉英）文档识别系统”，从而填补了藏文文本识别研究和系统开发的空白。该系统首次解决了多字体印刷藏文文本的识别问题，并首创实现藏、汉、英混排文本的识别系统，其整体性能达到了国际领先水平。为藏文纸介质文档转化为计算机可查询的电子文档提供了有力的工具，给藏文文献信息的整理、编辑等数字化工作提供了重要的技术支持。西藏大学也开展了印刷体藏文识别和藏文经书的识别工作，研制了藏文印刷体识别系统。这项研究成果不仅在藏文信息处理技术理论研究方面有重要的学术价值和广泛的应用前景，更具有久远的社会效益。

5.2 藏文字符键盘输入编码理论

5.2.1 编码中的几个概念

前面提到的藏文编码指的是用一个固定的数字在计算机中表示该藏文字符，该编码也叫藏文字符的内码。从狭义的角度来说，藏文字符键盘输入编码指的是为了从键盘输入藏文字符，用计算机键盘上的按键为藏文字符进行编码。藏文字符键盘编码是从键盘输入藏文字符到计算机的第一个环节，也是藏文信息处理的关键技术之一。藏文字符键盘编码中涉及几个概念：

1. 字符集/字汇和词汇[①]

字符集/字汇指的是按照某种字符的编码方式，能够输入计算机且计算机能够进行处理的字的集合。比如，有的藏文输入系统不能输入有些梵音藏字，这些不能输入的梵音藏字就不包括在该字符集/字汇中。微软的藏文输入法按照用户的击键可以输入任何的藏文字符，包括不符合书写规则的藏字，其字符集/字汇很大。

词汇指的是按照某种编码方案能输入藏文的词、词组和短语的集合。

2. 码　元

组成输入码的字符集合称为码元。标准键盘用于输入藏文字符的键位有 48 个，其码元就是键盘上的 26 个英文字母、10 个数字键、标点符号键等组成的 48 个键位（有的编码方案中除去“空格键”，即 47 个键位）。

---

① 朱巧明，李培峰，吴娴，等. 中文信息处理技术教程[M]. 北京：清华大学出版社，2005.

3. 码　长

构成输入码的码元个数称为码长。比如输入藏字“བསྐྲིགས”的输入码为“fskriks”，则该藏字的输入编码的码长就是 7，而该藏字又由 7 个字符组成，即称该输入编码为“一键一字”地完成了输入；如果该字符的编码为“fsmkmriks”，则该藏字的输入编码的码长为 9。如果某种编码的输入码长均相等，那么这种编码称为等长编码；如果某种编码的输入码的长度不相等，那么这种编码称为不等长编码。

4. 单码和重码

如果一个编码对应一个字、词的编码，则称这个字或词为单码。如果一个编码对应多个字或词，则称这些字或词组为重码。在藏文键盘归并中就会出现重码。比如，按照藏文传统的认识，把辅音字母“ར”、上加字“ར”、下加字“◌ྲ”归并到一个键位 R 上，假如“བ”安排在 F 键上，“ད”安排在 D 键上，则击键“FRD”时，对应的藏字有“བརད”、“བརྡ”和“བྲད”。这就有三个重码了，需要用户通过选择键来确定输入的藏字。

5. 编码空间和编码效率

所有可能的输入码集合称为编码空间。编码空间的大小依赖于码元集合和码长。如某个编码方案的码元共有 K 个，编码采用等长码，长度为 i，则编码空间大小为

$$C = K^i$$

比如标准键盘用于藏文字符编码，其码元个数为 47 个，按照一个藏字的平均长度为 4.3，则标准键盘藏文编码的空间大小为 $C = 47^{4.3}$，即 15 488 907。

编码效率是指对编码空间的利用率，即字、词有效的编码占总编码空间的比率。假如按照藏文全集为 19 380 个藏字来计算，编码效率为 19 380/15 488 907 = 0.125%。

5.2.2　藏文字符键盘设计分析[①]

键盘是计算机最主要的输入设备，现在虽然还有字形识别输入和语音识别输入等，但键盘输入仍是目前最主要的文字输入方法。目前《藏文基本集》中收录了 211 个字符，即使把几个组合字符用拆分的方式输入，也需要 190 多个键位。

目前，我们在学习、工作中所使用的键盘是标准键盘，其主键盘区除去一些特殊的功能键位外，可用于输入藏字的键位就只有 48 个（其中包括 26 个字母键、10 个数字键、11 个标点符号键以及 1 个空格键）。可见，每个藏文字符不能与键位一一对应，有字符多而键位少的矛盾，解决该矛盾的主要方法有以下几种：

1. 归并藏文字符，缩小输入字符集

为了解决目前已有藏文键盘布局的问题，用图论和概率论的方法，求出藏字特征字符的

---

① 高定国．藏文字处理系统的研究与实现[D]．合肥：中国科学技术大学，2005．

极大独立集，并使得其独立集的数目不大于标准键盘的可用键位数。再按照键盘设计的原则，将各藏字的极大独立集对应的特征字符分布到具体的键位上。利用藏字拼写的规律，通过上下文确定该键位对应的藏文字符。该方法具有输入规则一致、编码简单、“一键一字”地输入等优点，但可能会出现重码，也有不能用键盘录入的字符出现。

2. 利用组合键扩大键位

除了利用直接按键输入藏字以外，还可以通过组合键扩大键位，除有 48 个键位直接可以使用外，这 48 个键位与上档键（Shift）组合、与“Shift + Ctrl + Alt”组合就可以扩大键位。

3. 利用标示键扩大键位

还可以利用标示键来扩大输入键位，比如说可用的 48 个键位中 47 个键位用来输入字符，用一个键位作为标示符。例如，Windows 系统自带的藏文输入系统，当直接按 k 键时输入ཀ字符；先按 m 键，再按 k 键时，m 键作为标示键，标示 k 键不再是ཀ字符，而是组合用 ◌ྐ字符。该方法能扩大输入键位，但使得输入规则特殊化，而且增加了字的平均码长，影响了输入速度，也影响了易学性和易用性。

4. 综合多种方法

有的输入系统综合利用以上的键位归并、组合键、标示键及其他方法。

虽然在 1998 年颁布过《藏文编码字符集（基本集）键盘字母数字区的布局》（GB/T 17543—1998）国家标准①，但该标准是按所谓的通用键盘来布局的，通用键盘的字母数字区可利用的键位共计 59 个；而我们平时所用的键盘是标准键盘，它的字母数字区一共只有 48 个键位，故该标准不实用。研究基于标准键盘的藏字布局是有必要的。

5.2.3　藏文字符输入键盘编码理论

字符输入键盘编码需要遵循工程心理学方法字符输入构件的频度统计原则、德沃拉克（Dvorak）原则、学习容易和使用方便的原则②。

1. 字符输入构件的频度统计原则

（1）藏字构件的频度统计

有人统计了连续文本中的 20 万字的构件③的频度，也有人以政治、文艺、科技、经典和应用文各占 1/5 的字数统计了 10 万字符的构件的频度④。他们统计的结果相差不大，现综合这两个结果，得到一个比较精确的藏字的构件频度，如表 5-1 所示。

① GB/T 17543—1998 信息技术 藏文编码字符集（基本集）键盘字母数字区的布局[S]. 中国国家标准汇编 256. 北京：中国标准出版社，1999.

② 高定国. 藏文字处理系统的研究与实现[D]. 合肥：中国科学技术大学，2005.

③ 江荻. 书面藏语的熵值及相关问题[G]//1998 中文信息处理国际会议论文集. 北京：清华大学出版社，1998.

④ 赵晨星，德熙嘉措. 藏文计算机键盘的国家标准的研究[D]. Proceedings 1992 International Conference on Chinese Information Processing（2）. 北京：中国信息学会，1992.

表 5-1 藏文字符构件频度统计结果

序号	构件	频度(%)	字数	序号	构件	频度(%)	字数	序号	构件	频度(%)	字数
1	ི	7.838	23 555	15	ས上	3.039	9 118	29	ཆ	0.780	2 339
2	ག	6.893	20 694	16	ར	2.653	7 999	30	ལ下	0.776	2 327
3	ད	6.872	20 619	17	ལ	2.043	6 131	31	ཚ	0.732	2 197
4	ས	6.764	20 294	18	ཀ	1.967	5 903	32	ཕ	0.660	1 981
5	ང	5.804	17 414	19	ྱ	1.646	4 938	33	ཞ	0.614	1 842
6	བ	5.735	17 209	20	ཏ	1.441	4 325	34	ཉ	0.568	1 703
7	ོ	5.500	16 504	21	ྲ	1.395	4 186	35	ཇ	0.550	1 651
8	ན	4.527	13 584	22	ཅ	1.200	3 600	36	ཐ	0.389	1 166
9	ེ	4.384	13 155	23	ཟ	1.132	3 398	37	ཧ	0.361	1 084
10	འ	4.261	12 784	24	ཁ	1.105	3 316	38	ཛ	0.269	806
11	མ	4.002	12 010	25	ཙ	0.930	2 792	39	ཨ	0.243	728
12	ུ	3.696	11 091	26	ཤ	0.865	2 595	40	ྭ	0.055	166
13	པ	3.527	10 594	27	ཡ	0.864	2 591	41	ཝ	0.011	34
14	ར上	3.046	9 141	28	ལ上	0.849	2 547				

该统计采用字元法，对每个藏字的每个特征字符分别作统计，同一个字符出现在不同的位置上时，可以按照其他理论做相应的处理。

（2）极大独立集的出现频度

$$P=\sum_{i=1}^{m}p_i$$

其中，m 为极大独立集中元素个数，p_i 是极大独立集中第 i 个特征码的实用频度。

2. 德沃拉克（Dvorak）原则

（1）德沃拉克的理论

德氏键盘设计的原理是字母出现的频率与手指击键的效率相一致。用高速摄影术分析打字快慢和击键出错的原因，了解到：① 应尽量使各个音节由双手交替打成，避免一只手连续击键；② 最常见的字母优先安排于中排键，特别是其中 8 个中心键，其次是上、下排键食指、中指辖区；③ 越排击键最费时，最易出错，应尽量避免。

（2）各键位的方便指数

有人将德沃拉克的理论用于实验，测试标准键盘中各个键位的方便指数如表 5-2 所示。

表 5-2　标准键盘中各个键位的方便指数

方便度排序	键位	方便指数（次/分）	方便度排序	键位	方便指数（次/分）	方便度排序	键位	方便指数（次/分）
1	K	326	17	M	118	33	Q	107
2	J	318	18	,	117	34	9	101
3	L	292	19	[	115	34	7	101
4	D	274	19	G	115	34	=	101
5	F	264	21	C	114	37	Z	100
6	S	262	21	/	114	38	V	99
7	;	238	23	X	113	39	B	96
8	A	232	23	Y	113	40	\	95*
9	I	134	23	8	113	41	4	91
9	H	134	26	]	112	42	5	90
11	O	131	26	Enter	112	42	3	90
12	P	129	26	T	112	42	0	90
13	U	126	29	E	111	45	6	89
14	”	122	30	R	110	46	2	85
14	”	122	31	W	108	47	1	81
16	N	121	31	-	108	48	~	76*

说明：当表中方便指数相同时，其方便度相同，所以下一个方便度为缺；该表中的～ 和 \ 键（*处）的数据不够精确，原统计表中没有，但在藏文键盘布局中仍然可以用，所以其值是按键位与其他数据的变化规律推测的一个大概值。

3. 学习容易和使用方便的原则

德沃拉克的理论用于不同文字的键盘设计，其输入速度快已得到了证明。在设计藏文键盘布局时，在对德沃拉克原则影响不大的情况下适当调节键盘的布局，使得用户更容易学习。

藏文的十个数字对应标准键盘的十个数字键；四个元音按“音托”布局在 I、U、E、O 四个键上等，这样更利于一般人的学习。

5.2.4　藏文键盘布局国家标准

1997 年，通过的中华人民共和国国家标准《信息技术 藏文编码字符集（基本集）键盘字母数字区的布局》（GB/T 17543—1998）[①]是针对当时藏文基本集编码字符而制定的。为了与国际键盘接轨，参照国际上颁布的 59 键的字母数字键位，同时遵守了国际上对键位字母的

① GB/T 17543—1998 信息技术 藏文编码字符集（基本集）键盘字母数字区的布局[S]. 中国国家标准汇编 256. 北京：中国标准出版社，1999.

布局的要求。当时认为在只使用47键的情况下实现藏文计算机键盘的国家标准是困难的。使用47键键盘去实现GB/T 17543—1998标准，分组分级地进行字符字元的输入，需要使用更多的Ctrl，Alt，Shift键去组合控制，其结果是藏文输入的速度慢，且与许多软件的热键冲突，最终导致藏文字符的输入被破坏①。

随着信息技术的不断发展，尤其是《信息技术 藏文编码字符集 基本集》、《信息技术 藏文编码字符集 扩充集A》、《信息技术 藏文编码字符集 扩充集B》等藏文信息技术的国家标准的相继发布，使得基于47键的藏文键盘布局的国家标准制定的呼声很高。为此，2005年1月18日，国家标准化管理委员会下达了《关于成立藏文键盘布局国家标准工作组（WG3）》的文件。

根据信息产业部电子发展基金"藏文信息技术标准与产品"项目的要求，经国家标准化管理委员会批准，由全国信息技术标准化技术委员会组织来自全国各地的专家，组成藏文信息技术国家标准工作组，自2005年3月起正式开展了《信息技术 藏文编码字符集键盘字母数字区的布局》的研制工作。该项目由"全国信息技术标准化技术委员会"管理，由西藏自治区藏语言工作委员会办公室、西藏大学、中国电子技术标准化研究所等负责具体起草。

工作组于2005年3月18日在北京召开了第一次工作会议，讨论了由西藏、青海、甘肃等提出的藏文键盘布局编制说明，并讨论制定了该标准的编制原则（第一版编制方案）。根据会议所制定的原则，在征求了西藏、青海等地区部分长期从事藏语文用户的意见，在原有的中华人民共和国国家标准《信息技术 藏文编码字符集（基本集）键盘字母数字区的布局》（GB/T 17543—1998）的基础上，藏文键盘标准工作组在京部分成员于2005年4月2日在北京中国藏学中心进行了关于具体技术性细节的第一次讨论，形成了一个初步的编制方案（第二版编制方案）。

在4月2日所讨论的原则和编制方案的基础上进行了进一步的修改，形成了第三版编制方案，并于4月21日向工作组主要负责人提交了此次方案。之后分别收到了西藏大学、西藏自治区藏语文工作委员会办公室、青海藏文智能信息处理中心、北京中国藏学中心等单位的意见。根据以上各单位提出的不同意见，对第三版编制方案又做了进一步的修改，形成了藏文信息技术国家标准工作组会议（云南迪庆）材料（第四版编制方案）。工作小组成员对藏文键盘布局标准编制说明的第三版和第四版进行了比较，认为第三版更为合理，同时对编制说明第三版再次进行了修改，并审阅了相应的藏文键盘布局标准草案，形成了藏文键盘布局标准第五版编制方案。

1. 藏文键盘布局编制原则和技术②

① 根据《藏文编码字符集 基本集》（ISO/IEC 10646）所包含的193个编码字符和图形符号，分为一个主键盘和若干个辅助键盘。

---

①《信息技术 藏文编码字符集键盘字母数字区的布局》国家标准研制技术报告[R]. 藏文键盘布局国家标准工作组（WG3）. 2005-08-22.

②《信息技术 藏文编码字符集键盘字母数字区的布局》国家标准研制技术报告[R]. 藏文键盘布局国家标准工作组（WG3）. 2005-08-22.

② 键盘的设计必须按照一字一键、简洁快速的思想，优先安排整字字符，兼顾常用组合字符，确保键盘的速度。

③ 该标准对 Link 不作强制的安排，第一键盘上对 Link 需安排一个键位，其目的是引导第二键盘或者是引导组合用字符。由于各软件公司或研发单位在具体实现模式上的不同，建议对 Link 不作强制的安排，但用户在开发过程中，根据具体实现的需要而应用。

④ 遵循中华人民共和国国家标准《信息技术 藏文编码字符集（基本集）键盘字母数字区的布局》（GB/T 17543—1998）中的相关原则，但针对 47 键键盘需要做修改。

⑤ 所有藏文辅音字母的不同表现形式，即同一字母的非组合用字符和组合用字符，以及某些字母的相应的翻转字符，应根据第一键盘分别分配在第二键盘及第三键盘上；但使它们保持在同一个键位上，确保键盘的易记性和易用性。

⑥ 藏文辅音字符及其变体以外的图形符号，按其应用类别进行分类组合和安排。

⑦ 辅音字符的键位依据对音规律、藏文构字规律（频度）和用户已有的习惯进行安排。对音既兼顾 Wylie 对音法，同时兼顾汉语拼音的对音法。频度本质上反映的是藏文固有的构字规律；用户已有的习惯主要照顾方正、华光、同元及其他系统的布局。符合这三个条件的优先，符合任意两个或一个原则时，按照对音规律为先，藏文构字规律为次，已有的习惯为最后的先后原则进行确定。

⑧ 符合键盘设计的德沃拉克（Dvorak）的原则，按字元频度与键盘击键速度相对应，速度快，不易出错，不易疲劳。

2005 年，西藏大学牵头的由全国有关藏文信息技术专家组成的研究小组，在信息产业部全国电子技术标准化研究所的具体管理下，经过一年多的努力，研究制定了中国国家标准藏文键盘布局。藏文键盘布局国家标准中一共有 5 个键面，用于分配全部 193 个 Unicode 藏文字符。键盘布局设计过程中考虑了国内原有的一些键盘布局，如北大方正藏文键盘布局、华光藏文键盘布局，以及国外广泛流行的 Wyile 藏文键盘布局。在键位上分配藏文字符时，充分考虑了藏文字符的使用频度数据，权衡了很多因素。

2. 藏文键盘布局国家标准的基本设计原则

① 将最常用的非组合用藏文字符分配到第一键盘上，其他字符则分配到二级键盘上。

② 将同一个藏文辅音字母和它的若干变体，都分配在不同键面的同一个键位上，有助于用户记住藏文字符的键位。

③ 在同一个键面上分配藏文字母时，主要是基于藏文字母的 Wylie 字母和键位字母之间的联系。

④ 参考原有一些输入法的键盘布局。

在制定藏文键盘布局标准时，Unicode 藏文编码字符集中有 193 个藏文字符。在每一个键面上可以分配 47 个藏文字符（空格键未包含在其中）。因此，藏文键盘布局国家标准至少需要 5 个键面，才能将所有的藏文字符分配到键位上。在国家标准中，第一个键盘叫作“主键盘”，其他四个叫作“辅助键盘”。

3. 藏文字符键盘布局情况

（1）藏文第一键盘（主键盘）

如图 5-3 所示，藏文第一键盘（主键盘）上分配了如下藏文字符：

① 30 个藏文辅音字符。

② 4 个元音符号。

③ 1 个音节隔离符号（Tsheg）。

④ 1 个藏文句子符（Shad）。

⑤ 10 个藏文数字符。

⑥ 1 个控制符（Link）。

图 5-3 藏文第一键盘（主键盘）的布局图

（2）藏文第二键盘（辅助键盘）

如图 5-4 所示，藏文第二键盘（辅助键盘）上分配了如下藏文字符：

① 30 个组合用辅音字符（带圈的辅音字符）。由于辅音字符ཝ、ཡ和ར的变形下加字ྭ、ྱ和ྲ的频率远高于不变形的ྺ、ྻ和ྼ，因此，ྭ、ྱ和ྲ安排在第二键盘上，而带圈形式的ྻ和ྼ安排在第三键盘上。ྺ在第二键盘上有位置，因此，仍被安排在第二键盘上。

② 辅音字符 ཝ 的下加形式 ྺ。

③ 3 个长元音 ཱི ཱྀ ཻ 。

④ 4 个起始、垂形符号 ༄ ༅ ༉ ༊。

⑤ 1 个藏文标点 ༎。

⑥ 8 个藏文变音符号 ཾ ྂ ༷ ༵ ༸ ཿ ྄ ྅。

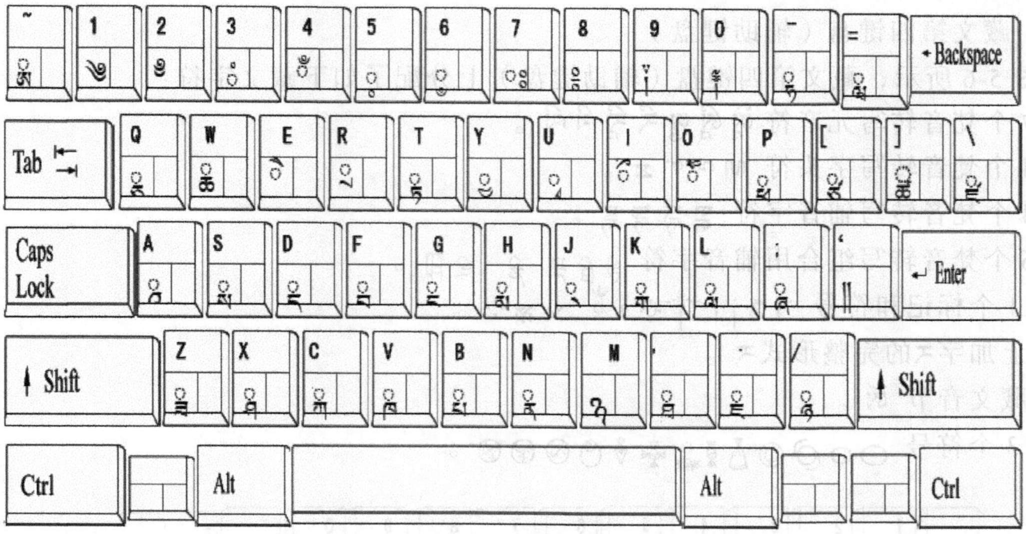

图 5-4　藏文第二键盘（辅助键盘）的布局图

（3）藏文第三键盘（辅助键盘）

如图 5-5 所示，藏文第三键盘（辅助键盘）上分配了如下藏文字符：

① 2 个辅音字符 ཡ 和 ར 的组合用形式 ◌ྱ 和 ◌ྲ。

② 藏文长元音 ◌ཱ。

③ 6 个翻转字符 ཊཋཌཎཥཀྵ。

④ 10 个半字数字符 ༳༪༫༬༭༮༯༰༱༲。

⑤ 14 个天文历算符 ༕༖༗◌༘◌༙༚༛༜༝༞༟◌༾◌༿。

⑥ 5 个字首标记符 ༁༂༃༄༅。

⑦ 5 个标记符 ༔ ◌྄ ◌ྂ ◌ྃ ◌྆。

⑧ 4 个成对标点符号 ༺༻༼༽。

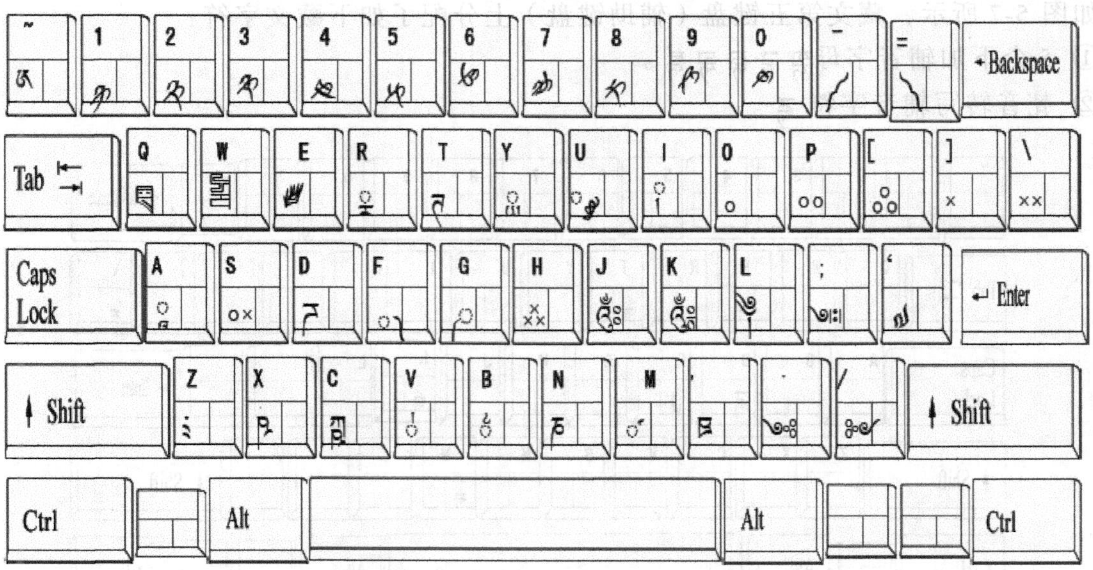

图 5-5　藏文第三键盘（辅助键盘）的布局图

（4）藏文第四键盘（辅助键盘）

如图 5-6 所示，藏文第四键盘（辅助键盘）上分配了如下藏文字符：

① 7 个梵音转写元音符 ཨྲྀ ཨཷ ཨླྀ རྀ རཱྀ ལྀ ལཱྀ 。

② 4 个梵音转写字头符 ྂ ྃ ྈ ྉ 。

③ 4 个梵音转写辅音字符 ཀྵ ཥ ཊ ཌྷ 。

④ 6 个梵音转写组合用辅音字符 ྈྷ ྐྵ ྚ ྜྷ ྞ ྵ 。

⑤ 11 个标记和符号 ༃ ༄ ། ༎ ༈ ༔ ༅ ༸ × ※ ∴ 。

⑥ 上加字ར的完整形式ཪ 。

⑦ 藏文音节 ཨོཾ 。

⑧ 13 个符号 ⬭ ○ ༊ ◎ ༅ ༆ ༇ ✣ ༒ ⬯ ࿀ ࿁ ࿂ 。

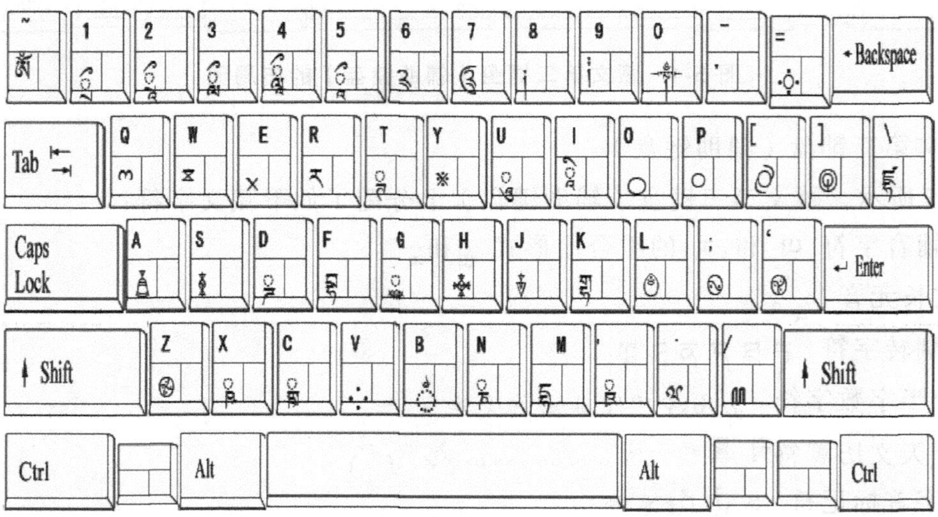

图 5-6　藏文第四键盘（辅助键盘）的布局图

（5）藏文第五键盘（辅助键盘）

如图 5-7 所示，藏文第五键盘（辅助键盘）上分配了如下藏文字符：

① 5 个下加辅音字母 ྐྵ ྚ ྛ ྜ ྜྷ 。

② 梵音转写辅音字符 ཛྷ 。

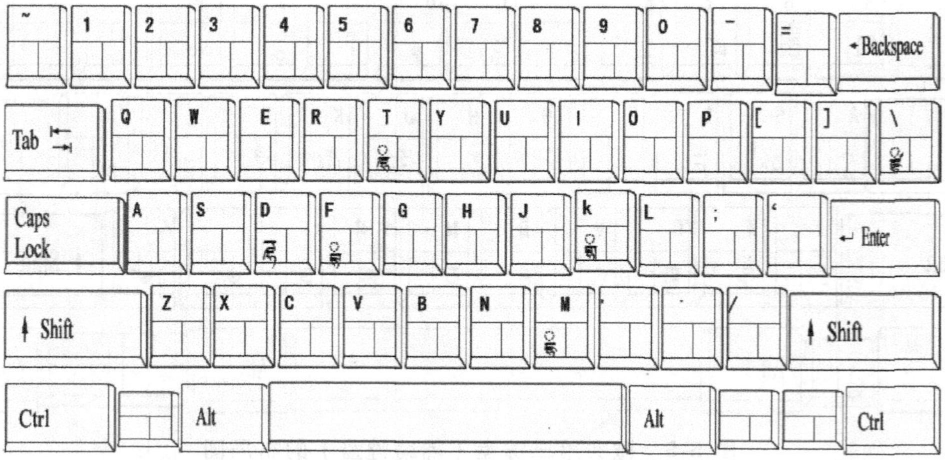

图 5-7　藏文第五键盘（辅助键盘）的布局图

4. 国家标准藏文键盘布局的一些设计要点

基于藏文字符的频度数据，常用字符均被分配到了第一键盘上，它们包括藏文隔字符、4 个元音符号、30 个辅音字母、藏文标点符号以及 10 个藏文数字。其他字符因其频度数据相对较小而被分配到了四个辅助键盘上。尽管其中有些字符如组合用字符ྨ和ུ，它们的频率远高于分配到第一键盘上的辅音字母ཐ和ད，但它们仍被分配到了辅助键盘上，这是由于：

① 根据上述键盘布局的基本设计原则，辅音字母及其各种变体将集中分配在不同键盘的同一个键位上。例如，辅音字母ན及其三个变体ྣ、ཎ和ྞ，都分别被分配到了主键盘和三个辅助键盘的键位 n 上。

② 在同一个键面上，根据 Wylie 梵音转写规则，多数辅音字母和元音符号均被分配到了与它们的 Wylie 梵音转写字母相一致的字母键盘上。例如，藏文字母ས被分配到了键位 s 上，元音符号ི，ུ，ེ和ོ分别被分配到了键位 i，u，e 和 o 上。Wylie 梵音转写字母多于一个的藏文辅音字母，它们更多的是基于使用频度数据来被分配键位的。

③ 主键盘之外，还有四个辅助键盘。这五个键盘中，主键盘的实现优先级明显高于其他四个辅助键盘。四个辅助键盘的优先级在标准中没有作明确的规定。用户完全可以决定这些键盘的实现优先级，但通常我们认为国标中的四个辅助键盘的优先级是与它们在国标中的排放顺序相一致的。

④ 在藏文中，有些辅音字母是其他一些辅音字母的组合体，完全可以将它们称之为字丁（Stacks），而不是辅音字母。它们完全等同于具体的一些藏文字符串，完全可以通过这些字符串分开输入。例如，藏文辅音字母 གྷ 完全可以通过字符串 ག + ྷ 输入。但是，如果有用户执意要单独输入这些叠加组合的藏文辅音字母也是没有问题的，因为国家标准中已经为这些字丁分配了键位。

⑤ 在藏文国标键盘中，对键盘布局的实现未作任何规定。除了键盘布局外，未作任何实现方面的限制，用户有充分的自由去发挥和实现这一键盘，最低底线是每一个键盘上字符的布局必须与国家标准保持一致。

5.3　Windows 藏文字符键盘输入技术

藏文键盘输入系统就是按照用户敲击的键盘按键序列将其转化为对应的藏字，输入应用程序。这个转换过程中，一种是一个固定的键位对应一个藏文字符，通过按键就可以确定该藏字，这种实现方式叫无输入对照表的藏文键盘输入；还有一种就是一个键位可能对应两个甚至多个藏文字符，通过输入的键盘序列和藏文拼写规律，建立了一个键盘输入序列与藏文字符的对照表，按照键盘输入序列查找对照表提供可能的输入字符，再通过用户选择确定最终的输入，这种输入方法叫作有输入对照表的藏文键盘输入。

微软 Windows Vista 以后自带的藏文输入系统是一个无输入对照表的藏文键盘输入方法。根据中华人民共和国国家标准藏文键盘布局，微软为其操作系统 Windows Vista 设计了一个藏文键盘（输入方法）。与国家标准相一致，微软藏文键盘也有 5 个键盘层面。其中，标准键盘分配了国家标准的第一键盘，也就是主键盘。其他四个键盘层面（虚拟键盘）分配了国家标准中的四个辅助键盘，通过组合键“Shift”、“Alt + Ctrl + Shift”、标示键小写字母 m、大写字母 M 来扩大键位，输入中不用对应的码表，并且输入字符开放，可以输入任何字符，包括不符合书写规则的藏文字符。

在国际标准 ISO 10646 藏文编码字符集中有一个字符叫“Link”，国家标准藏文键盘中将这一字符分配到了键位 m 上。在为 Unicode 藏文字符设计藏文键盘的时候，如果不充分利用这个字符，键位 m 将被浪费掉。因此，在微软藏文键盘中，这个键位上的两个字母——小写 m 和大写 M 作为“标示键”被用于激活两个虚拟键盘。

很多 Windows 系统上开发的藏文软件，如同元、班智达、岗杰等都是有输入对照表的藏文键盘输入方法。有输入对照表的藏文键盘输入系统的核心功能是输入藏字，但一个完整的输入系统还应该具备一些其他的辅助功能。只有这样，输入系统才能更加实用、方便，功能才能更加强大，才能被广泛应用。藏字输入系统还需要具备以下主要功能：

① 藏字/词组输入；

② 候选字/词提示和选择；

③ 藏英状态切换；

④ 翻页；

⑤ 输入码清除或删除；

⑥ 输入码结束键；

⑦ 输入符号。

5.3.1 Windows IME 藏文字符输入技术

Windows IME 是 Windows 支持的多语言核心组件之一，为输入法的开发提供了强有力的支持。Windows XP 与基于每个目标国家最常用的输入法的标准 IME 一起发布，而且大量第三方开发商出售 IME 软件包。Windows 2000 和 Windows XP 中的 IME 模块适合于一种规模更大的机制，这种机制可以把用户输入传递给应用程序。

Windows 系统下藏文输入法实际上是将输入的标准 ASCII 字符串按照一定的编码规则转换为藏字或藏文字符串，再输入目的地。由于应用程序各不相同，用户不可能自己去设计转换程序，因此，藏文输入由 Windows 系统进行管理。输入法与系统的关系如图 5-8 所示。

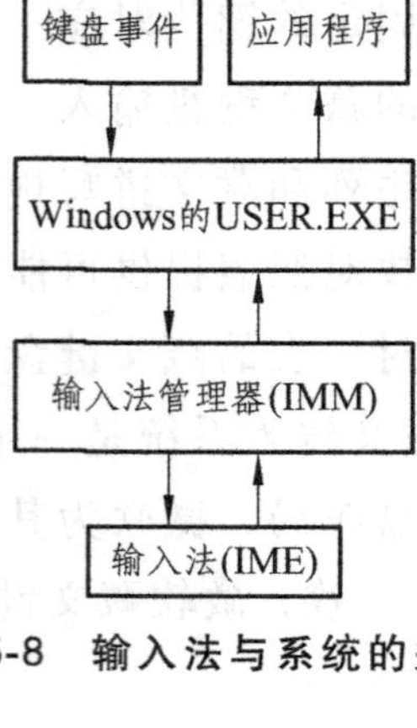

图 5-8 输入法与系统的关系

1. 字符输入原理

Windows 用户在使用各种应用软件时，键盘输入藏文字符时经过以下过程，这些过程是比较典型的藏文字符输入过程：

① 用户按下键盘，键盘驱动程序向 Windows 发送及时信息；

② Windows 将键盘事件处理转换键盘信息传送给输入法管理器；

③ 输入法管理器调用当前使用的输入法 IME 的函数 ImeProcessKey（），传送键盘信息到输入法 IME；

④ 输入法 IME 接收到键盘消息，从输入转换到藏文字符；如果不进行转换，则输入法管理器将其直接送到应用程序；

⑤ 将转换好的藏文字符（串），通过 ImeToAsciiEx（ ）返回参数发送到输入法管理器；

⑥ 输入法管理器通过 Windows 向应用程序发送 WM_IME_REPORT 信息，使用 IR_DBCSCHAR 参数查询应用程序是否具有双字节能力，如果应用程序能接收双字节，则输入法管理器向应用程序发送一个 WM_CHAR 消息传送一个藏文（其中 wParam 参数是双字节藏文）；如果应用程序不能接收双字节，则输入法管理器向应用程序发送两个 WM_CHAR 消息传送一个藏文（第一次 wParam 参数的低字节是藏文的第一字节，第二次 wParam 参数的低字节是藏文的第二字节）。

字符输入原理的示意图如图 5-9 所示。

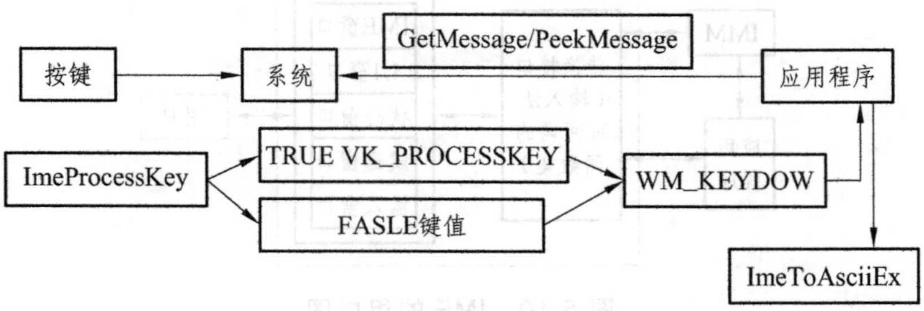

图 5-9　字符输入原理图

输入法的程序后缀名为 ime，对应码表数据文件后缀名为 MB，即通常说的输入法编码表（字典）。实际上 IME 文件是一个动态连接库程序（DLL），它与 DLL 文件没有区别，只是名称不同而已。

2. IME 的组成部分

输入法程序为用户与 Windows 操作系统提供了两个接口，即 IME 转换接口（IME Conversion Interface）和 IME 用户接口（IME User Interface）。IME 转换接口以函数集的形式出现，这些函数一般由输入法管理器 IMM 和应用程序调用，其主要完成以下工作：

① IME 的初始化和关闭；

② 代码转换，包括输入码到藏文词和藏文词到输入码的转换；

③ IME 的设置以及 IME 的界面、状态的修改；

④ 输入字符的处理；

⑤ 定义新的词组。

IME 用户接口则以窗口形式出现，是由一些可见或不可见的窗口组成的，主要的作用是接收各种消息以及为 IME 提供用户接口的界面。用户接口的各个窗口组成如图 5-10 所示，各窗口功能如下：

① IME 窗口：基于 Windows 的 User.exe 的“ime”类的不可见窗口，处理所有发送到 IME 的消息。一个应用程序可以创建一个 IME 窗口，IME 窗口管理所有可选的 IME，用 WM_IME_SELECT 消息在 IME 间切换。

② UI 窗口：一个具体的输入法总控窗口，它是 IME 窗口的一个子窗口，其作用是接收由 IMM 和应用程序发送来的消息，并根据消息进行相应的处理。另外，它还创建状态窗口（Status Windows）、输入窗口（Composition Windows）和候选窗口（Candidate Windows），并保持这些窗口的基本数据。

③ 状态窗口（Status Windows）：用于显示输入法的状态，如中西文状态、输入法名称等。

④ 输入窗口（Composition Windows）：用于显示输入的输入码、部分结果字符串、错误信息等提示内容。

⑤ 候选窗口（Candidate Windows）：用于显示当前输入码对应的重码，供用户选择。

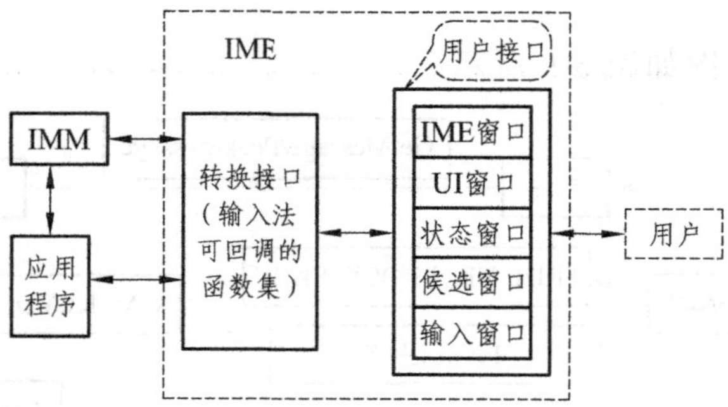

图 5-10　IME 的组成图

IME 的设计，就是为用户接口和转换接口编写代码，完成 IME 界面的表示和输入码到机内码的转换工作。所以，输入法的设计主要是根据 Windows 系统所定义的 IME/IMM 结构，为各个部分编写代码，当然其中最为重要的是转换接口代码的编写。

IMM（Input Method Management）：输入法管理器。这是 Windows 操作系统多语言支持环境的内在组成部分。操作系统通过输入法管理器管理当前系统中活动的各个输入法编辑器，维护输入法编辑器和应用程序之间的通信。

IMP（Input Method Profile）：输入法分析器。该模块负责维护系统所安装的各种藏文输入法的有关信息，并负责更新保存这些信息的 IMEINFO.INI 文件。

IME（Input Method Editor）：输入法编辑器。这是藏文输入法程序员所需编写的主要部分，每个输入法的算法就在该模块中实现。该模块从系统中接收键盘消息，经过输入法所定义的有关转换产生藏文字符或词组。

WINNLS：WINNLS.DLL 是 Windows 简体中文版中支持藏文的核心。

3. 输入法 DLL 入口函数的设计①

（1）输入法 DLL 的系统结构

输入法 DLL 的系统结构如图 5-11 所示。

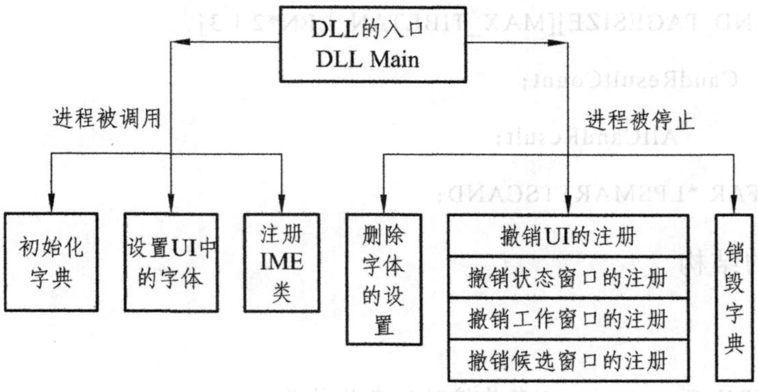

图 5-11 输入法 DLL 的系统结构

（2）DLL 的系统功能

当进程调用时，DLL 完成以下功能：

① 装载 IME 的码本和其他数据，即把词典和字典映射到内存里。

② 初始化局部数据，主要是各个窗口的位置和状态信息。

③ 注册 IME 类（IME Class），注册 UI 窗口、工作窗口、候选和状态窗口。

④ 设置 UI 窗口中显示的字体。

当进程停止时，DLL 完成以下功能：

① 撤销 UI 窗口中设置的字体。

② 撤销注册的三个窗口类，并释放所占据的内存。撤销在窗口中显示的注册字体。

③ 把字典所映射的内存释放掉，把经过修改的各词的使用频度保存到字典，关闭词典。

4. 输入法中定义的主要结构体

输入法中的结构体主要用于保存输入法的有关数据，也用于各个输入法模块间传递数据，用到的主要结构体有：

（1）消息结构

```
typedef struct _tagGENEMSG{
    UINT msg;                //消息标识符，标识某个特定的消息
    WPARAM wParam;           //随同消息传递的 16 位参数
    LPARAM lParam;           //随同消息传递的 32 位参数
} GENEMSG, NEAR *PGENEMSG, FAR *LPGENEMSG;
```

（2）候选窗口的结构

```
struct MYCAND{
  CANDIDATEINFO   ci;     //编码候选数据信息
```

① 高定国. 藏文字处理系统的研究与实现[D]. 合肥：中国科学技术大学，2005.

```
    CANDIDATELIST    cl;  //管理编码候选中的列表信息
    DWORD            offset;
    TCHAR
    szPageCandStr[CAND_PAGESIZE][MAX_TIBETAN_LEN*2 + 3]
    SHORT            CandResultCount;
    struct TStruct*  AllCandResult;
}SMARTTSCAND, FAR *LPSMARTTSCAND;
```

（3）工作窗口的结构

```
struct MYCOMP{
    COMPOSITIONSTRING   cs;  //存放编码信息的结构
    TCHAR               szCompStr[MAX_TIBETAN_LEN + 1];
    TCHAR               szTibetStr[MAX_TIBETAN_LEN + 1][2];
    SHORT               wEditCaret;
    SHORT               wCompStrLen;
}SMARTTSCOMP, FAR *LPSMARTTSCOMP;
```

（4）窗口的总控结构

```
typedef struct _tagUIEXTRA{
      UICHILD  uiStatus;   //定义状态窗口
      UICHILD  uiCand;     //定义候选窗口
    UICHILD  uiComp;       //定义工作窗口
} UIEXTRA, NEAR *PUIEXTRA, FAR *LPUIEXTRA;
```

（5）字典的结构

```
struct TStruct{
    char     cSpell[MAX_TIBETAN_LEN + 1];  //
    int      iFollowedNum;  //以此串开头的串的个数
    int      iFreq;  //此串使用频率
    char     cTibetan[（MAX_TIBETAN_LEN + 1）*2];
    cstring  csSpell;
    Cstring  csTibetan;
};
```

除了以上几个结构体外，还用到了几个 MSDN Library 中的结构体，此外不一一赘述。

5. IME 输入法的函数介绍[①]

一个 IME 输入法在程序中分为 DLL 入口函数和 IME 的转换接口函数，如图 5-12 所示。

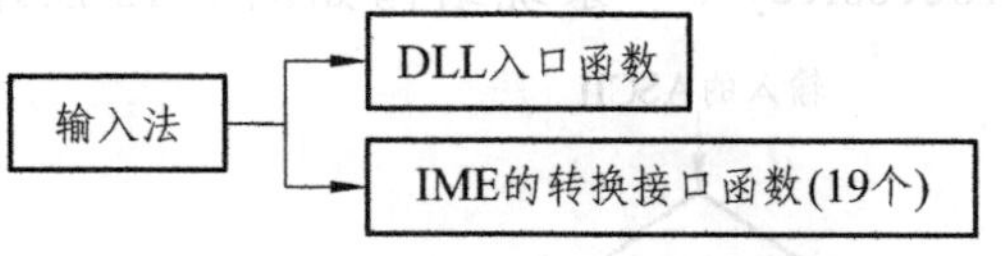

图 5-12 IME 总的系统结构

IME 程序共有 19 个转换接口函数，每一个函数都有特定的格式，它们担负着与 Windows 系统传递信息的作用，供 Windows 系统调用。各函数的简介如下：

① ImeInquire：启动并初始化当前 IME 输入法。具体完成了 lpIMEInf 结构的初始化，输入法名字拷贝到 lpszUIClass 中。

② ImeConfigure：配置当前 ime 参数函数，提供给输入法使用者一个可以更改某些隐含设置的能力。

③ ImeConversionList：自定义的字符或字符串转换成目标字符的字编码格式。

④ ImeDestroy：退出当前使用的 IME。

⑤ ImeEscape：应用软件访问输入法的接口函数。

⑥ ImeProcessKey：IME 输入键盘事件管理函数，用于判断该击键是否为该输入法要处理的，是则返回 TRUE；否则返回 FALSE。

⑦ ImeSelect：启动当前 IME 输入法。

⑧ ImeSetActiveContext：设置当前的输入处于活动状态。

⑨ ImeToAsciiEx：将输入的键盘事件转换为藏（汉）字编码事件。

⑩ NotifyIME：输入法选择窗口状态管理函数，控制选择窗口的打开、关闭、移动、选择、翻页等操作。

⑪ ImeRegisterWord：向输入法字典注册字符串。

⑫ ImeUnregisterWord：删除被注册的字符串。

⑬ ImeGetRegisterWordStyle：得到注册字串的风格。

⑭ ImeEnumRegisterWord：注册字串的个数。

⑮ ImeSetCompositionString：由应用程序设置输入法编码，将编码窗口中输入的编码保存到编码结构中，同时发送编码完成消息。

⑯ CandWndProc：候选窗口的注册函数。

⑰ CompWndProc：输入编码窗口（工作窗口）的注册函数。

⑱ StatusWndProc：状态窗口注册函数。该函数用来完成状态窗口的设置，其中包括状态窗口的创建、绘制、注册、移动、帮助文档的调用、一些属性的设置等。

⑲ UIWndProc：用户界面接口函数，用来完成工作窗口和候选窗口的产生、移动、隐藏、销毁等操作。

① 高定国．藏文字处理系统的研究与实现[D]．合肥：中国科学技术大学，2005.

6. IME的转换接口函数的设计[①]

（1）键盘管理函数 ImeProcessKey（ ）

① 键盘管理函数 ImeProcessKey（ ）系统结构如图 5-13 所示。

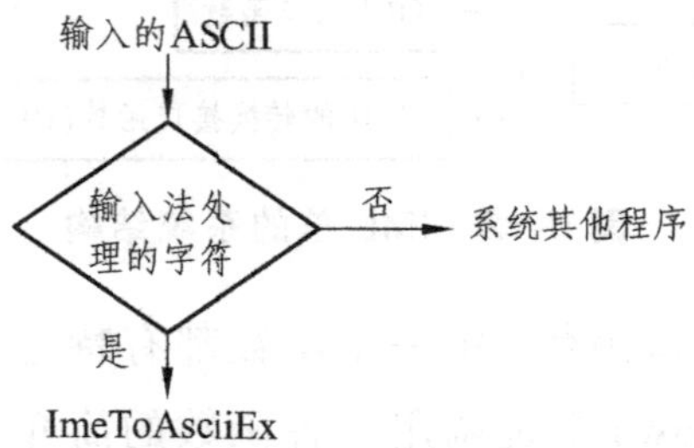

图 5-13 键盘管理函数 ImeProcessKey（ ）的系统结构

② 系统功能：

该函数用于判断该击键是否为该输入法要处理的，是则返回 TRUE；否则返回 FALSE。即完成“数据分类”的功能。

③ 键盘管理实现函数：

```
BOOL WINAPI ImeProcessKey ( HIMC hIMC, UINT vKey, LPARAM lKeyData,
CONST LPBYTE lpbKeyState )
{
  if  (( lKeyData & 0x80000000 ) && vKey != VK_CONTROL )
      return FALSE;
  if  ( ! ( lKeyData & 0x80000000 ) && vKey == VK_CONTROL )
      return FALSE;
  if  ( lpbKeyState[VK_MENU] & 0x80  ) return FALSE;
  if ( vKey != VK_CONTROL && lpbKeyState[VK_CONTROL] & 0x80 ) {
      fPressOther = TRUE;
      return FALSE;
  }
   if  ( ! ( lpIMC = ImmLockIMC ( hIMC )))
       return FALSE;
   fOpen = lpIMC->fOpen;
  if ( vKey == VK_CONTROL && ( lKeyData & 0x80000000 ) && !fPressOther && !fFirst )
{
      GENEMSG GnMsg;
      fPressOther = FALSE;
      if ( fOpen ) {
          lpIMC->fOpen = FALSE;
          MakeResultString ( hIMC, FALSE );
```

① 高定国. 藏文字处理系统的研究与实现[D]. 合肥：中国科学技术大学，2005.

```
        }
        else lpIMC->fOpen = TRUE;
        //发送消息
        return FALSE;
    }
    fPressOther = FALSE;
    if ( fFirst ) fFirst = FALSE;
     if ( fOpen )
     { if ( lpCompStr = ( LPCOMPOSITIONSTRING ) ImmLockIMCC ( lpIMC->hCompStr ))
         { if (( lpCompStr->dwSize > sizeof ( COMPOSITIONSTRING )) &&
                ( lpCompStr->dwCompStrLen ))
                fCompStr = TRUE;
           ImmUnlockIMCC ( lpIMC->hCompStr );
         }
        if ( fCompStr )
            fRet = ( BOOL ) bComp[vKey];
        else
            fRet = ( BOOL ) bNoComp[vKey];
    }
     ImmUnlockIMC ( hIMC );
     return fRet;
}
```

（2）启动当前 IME 输入法 ImeSelect ( )

① 系统功能：

用于输入法间的切换，把新的输入法工作和候选窗口与应用程序联系起来，注册表中注册当前所用的软件。

② 启动当前 IME 输入法的实现函数：

```
BOOL WINAPI ImeSelect ( HIMC hIMC, BOOL fSelect )
{
    LPINPUTCONTEXT lpIMC;  //获取要输入藏字的应用程序
      if ( fSelect ) // 已经打开则更新
        UpdateIndicIcon ( hIMC );
    if ( !hIMC ) //没有获得应用程序则返回
        return TRUE;
    if ( lpIMC = ImmLockIMC ( hIMC ))
    { if ( fSelect )
```

```
        { //新输入法的工作窗口和候选窗口与应用程序关联起来}
          if ( RegOpenKeyEx ( HKEY_LOCAL_MACHINE,
               _T ("Software\\SmartTS"), 0, KEY_READ,
&hKey ) == ERROR_SUCCESS )
{//注册表中注册当前所用的软件}
                                          }
          if ( fFlag ) {//wConversionSet 赋值   }
        }
    }
    ImmUnlockIMC ( hIMC );
    return TRUE;
}
```

（3）ImeSetActiveContex（ ）

系统功能：设置当前输入法为活动状态。

（4）键盘事件转为编码事件 ImeToAsciiEx（ ）

① 键盘事件转为编码事件 ImeToAsciiEx（ ）的系统结构如图 5-14 所示。

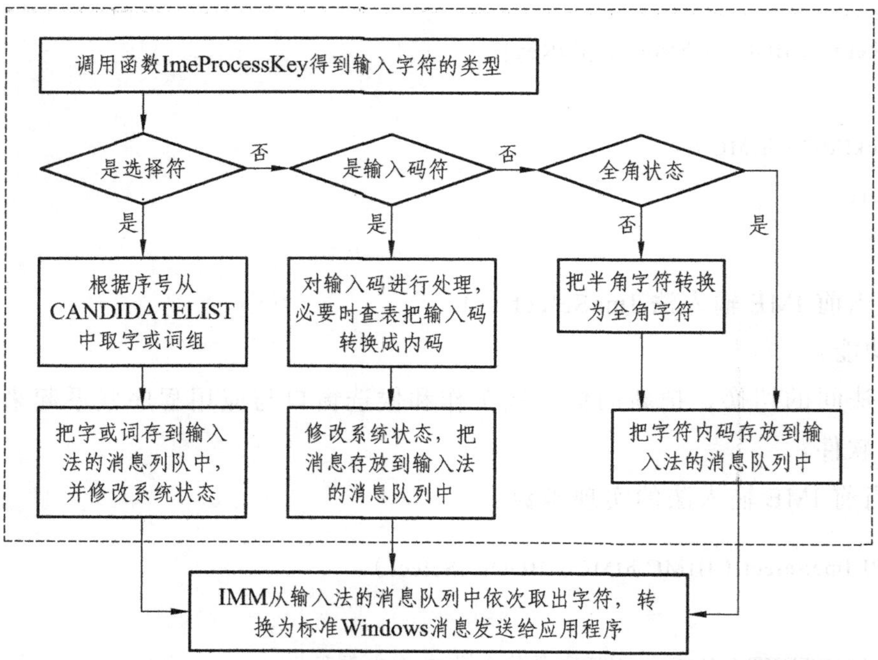

图 5-14　键盘事件转为编码事件 ImeToAsciiEx（ ）的系统结构

② 系统功能：

该模块完成“数据转换”的功能，具体地，当 ImeProcessKey 返回 TRUE 时调用，对字符进行分类的处理，一般可以分成以下几个类别：

- CST_INVALID：表示此字符输入法不需要处理。
- CST_INPUT：作为输入码或输入码结束符处理。
- CST_ALPHANUMERIC：作为 ASCII 字符处理，根据状态可能需要转换为全角。

- CST_CHOOSE：作为选择符处理。

在此需要重点注意的是当前输入法的状态，状态的不同可能导致一个相同的字符被识别为不同的类别。如在数字编码的输入法中，“0”可以是输入码，也可以是选择键。

③ 具体功能设计：

- 在 CharHandler（ ）中先检查工作和候选窗口中的字符，当有前面的字符时，首先清除字符，发送一个开始写的消息。
- 如果是非选择非编码字符，则用 GeneratePunct（ ）输出全角字符。
- 一些特殊的输入处理。例如，如果是“ # ”键，则用 RepeatPreResult（ ）重复输入前次输入的字符，选择不同的模式等。
- 如果是正常模式，则用 CharHandleNormal（ ）来处理编码，若是编码字符则调用 AddChar。在 AddChar 中具体完成：

a. 从连续的输入中分割出一个字（词）的拼音，确定出有效的拼音。

b. 在 ConvertPY（ ）中对拼音做一些处理（像拼音中的 f h 模糊等）。

c. 从字词典中取出字词。

d. 重新对字词按照频度排序。

e. 把字词作为候选字符放入消息队列中。

- 完成向前后翻页。
- 如果是数字键，SelectCand（ ）选择相应的字符。
- 如果是数字键上排的特殊字符 DeletePhrase（ ），则删除词典中字符。

④ 键盘事件转为编码事件的实现函数：

```
UINT WINAPI ImeToAsciiEx （UINT uVKey, UINT uScanCode, CONST LPBYTE lpbKeyState,
LPDWORD lpdwTransKey, UINT fuState, HIMC hIMC）

{
 switch（uVKey）{
      case VK_LEFT:
      case VK_UP   :
           // 工作窗口光标左移
      case VK_RIGHT:
      case VK_DOWN  :
           //光标右移
      case VK_PRIOR:
           //候选窗口中向前翻页
      case VK_NEXT:
           //候选窗口中向后页
      case VK_HOME:
           //候选窗口翻到最前页
      case VK_END :
           //候选窗口翻到最后页
```

```
            case VK_BACK:
            //删除光标前的字符
            case VK_DELETE:
            //删除光标后的字符
            case VK_ESCAPE:
            //取消当前输入函数
            case VK_SPACE:
            case VK_ENTER:
            //选择候选窗口中缺省候选项函数
            default:
            IsControlKey = false;
        }
  if ( IsControlKey = = false ) {
  if (( n = ToAscii ( nVKey, uScanCode, lpbKeyState, CharBuf, uFlags )) >0 ) {
                //全半角判断
    if ( IsFullShape = = false ) {//半角状态，作藏文编码处理
        if ( CharBuf[0]> = '0' && CharBuf[0]<= '9' && CandArrayCount>0  ) {
                //选择对应候选项输出 }
        else{//0-9 为藏文编码
                //将此字符和当前 cmpstr 叠加构建临时查询字串
            if ( QueryTibetWord ( TempCompStr ) = = - 1 ) {//查询失败
                    //提示用户输入错误 }
          else{//查询成功，更新 MyComp 和 MyCand
              strcpy ( MyComp.szCompStr, TempCompStr );
strcpy ( MyComp.szTibetStr, CandArray[0].cTibetan );
              MyComp.wCompStrLen = strlen ( TempCompStr );
              MyComp.wEditCaret = MyComp.wEditCaret + 1;
              { //创造页候选信息 }
              MyCand.CandResultCount = CandArrayCount;
              }
            }
        }
        else{//全角状态，作符号处理}
            }
        }
  //刷新显示内容
  }
```

（5）输入法选择窗口管理函数 NotifyIME（ ）

① 系统功能：

完成“IME 窗口”的功能，具体包括控制选择窗口的打开、关闭、移动、选择、翻页等操作。

② 输入法选择窗口管理的实现函数：

```
BOOL WINAPI NotifyIME（HIMC hIMC，DWORD dwAction，DWORD dwIndex，
DWORD dwValue）
{
    BOOL bRet = FALSE;
   LPINPUTCONTEXT lpIMC;       //输入法前后关系的结构指针
    switch（dwAction）
    {
  case NI_OPENCANDIDATE:
      //打开候选数据
  case NI_CLOSECANDIDATE:
      //关闭候选数据
  case NI_SELECTCANDIDATESTR:
      //选择候选字符串
  case NI_CHANGECANDIDATELIST:
      //改变候选数据列表
  case NI_SETCANDIDATE_PAGESTART:
      //设置候选页的开始起点
  case NI_SETCANDIDATE_PAGESIZE:
      //设置候选页的结束点
  case NI_CONTEXTUPDATED:
      //更新上下文数据
      switch （dwValue）
      {
      case IMC_SETCONVERSIONMODE:
          //设置转换模式
      case IMC_SETSENTENCEMODE:
          //设置句子模式
      case IMC_SETCANDIDATEPOS:
          //设置候选数据的位置
      case IMC_SETCOMPOSITIONFONT:
          //设置工作窗口中的字体
      case IMC_SETCOMPOSITIONWINDOW:
```

```
            //设置工作窗口
        case IMC_SETOPENSTATUS:
            //打开状况窗口
        default:
        }
    case NI_COMPOSITIONSTR:
            //工作窗口中的字符消息
        switch （dwIndex）
        {
        case CPS_COMPLETE:
            //完成编码
        case CPS_CONVERT:
            //编码的转换
        case CPS_REVERT:
            //回复工作窗口的信息
        case CPS_CANCEL:
            //取消工作窗口的信息
        default:
        }
    default:
     }
     return bRet;
}
```

（6）用户界面接口函数 UIWndProc（ ）

① 系统功能：

完成“UI 窗口”的功能，即用来完成工作窗口和候选窗口的产生、移动、隐藏、销毁等操作。

② 用户界面接口的实现函数：

```
LRESULT WINAPI UIWndProc（HWND hWnd，UINT message，WPARAM wParam，
LPARAM lParam）
{
     hUICurIMC=（HIMC）GetWindowLong（hWnd，IMMGWL_IMC）； //获取 UI 的句柄
     if （!hUICurIMC）//没有获得 UI 的句柄
     { switch （message）
         {//接收到以下消息时返回
        case WM_IME_STARTCOMPOSITION:
```

```
    case WM_IME_ENDCOMPOSITION:
    case WM_IME_COMPOSITION:
    case WM_IME_NOTIFY:
    case WM_IME_CONTROL:
    case WM_IME_COMPOSITIONFULL:
    case WM_IME_SELECT:
    case WM_IME_CHAR:
        return 0L;
    default:
        break;
     }
  }
  switch (message)
  {
case WM_CREATE:
    // 创建 UIEXTRA 窗口
case WM_IME_SETCONTEXT:
    if (wParam)
    {if (hUICurIMC)
        {//当输入上下文发生变化时，更新显示
            lpIMC = ImmLockIMC(hUICurIMC);
            if (lpIMC)
            {//移动工作、候选窗口}
            else
            {//隐藏工作、候选窗口}
            ImmUnlockIMC(hUICurIMC);
        }
        else   // 没有文本输入
        {//隐藏工作、候选窗口}
        GlobalUnlock(hUIExtra);
    }
case WM_IME_STARTCOMPOSITION:
    //开始编码，显示工作窗口
case WM_IME_COMPOSITION:
    //更新工作窗口中的字符
case WM_IME_ENDCOMPOSITION:
    //结束工作窗口的字符显示
```

```
    case WM_IME_COMPOSITIONFULL:
        //工作窗口中字符已达最长的消息
    case WM_IME_SELECT:
        //选择
    case WM_IME_CONTROL: //发送 IME 控制的消息
lRet = ControlHandle ( hUICurIMC, hWnd, message, wParam, lParam );
    case WM_IME_NOTIFY: //发送 IME-NOTIFY 消息
        lRet = NotifyHandle ( hUICurIMC, hWnd, message, wParam, lParam );
    case WM_DESTROY:
        //按照消息销毁窗口、释放窗口占用的内存
    case WM_UI_COMPMOVE:
        //移动工作窗口
    default:
        return DefWindowProc ( hWnd, message, wParam, lParam );
    }
    return lRet;
}
```

（7）候选窗口的注册函数 CandWndProc（ ）

① 完成“候选窗口”的功能，具体包括：

- 创建候选窗口；
- 窗口移动函数；
- 窗口绘制函数；
- 窗口隐藏函数等。

② 候选窗口注册的实现函数：

```
LRESULT WINAPI CandWndProc ( HWND hWnd, UINT message,
                              WPARAM wParam, LPARAM lParam )
{
    switch  ( message )
    {
        case WM_PAINT:
            //绘制候选窗口
        case WM_SETCURSOR:
        case WM_MOUSEMOVE:
        case WM_LBUTTONUP:
        case WM_RBUTTONUP:
            //鼠标点击候选窗口的处理
```

```
        default:
            if (!MyIsIMEMessage(message)){
                return DefWindowProc(hWnd, message, wParam, lParam);
            }
            break;
    }
    return 0L;
}
```

（8）编码窗口的注册函数 CompWndProc（）

① 系统功能：

完成“输入窗口”的功能，具体功能与后选窗口的一样。

② 编码窗口注册的实现函数：

```
LRESULT WINAPI CompWndProc(HWND hWnd, UINT message,
                           WPARAM wParam, LPARAM lParam)
{
    switch (message)
    {
        case WM_PAINT:
            //绘制工作窗口
        case WM_SETCURSOR:
        case WM_MOUSEMOVE:
        case WM_LBUTTONUP:
        case WM_RBUTTONUP:
            //鼠标点击工作窗口的处理
        default:
            //默认值
    }
    GlobalUnlock(hUIExtra);
    return 0;
}
```

（9）状态窗口的注册函数 StatusWndProc（）

① 完成对“状态窗口”的以下功能：

- 状态窗口的创建；
- 检测鼠标点击位置，从而执行相应的命令；
- 状态窗口的绘制；
- 状态窗口的更新；

- 窗口处理函数的设置；
- 包括软件信息的“关于窗口”的处理等。

② 状态窗口注册的实现函数：

```
LRESULT WINAPI StatusWndProc（HWND hWnd，UINT message，
                                        WPARAM wParam，     LPARAM lParam  ）
{
    switch  （message）
    {
        case WM_CREATE：
          //生成状态窗口
        case WM_PAINT：
          //绘制状态窗口
      case WM_TIMER：
          //设置状态窗口的可移动
        case WM_SETCURSOR：
          //设置光标
        case WM_LBUTTONUP：
          //处理鼠标左键点击状态窗口的功能
        case WM_MOUSEMOVE：
          //处理鼠标移动状态窗口的功能
        case WM_DESTROY：
          //销毁状态窗口
      case WM_MOVE：
          //在注册窗口中删除状态窗口的信息
        default：
            if  （!MyIsIMEMessage（message））
                return DefWindowProc（hWnd，message，wParam，lParam）；
            break；
    }
  SelectObject（hDC，oldFont）；
  ReleaseDC（hWnd，hDC）；
    return 0；
}
```

（10）启动并初始化当前 IME 输入法 ImeInquire（ ）

① 系统功能：

具体完成输入法信息结构 lpIMEInf 的初始化。

② 启动并初始化当前 IME 输入法的实现函数：

```
BOOL WINAPI ImeInquire ( LPIMEINFO lpIMEInfo, LPTSTR
lpszUIClass, LPCTSTR lpszOption )
{
//初始化 tagIMEINFO 结构
  _tcscpy ( lpszUIClass, UICLASSNAME );
  return TRUE;
}
```

在以上 10 个接口函数中都要填写合适的代码来完成藏文字符的输入，IME 另外的 9 个接口函数可以用原定义的默认值来完成相应的功能。

✡ ImeConfigure：配置当前 IME 参数函数，提供给输入法使用者一个可以更改某些隐含设置的能力。

✡ ImeConversionList：自定义的字符或字符串转换成目标字符的字编码格式。

✡ ImeDestroy：退出当前使用的 IME。

✡ ImeEscape：应用软件访问输入法的接口函数。

✡ ImeRegisterWord：向输入法字典注册字符串。

✡ ImeUnregisterWord：删除被注册的字符串。

✡ ImeGetRegisterWordStyle：得到注册字串的风格。

✡ ImeEnumRegisterWord：注册字串的个数。

✡ ImeSetCompositionString：由应用程序设置输入法编码，将编码窗口中输入的编码保存到编码结构中，同时发送编码完成消息。

5.3.2 TSF 输入技术

Microsoft Windows 文本服务框架(Text Service Framework, TSF)是一个包含在 Windows XP 及其后继版本操作系统的系统服务。TSF 为高级文本输入的通信以及自然语言技术提供了一个简单的可扩展的框架。TSF 可以被应用程序所使用，也可以作为一个 TSF 文本服务。TSF 文本服务可以提供多语言支持和键盘输入法、手写识别及语音识别等文本输入服务。

TSF 是可缩放的框架，用于提供高级文本输入技术。它为文本服务（语音识别、手写识别、拼写检查）提供标准化的方法，以便与应用程序和文本控件通信。特别是，TSF 允许在应用程序和文本服务之间进行双向通信。这表示文本服务可以对应用程序的文档进行读写操作，而应用程序可以要求文本服务执行更正文本等操作。

TSF 负责管理键盘布局、显示语言栏（用于切换键盘布局）、管理和切换活动的输入方法编辑器，并提供允许文本服务连续访问应用程序的文档文本的抽象层。

1. TSF 输入法框架[①]

Windows 提供了两套输入法框架。

① TSF (Text Service Framework) 简介[EB/OL]. http://blog. csdn. net/mspinyin/article/details/6137709.

（1）IMM（Input Method Manager）

Windows XP 及之前，基于纯函数 API 的输入法框架，目前，市面上非微软中文输入法基本上都是只实现 IMM 框架。详见前一节中的内容。

（2）输入 TSF（Text Service Framework）框架

Windows XP 开始及以后，Windows 提供新的、基于 COM 的一个输入法框架。实际上，到了 Windows Vista、Windows 7，所有的应用程序和各种输入控件都优先使用 TSF，但之所以 Windows Vista、Windows 7 用户还能使用各种基于 IMM 的输入法，是因为 Windows 提供了一个组件，将所有 TSF 的请求转为 IMM 的 API。

Cicero（TSF 的开发代号）的目标是提供一套简单通用且易扩展的框架，用于高级文本输入和自然语言处理。一个 TSF 能够提供多语言支持和处理：键盘输入、手写识别、语言识别等。按照微软的说法，TSF 会最终取代 IMM 框架。而微软拼音基于兼容、功能和性能方面的原因，将这两个框架都实现了。

TSF 框架如图 5-15 所示，由三个主要部分组成。

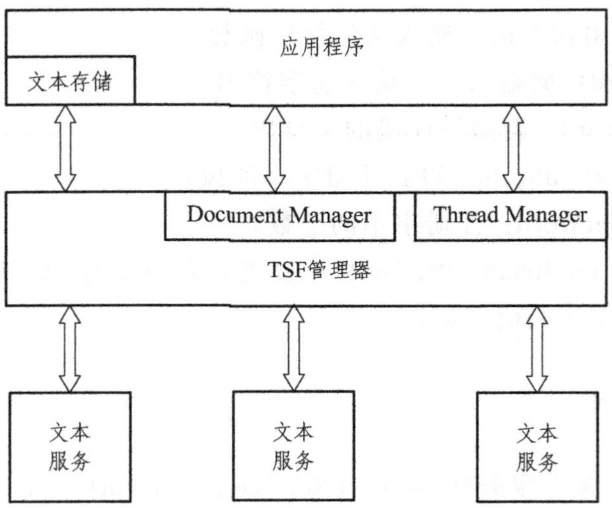

图 5-15 TSF 的构架图

① 应用程序。

典型的应用程序任务包括显示、直接编辑和文本存储。应用程序通过实现一个 COM 服务来提供文本访问能力。该服务应该提供几个使用 TSF 管理器接口的 TSF 接口和通道。

② 文本服务。

文本服务的功能是向应用程序提供文本，它既可以包含文本输入/输出，也可以包含应用程序，还可以作为一段文本的数据和属性的关联体。文本服务也是以 COM 来实现的，它内置了把自己注册为 TSF 的服务过程。文本服务注册完成后，用户就可以使用语言栏或键盘快捷方式来与文本服务进行交互。系统中允许同时注册多个文本服务。

③ TSF 管理器。

TSF 管理器 AIMM（Active Input Method Manager）是应用程序和文本服务之间沟通的桥梁。一个应用程序可以和一个或同时与多个文本服务建立联系。文本服务不会直接与应用程序打交道，所有的联系都是通过 TSF 管理器进行的。TSF 管理器的功能是由操作系统实现的，且不能被任何形式的应用程序代替。

从构架图 5-15 可以看到，TSF 提供一个位于应用和输入法实现的间接层 TIP(Text Input Processor)。所以 TSF 的优点在于，它是一个与设备无关、语言中立、可扩展的系统；同时给用户提供一致的输入体验。任何 TSF-enabled 应用程序都能从任何 Text Service 接受文字输入，而不用考虑 Text Source 的具体细节。同时，Text Service 也不用考虑各种不同应用的差别。

从图 5-16 可以看出，应用程序收到“The boy ate the red apple”这段文字，但是它不知道这些字是哪个 TIP 输入的，有可能是“Keyboard TIP”，也有可能是“Speech TIP”等。

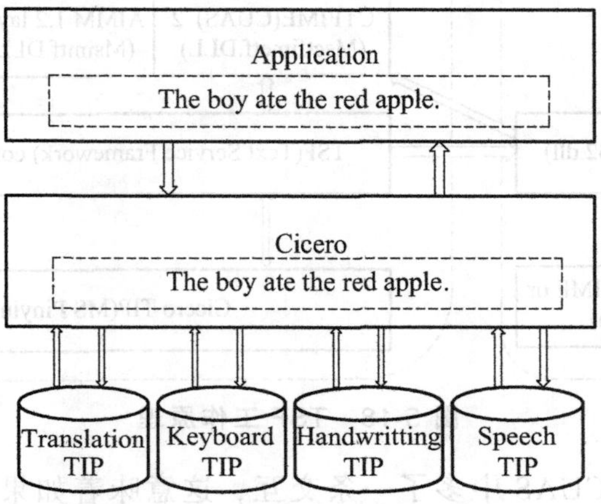

图 5-16　TSF 框架说明实例图

2. TSF 工作原理

TSF 输入法的框架与 IMM 输入法的框架不同，下面对两种输入法的工作原理进行比较。

（1）IMM 的工作原理

在 Windows XP 中，默认情况下 CUAS (Cicero Unaware Application Support 为所有应用程序和控件提供基本的 TIP 支持) 是关闭的，其工作原理如图 5-17 所示。

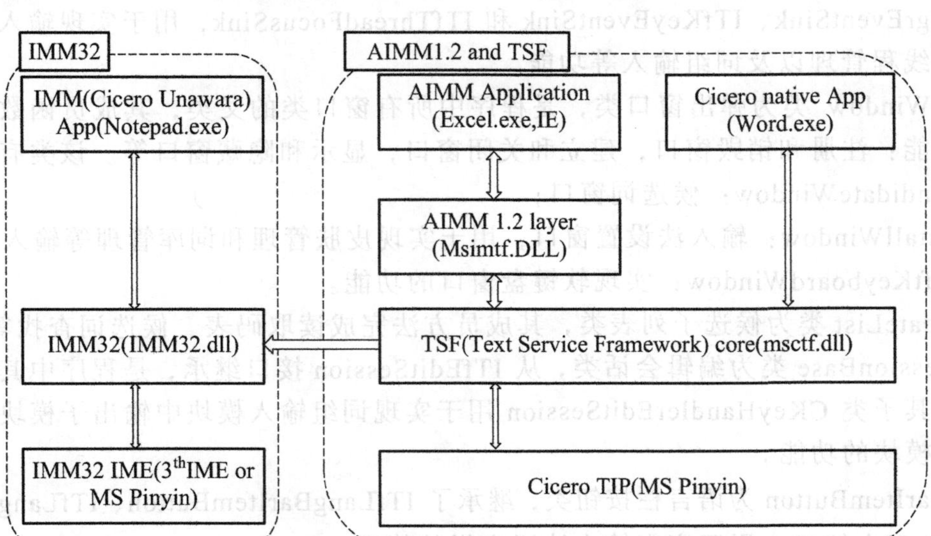

图 5-17　IMM 工作原理

从图 5-17 可以看出，所有“edit control”（包括 Notepad）都是直接调用 IMM 的 API，最后调用 IMM 输入法，而 4.1 版本后的“RichEdit control”（包括 WordPad 等）是直接用 TSF 实现的输入法。

（2）TSF 工作原理

在 Windows XP 下如果打开 CUAS，或者操作系统是 Windows Vista 或 Windows 7 的情况下，其工作原理如图 5-18 所示。

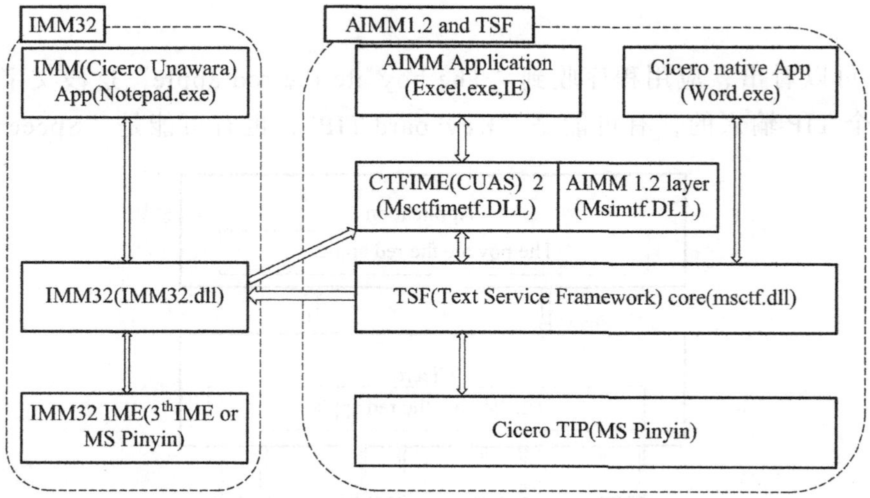

图 5-18 TSF 工作原理

可以看到，IMM32 和 CUAS 中多了一条交互，这意味着如果一个输入法实现了 TIP，应用程序的所有输入由 TIP 实现完成。

3. TSF 藏文输入法的设计与实现①

（1）TSF 藏文输入法类的设计

根据藏文输入法所需要的功能，设计了 TSF 藏文输入法的类。藏文输入法类及其类间的关系如图 5-19 所示。

CTextService 类为程序主类，继承并实现了 TSF 文本服务的四个组件 ITfTextInputProcessor、ITfThreadMgrEventSink、ITfKeyEventSink 和 ITfThreadFocusSink，用于实现输入法激活和关闭、输入法线程管理以及词组输入等功能。

CPopupWindow 类为弹出窗口类，是程序中所有窗口类的父类，其成员函数完成弹出窗口的基本功能：注册和销毁窗口，建立和关闭窗口，显示和隐藏窗口等。该类有三个子类：

- CCandidateWindow：候选词窗口；
- CInstallWindow：输入法设置窗口，用于实现皮肤管理和词库管理等输入法设置；
- CSoftKeyboardWindow：实现软键盘窗口的功能。

CCandidateList 类为候选子列表类，其成员方法完成读取码表、候选词查找等功能。

CEdieSessionBase 类为编辑会话类，从 ITfEditSession 接口继承，是程序中其他编辑会话类的父类，其子类 CKeyHandlerEditSession 用于实现词组输入模块中输出子模块和软键盘模块的输出子模块的功能。

CLangBarItemButton 为语言栏按钮类，继承了 ITfLangBarItemButton、ITfLangBarItemSink 和 ITfSource 三个接口，用于实现输入法语言栏的管理。

① 高定国，郭鑫.TSF 藏文输入法的设计与实现[J].西藏大学学报：自然科学版，2014，2:71-80.

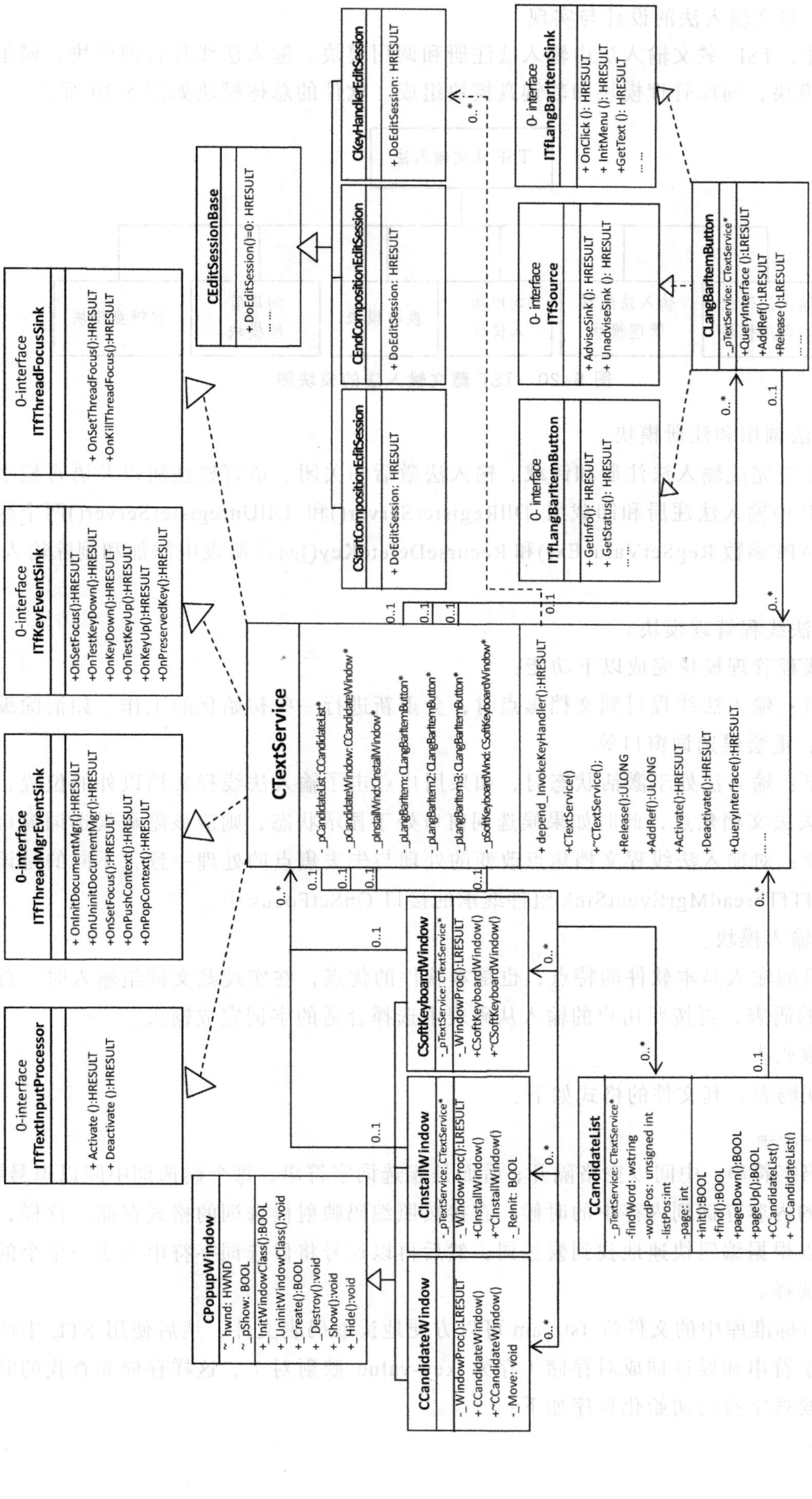

图 519 TSF藏文输入法的类

（2）TSF 藏文输入法的设计与实现

根据设计，TSF 藏文输入法由输入法注册和调用模块、输入法线程管理模块、词组输入模块、换肤模块、词库管理模块和软键盘模块组成。软件的总体模块如图 5-20 所示。

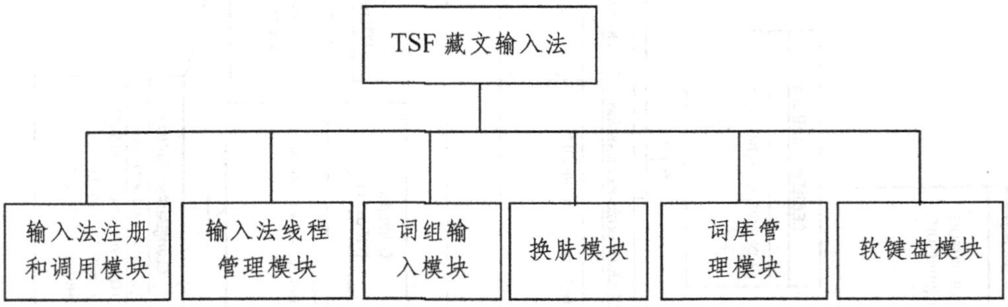

图 5-20　TSF 藏文输入法的模块图

① 输入法调用和注册模块。

该模块主要完成输入法注册和卸载、输入法激活和关闭、语言栏注册以及语言栏事件响应等功能，其中输入法注册和卸载用 DllRegisterServer()和 DllUnregisterServer()两个函数，函数中使用 API 函数 RegSetValueEx()和 RecurseDeleteKey()向注册表中添加和删除输入法 dll 的信息。

② 输入法线程管理模块。

输入法线程管理模块完成以下功能：

得到焦点：输入法线程得到文档焦点时，会重新进行一些初始化的工作，如清除编码字符串缓冲区、重绘候选词窗口等。

失去焦点：输入法处于激活状态时，如果用户点击了输入法线程文档以外的位置，则输入法线程会失去文档焦点，此时如果候选词窗口处于显示状态，则应该隐藏候选词窗口。

焦点改变：对输入法线程文档焦点改变的处理与失去焦点的处理一致，不同的是该代码应该放在从 ITfThreadMgrEventSink 组件继承的接口 OnSetFocus 中。

③ 词组输入模块。

藏文词组的输入是本软件的特点，也是本软件的优点，在实现藏文词组输入时，首先建立藏文字词的码表，再按照用户的输入从码表中选择合适的字词完成输入。

➢　读取码表。

首先建立码表，其文件的格式如下：

cr ཀར,ཀྲ,ཀ་ར,ཀ་རག

cr 为编码字符串，中间以空格隔开；后面是候选词字符串，每个候选词中间以逗号隔开。将码表文件的内容存储到内存中的时候，直接按照编码映射候选词的格式存储。这样，在需要时，就可以根据编码快速地找到候选词，然后再以逗号将候选词字符串分成一个个的候选词，供用户选择。

使用 C++标准库中的文件流 fstream 可以方便地读取码表文件，然后使用 STL 中的 map 容器将编码字符串和候选词成对存储（存为 key-value 映射对），这样存储和查找的时候都比较方便。候选字符的初始化程序如下：

```
BOOL CCandidateList::init(){
std::wstring code,word;//code 用来存储当前读到的编码字符串，word 用来存储当前读到的候选词字符串
    //读取系统码表文件
    // 打开码表文件，以二进制方式读取
    std::ifstream codeTable;
    codeTable.open(wstrResourcePath+L"\\table.mab",std::ios::binary);
    //如果打开失败则返回，否则
    {//跳过码表文件（文本文件）两个字节的开始符
            codeTable.seekg(2, std::ios::cur);
            //读取码表文件，直到码表文件的结尾
            while(!codeTable.eof())
            {wchar_t wch;
              codeTable.read((char *)(&wch), 2);
               if (wch == 0x000D) //如果读到了回车符
                    {if(!code.empty() && !word.empty()){
                    //将编码——候选词映射对存入 map 容器中
                    tableHash.insert(std::make_pair(code,word));
                      //清空 code 和 word
                      code.clear();
                      word.clear();}
                      if(!codeTable.eof())
                      //跳过行开始符
                    codeTable.seekg(2, std::ios::cur);}
                    else if(wch==0x0020){// 如果读到了空格符
                            code=word;
                            word.clear();}
                    else{//如果是藏文字母或英文字母，则将其存入 word 中
                            word.append(1, wch);}}
            code.clear();
            word.clear();
            codeTable.close();
            codeTable.clear();
            //读取用户码表，与系统码表的读取方式一致，代码略
            return TRUE;
}
```

➢ 候选词查找。

由于已经将码表中的编码——候选词映射对存入了 map 容器中，所以直接使用 map 容器的 find 函数即可实现候选词的查找，此函数底层的查找算法基于红黑树，其时间复杂度为 $O(\lg n)$。找到候选词字符串后，再根据逗号将其分隔成一个一个的候选词，存入数组中。

```
BOOL CCandidateList::find(){
    BOOL first=TRUE;
    // unsigned int CCandidateList::wordPos; 当前查找藏文字符串的位置
    wordPos=0; //每一次查找，都应将查找位置置为 0
    // int CCandidateList::page;页数
    page=0; //每一次查找，都应重置页数
    findWord=L"";//存储查找到的候选词字符串
    //将所有编码字符串映射的候选词存入 map 中
    for(std::map<wstring,wstring>::const_iterator it=tableHash.begin(); it!=tableHash.end();it++){
    //如果找到了以编码字符串开头编码的候选词字符串
    if(it->first.find(_achText)==0) {//_achText 为要查找的编码字符串
    if(first){
    first=FALSE; }//如果是第一个候选词，则不在它前面加逗号
    else
    findWord+=L',';//否则，在前面加逗号
    findWord+=it->second;}
    else{//否则，如果 findWord 不为空的话，说明已经查找完了所有编码字符
串映射的候选词
    if(!findWord.empty())break;}
            }
    if(!findWord.empty()){
    //进行后续的处理，将候选词字符串分割后，存入数组中，代码略
    }
}
```

➢ 藏文词组的输入。

在进行输入时，系统监听全局键盘事件，并根据不同的按键消息进行不同的响应。

首先实现 CKeyHandlerEditSession::DoEditSession 接口，在此函数中根据接收到的不同的按键虚拟码，调用不同的处理函数：

```
STDAPI CKeyHandlerEditSession::DoEditSession(TfEditCookie ec){
   switch (_wParam) {
    case VK_LEFT:
    case VK_RIGHT:
          //如果按下的是左右键，则调用_HandleArrowKey 函数进行处理。
          //对其他按键的处理一致，代码略
    default://如果软件盘处于开启状态
         if(CSoftKeyboardWindow::_isOpen) {
       //软键盘会模拟键盘’Q’ 键按下的消息
         if(_wParam=='Q') return _pTextService->_HandleCharacterKey(ec, _pContext, _wParam);}
```

```
else{
if (_wParam>='A' &&_wParam<='Z') {//如果按下的是字母键
if(GetKeyState(VK_CONTROL)&0x1000000)//如果同时按下了 control，则不进行处理
return S_OK;
else//否则调用_pTextService->_HandleCharacterKey 函数
_pTextService->_HandleCharacterKey(ec, _pContext, _wParam);}
} break; }
return S_OK;}
```

➢ 藏文词组的输出。

在输入模块中，已经接收了各种按键的消息，并调用了各个处理函数对不同的按键消息进行处理。输出模块的代码就在这些按键处理函数中，由于各种按键处理函数的逻辑基本一致，所以在此仅以字符按键处理消息为例来看处理过程。

```
HRESULT CTextService::_HandleCharacterKey(TfEditCookie ec, ITfContext *pContext, WPARAM wParam){
    WCHAR ch;//存储由按键虚拟码转换的字符
    ITfContextView *pContextView;
    //如果处于英文输入状态，则直接输出字符并返回 S_OK，代码略
    //如果按下的是字母键
    if (wParam>='A' && wParam<='Z'){//将按键虚拟码转换为字符
            if(GetKeyState(VK_SHIFT)&0x1000000)ch = (WCHAR)wParam;
            else ch = (WCHAR)wParam+32;}
            //查找 map，找到候选词
            if(_pCandidateList!=NULL)      _pCandidateList->find();
            //如果候选词窗口还在显示，则将其隐藏
            if(!_pCandidateWindow->_IsWndVisble()){
            _pCandidateWindow->_Show();}
            //刷新候选词窗口，以显示查找到的候选词
            InvalidateRect(_pCandidateWindow->_ReHwnd(),NULL,FALSE);
            hr = S_OK;
  Exit:
  return hr;}
```

④ 皮肤管理模块。

皮肤的管理实际上就是对皮肤列表文件和正在使用的皮肤文件的管理。完成皮肤的导入、删除和修改，本文重点关注藏文词组的输入，故该功能不再赘述。

⑤ 词库管理模块的实现。

一个功能完善的词组输入法不仅要有软件设计者提供的词组，作为系统词库，还要有用户自定义的词库，作为用户词库。对词库的管理，实际上就是对用户定义的词库进行管理，用户码表文件的格式与系统码表文件的格式可以设为一致，对用户词库应该具有新增、删除和修改等额外功能。

➢ 新增。

在设置窗口消息处理回调函数 LRESULT CALLBACK CInstallWindow::_WindowProc (HWND hwnd, UINT uMsg, WPARAM wParam, LPARAM lParam)中，能加入用户码表中编码—候选词映射对的代码：

```
//获取编辑框中的编码字符串和候选词字符串
//定义存储用户码表信息 multimap 的迭代器
std::multimap<std::wstring,std::wstring>::iterator it;
//查找 multimap 中是否已经存在以要插入的这个编码—候选词映射对
it=userWord.find(str1);
int num=userWord.count(str1);
if(it==userWord.end()){//没找到映射对，进行插入
        userWord.insert(std::make_pair(str1,str2)); }
else{
for(int i=1;i<=num;i++){
        if(it->second==str2){//找到匹配项,不进行处理
        break;}
        else{
                if(i==num){//没找到匹配项，进行插入
                userWord.insert(std::make_pair(str1,str2));
                break;}
        }
it++;}
 }
```

➢ 删除。

词库中编码—候选词映射对的删除，也是对内存中的 multimap 容器进行操作。使用 API 函数 SendMessage 获取编辑框中的编码字符串和候选词字符串，在 muiltmap 中 find 获取编码字符串，若存在该词则使用 erase 函数删除，否则不进行任何操作。

➢ 修改。

对词库中编码—候选词映射对的修改，也是对内存中的 multimap 容器进行操作。使用 API 函数 SendMessage 获取编辑框中的编码字符串和候选词字符串，在 muiltmap 中 find 获取编码字符串，若存在该词，则将其 value 改为获取的候选词字符串，否则不进行任何操作。

需要说明的是对存储用户码表的内存区域操作完成后，必须更新外存中的用户码表文件，可以使用重写用户码表文件来完成。

⑥ 软键盘窗口事件响应模块。

软键盘窗口事件的响应，与设置窗口的事件响应处理一致。不同的是，对于具体的消息，这两种窗口的处理方式不同。在软键盘窗口回调函数的 WM_PAINT 消息响应中，使用 TransparentBlt 函数绘制字符按钮和特殊按钮(Tab 等)。在软件盘窗口回调函数的 WM_PAINT 消息响应中，根据光标点击的位置，绘制按钮被按下的图案。在 WM_LBUTTONDOWN 和

WM_LBUTTONUP 消息响应中，使用系统函数 keybd_event 模拟物理键盘按键按下和弹起的状态。

（3）TSF 藏文输入法的调试和调用

由于 TSF 输入法程序最终生成的并不是 exe 可执行程序，而是一个供 TSF manager 调用的 dll，所以对其调试的方法比较特殊。以在 notepad 下调试为例：首先打开工程，生成 32 位或 64 位的 Debug 版本，然后在 cmd 下使用 regsvr32 命令注册 dll；再打开记事本—设置断点—调试—附加到进程—选择 notepad 进程—附加，此时焦点会切换到打开的记事本，激活输入法，就可以进行调试了。

5.4 Linux 藏文字符键盘输入技术①

Linux 输入法需要遵循 XIM 协议在输入法服务器上实现，要研发 Linux 藏文输入法就得研究输入法的体系结构、输入法服务器、XIM 协议、输入法服务器下的接口、输入法的消息、输入法的引擎回调函数及数据结构。

5.4.1 Linux 藏文输入法的总体设计

1. Linux 藏文输入法的体系结构

（1）体系结构说明

藏文输入法体系结构如图 5-21 所示，分为输入法服务器、输入法管理器、输入法通知程序和输入法引擎多个模块和程序。

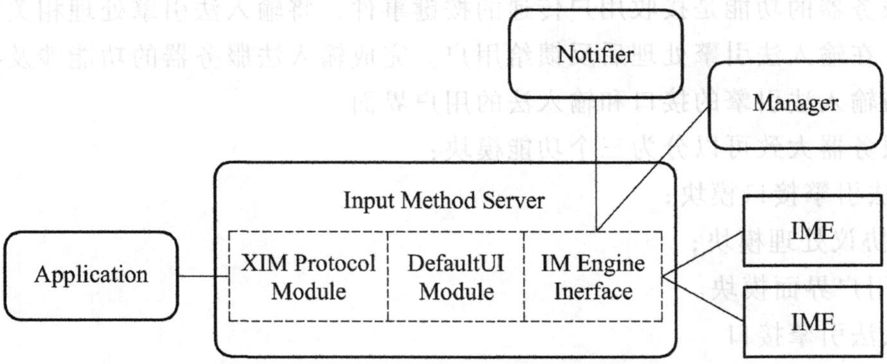

图 5-21　Linux 藏文输入法体系结构

应用程序和输入法服务器交互，传递按键和接收输入法返回的结果字符串。输入法服务器控制键盘，产生用户的按键事件，传递给应用程序。应用程序将按键事件转发给输入法服务器，由输入法服务器调用输入法引擎（IME）处理，得到结果字符串，再返回给应用程序。

输入法引擎负责实现输入转换算法，将输入法服务器通过输入法引擎接口传递过来的按键信息和输入法上下文计算后得到结果字符串。

① 北京中科红旗软件技术有限公司，中国科学院软件研究所，西藏大学，等. 详细设计说明书——输入法结构设计（D0207）[R]. 2007，5.

输入法管理器管理输入法已经载入的输入法引擎模块，提供给用户一个接口配置自定义的输入法列表。

输入法通知程序，提供给用户一个友好的用户界面，让用户通过图标了解当前的输入法引擎，也提供给用户一种快速选择输入法引擎的方法。

输入法服务器和输入法引擎协作实现输入法的功能，是整个输入法体系结构的核心。输入法通知程序和输入法管理器作为独立的程序，起辅助作用，提供使用输入法的快捷方式和配置功能。

（2）输入法管理器

输入法在控制面板中设置一个输入法管理器程序，提供给用户配置输入法引擎的功能。

藏文输入法在系统启动后，将根据配置文件加载输入法引擎模块。所有加载的输入法引擎模块都将出现在输入法选择列表中，但不是每种输入法引擎都是用户想使用的输入法。基于这个需求，输入法管理器让用户可以配置输入法引擎的列表，提供添加和删除输入法引擎列表中出现的输入法引擎的能力，使得列表中仅出现用户想要的输入法。

输入法管理器也可以配置缺省的输入法引擎，指定用户在打开输入法后出现的输入法引擎。这项功能在于方便用户使用，而不必在输入法列表中寻找想要的输入法。

（3）输入法通知程序

输入法通知程序在系统的托盘中显示一个图标，通过代表输入法引擎的图标，告诉用户当前切换到（或正在使用）的输入法引擎的种类。输入法通知程序还提供输入法选择列表，用户可以用鼠标在输入法选择列表上快速选择要使用的输入法引擎。

2. 输入法服务器

（1）输入法服务器的功能

输入法服务器的功能是接收用户传递的按键事件，将输入法引擎处理相关的信息传递给输入法引擎，在输入法引擎处理后反馈给用户。完成输入法服务器的功能涉及与用户应用程序的接口、与输入法引擎的接口和输入法的用户界面。

输入法服务器大致可以分为三个功能模块：

- 输入法引擎接口模块；
- XIM 协议处理模块；
- 缺省用户界面模块。

（2）输入法引擎接口

输入法引擎接口是输入法服务器与输入法引擎之间的接口。输入法服务器的设计是通用的，各种输入法引擎按照接口的规定进行设计，完成相应的功能和函数实现，就可以和输入法服务器协作完成输入转换工作。

接口主要包括输入法消息、输入法回调函数和其他相关的数据结构。输入法引擎是输入法体系结构中的重要组成部分。

（3）缺省用户界面

输入法引擎在处理用户按键的过程中，需要将处理中的状态、结果反馈给用户，也需要用户的参与进一步完成文字的输入。输入法引擎可以使用自己的用户界面，也可以使用输入法服务器提供的缺省用户界面。

缺省用户界面的使用，使得开发输入法引擎的工作相对简化。对于基于码表的输入法一般都可以使用缺省的用户界面完成用户交互功能。

缺省用户界面根据功能的不同分别用三个窗口实现：

状态条：指示当前输入法的名称和输入状态。用户可以通过点击上面的图标来切换输入状态，用户通过键盘改变的输入状态也由状态条上的图标来表示。

预编辑窗口：接收用户键入的输入码，显示已经输入的字符，帮助用户正确输入。

候选窗口：候选窗口显示对应于输入码的候选字符串。

（4）XIM 协议处理模块

输入法服务器是基于 Linux 系统上输入法开发的标准 XIM 协议进行设计的，采用 IMdkit 开发包辅助开发。

IMdkit（IMServer develops kit）是 Xi18n 工作组发布的 XIM 服务器开发工具，它提供了一个低级的 C 语言接口，把每个 IM 协议操作都绑定到了简单的 C 语言接口，这样程序员就可以相对容易地处理 IMServer 和 XIM 客户应用程序之间的通信，不必直接处理复杂的 IM 协议。

XIM 协议处理模块专门处理客户应用程序发过来的协议，将相应的协议请求交给内部的处理模块完成。XIM 协议处理模块的核心函数如下所示：

```
MyProtocolHandler ( XIMS ims, IMProtocol *call_data ) {
        Switch ( call_data->major_code ) {
        case XIM_OPEN:
        case XIM_CLOSE:
        case XIM_CREATE_IC:
        case XIM_DESTORY_IC:
        case XIM_SET_IC_VALUES:
        case XIM_GET_IC_VALUES:
        case XIM_FORWARD_EVENT:
        case XIM_SET_IC_FOCUS:
        case XIM_UNSET_IC_FOCUS:
        case XIM_RESET_IC:
        case XIM_TRIGGER_NOTIFY:
}
```

（5）输入按键转换过程

MyProtoHandler 是基于 XIM 协议的输入法中的协议处理函数，它会调用 MyForwardEventHandler 函数，在这个函数中会依次调用：

```
① 从键盘缓冲区中取出按键存入 strbuf[0]，调用输入法的编码预处理函数 im->XImeProcessKey ( strbuf[0], keyevent->keycode, keyevent->state, & ( CurrentIC->ic ), OWNER_KB ) ) ) <= 0 )。
② 从键盘缓冲区中取出按键存入 strbuf[0]，调用输入法的编码转换算法，如果编码转换完成，把结果字符串存入 result。
im->XImeToHanZi( strbuf[0], keyevent->keycode, keyevent->state, result, &( CurrentIC->ic ), OWNER_KB );
```

这样就完成了由按键到结果串的转换过程。

3. 输入法引擎

（1）输入法引擎类别

输入法引擎大体上包括两部分：编码转换算法和界面。输入法服务器介于操作系统和输入法引擎之间，输入法引擎通过输入法服务器与操作系统交互。为了支持输入法引擎的个性化，同时为了尽可能减轻输入法引擎开发的难度，输入法服务器必须制定一个简洁的接口规范，并提供一组功能强大的 API。输入法引擎分为三类。

A 类：无自定义 UI，无自定义编码转换算法，只有一个码表。

B 类：无自定义 UI，有自定义编码转换算法，有码表和词库。

C 类：有自定义 UI，有自定义编码转换算法，有码表和词库。

针对以上三类输入法，输入法服务器提供了相应的接口。接口包括三部分：输入法引擎接口规范、输入法引擎消息、输入法引擎 API。以上三类输入法引擎的开发过程如下：

A 类：输入法引擎作者只需提供码表，输入法管理器根据码表自动生成相应的输入法引擎。A 类输入法引擎使用输入法服务器提供的缺省 UI 处理和缺省编码转换算法。

B 类：输入法引擎作者完成输入法引擎接口规范中定义的与编码转化有关的回调函数，将其编译成动态库形式。每个回调函数完成一定的功能。回调函数中通过发送输入法引擎消息与输入法服务器交互。回调函数中可以使用输入法引擎 API。

C 类：输入法引擎作者完成接口规范中定义的所有回调函数，将其编译成动态库形式。每个回调函数完成一定的功能。回调函数中通过发送输入法引擎消息与输入法服务器交互。回调函数中可以使用输入法引擎 API。

藏文输入法模块是针对输入法服务器提供的引擎接口开发出的输入法模块，都属于 B 类输入法引擎模块。

（2）注册输入法引擎

在输入法载入模块中，读取输入法配置文件，创建输入法链表，完成输入法引擎回调函数的注册。A，B 类输入法都会使用 DefUIWndProc 函数，而 C 类输入法则会使用自己的 UIWndProc 函数。

5.4.2 Linux 藏文输入法的消息

1. 消息的定义

输入法服务器采用消息机制与输入法引擎通信，这样的机制使得系统有非常强的可扩展性。如果输入技术有了新的发展，输入法服务器只需要增加新的消息而不必进行大的修改。输入法引擎在回调函数中通过发送消息与输入法服务器交互。主要的输入法引擎消息如表 5-3 所示。

表 5-3　输入法消息类型

序号	消息描述	消息标识
1	输入法通知输入法服务器显示编码窗口	LNX_XIME_COMPOSITION
2	输入法通知输入法服务器关闭编码窗口	LNX_XIME_ENDCOMPOSITION
3	输入法通知输入法服务器显示待选窗口	LNX_XIME_CANDIDATELIST
4	输入法通知输入法服务器关闭待选窗口	LNX_XIME_ENDCANDIDATELIST
5	输入法服务器通知输入法激活上下文	LNX_XIME_SETCONTEXT
6	输入法服务器通知输入法搁置上下文	LNX_XIME_UNSETCONTEXT
7	输入法通知输入法服务器显示状态窗口	LNX_XIME_STARTSTATUS
8	输入法通知输入法服务器关闭状态窗口	LNX_XIME_ENDSTATUS
9	输入法服务器通知输入法清空上下文	LNX_XIME_EMPTYIC
10	输入法服务器通知输入法不要清空上下文	LNX_XIME_NOEMPTYIC
11	输入法服务器通知输入法设置中英文输入状态	LNX_XIME_SETLANGUAGE
12	输入法服务器通知输入法设置全半角状态	LNX_XIME_SETQUANBANJIAO
13	输入法服务器通知输入法设置标点状态	LNX_XIME_SETBIAODIAN

2. 消息处理

在输入法中定义了一系列的消息，这些消息最主要的用途是与各个窗口进行通信。输入法模块中的 RfGenerateMessage 函数主要用来处理消息，根据消息的类型，会调用 XSendEvent 函数发送给相应的窗口。

在 RfEnterLoop 的 MyXEventHandler 函数中会通过 IMOperations 结构体调用 UIWndProc 来处理接收到的消息。如果是 A 类或者 B 类输入法，会调用 DefUIWndProc；如果是 C 类输入法，会调用模块中的函数。在 DefUIWndProc 函数中会根据事件所要发送的窗口的不同进行处理：

```
if ( event->xany.window  = =  wndComp )
        DefCompWndProc ( event, ic );     //缺省编码窗口事件处理
else if ( event->xany.window  = =  wndCand )
        DefCandWndProc ( event, ic );     //缺省待选窗口事件处理
else if ( event->xany.window  = =  wndStatus )
        DefStatusWndProc ( event, ic );   //缺省状态窗口事件处理
else if ( event->xany.window  = =  wndKB )
        DefKBWndProc ( event, ic );       //缺省软键盘窗口事件处理
```

5.4.3 Linux藏文输入法引擎回调函数

1. 接口定义

```
typedef struct  tagIMOperations
{
        int     id;
        int     IMType;
        char    IMName[16];                    //输入法名称
        char    IconPath[100];                 //输入法图标路径
        char    MBPath[100];                   //码表路径，A类输入法使用
        int     ( * XImeInquire ) ( XIMEINFO *info );      //注册输入法
        int     ( * XImeSelect ) ( INPUTCONTEXT *ic );     //选择输入法
        int     ( * XImeProcessKey )( int ch, int  keycode, int state, INPUTCONTEXT *ic, int owner );
                                               //按键预处理
        void    ( * XImeToHanZi )( int ch, int keycode, int state, char *result, INPUTCONTEXT *ic,
    int owner );                               //按键编码转换
        void    ( * XImeNotify ) ( MSG  message, INPUTCONTEXT *ic );  //状态窗口处理
        void    ( * XImeDestroy ) ( INPUTCONTEXT *ic, int );          //销毁输入法
        void    ( * XImeSetContext ) ( INPUTCONTEXT *ic, Bool flag ); //重置输入法上下文
        void    ( * UIWndProc ) ( XEvent *event, INPUTCONTEXT *ic );  //事件处理
        void    ( * UIWndProc2 ) ( XEvent *event, INPUTCONTEXT *ic ); //当使用缺省界面处理，
                                                                       注册 UIWndProc2 来扩
                                                                       展缺省界面处理的功能

        IMTypeAProperty PropertyA; //输入法属性，A类输入法使用
        struct tagIMOperations *next;
}IMOperations;
```

2. 接口说明

```
IMTypeAProperty        PropertyA;
char    MBPath[100];
```

这两项是A类输入法使用的输入法属性，完全由程序处理。如果是自己写输入方法模块，则不用考虑这个属性。

输入法引擎需要完成的接口如下：

```
int     IMType;              //输入法类型
char    IMName[16];          //输入法名称
char    IconPath[100];       //输入法图标路径
int     ( * XImeInquire ) ( XIMEINFO *info );      //注册输入法
int     ( * XImeSelect ) ( INPUTCONTEXT *ic );     //选择输入法
void    ( * XImeToHanZi ) ( int ch, int keycode, int state, char *result, INPUTCONTEXT *ic, int owner );
                             //按键编码转换
```

```
void  ( * XImeNotify ) ( MSG  message, INPUTCONTEXT *ic );        //状态窗口处理
void  ( * XImeDestroy ) ( INPUTCONTEXT *ic, int );                 //销毁输入法
void  ( * XImeSetContext ) ( INPUTCONTEXT *ic, Bool flag );        //重置输入法上下文
void  ( * UIWndProc ) ( XEvent *event, INPUTCONTEXT *ic );         //事件处理
void  ( * UIWndProc2 ) ( XEvent *event, INPUTCONTEXT *ic );        //当使用缺省界面处理，注册UIWndProc2
                                                                   来扩展缺省界面处理的功能
```

3. 回调函数

① void XImeInquire (XIMEINFO *info):

作用： 注册输入法引擎加载输入法时，调用该函数，以判断是 B 类或者 C 类输入法

参数：

info 输入法信息

返回值：

无

② int XImeSelect (INPUTCONTEXT *ic):

作用：选中输入法。当用户按下“Ctrl + Space”或“Ctrl + Shift”切换上下文时，引擎调用该函数。输入法在该函数中做一些初始化工作，如加载码表和词库

参数：

ic 输入上下文

返回值：

1 正常

0 失败，无法切换到中文状态

③ int XImeProcessKey (int ch, int keycode, int state, INPUTCONTEXT *ic, int owner):

作用： 编码预处理。引擎截获用户按键，调用该函数

参数：

ch 用户按键所对应的 ASCII 码

keycode 用户按键所对应的 keycode (作用等同于扫描码)

state 键盘状态

ic 输入上下文

owner if owner == OWNER_KB 表明用户按键盘

if owner == OWNER_SOFTKB 表明用户按软键盘

返回值：

1 输入法处理用户按键

0 输入法不处理用户按键，交由引擎处理

④ void XImeToHanZi (int ch, int keycode, int state, char *result, INPUTCONTEXT *ic, int owner):

作用： 编码转换。如果 XImeProcessKey ( ) 返回值为 1，则调用该函数

参数：

ch 用户按键所对应的 ASCII 码

keycode 用户按键所对应的 keycode (作用等同于扫描码)

state 键盘状态

result 如果编码转换结束，产生目标藏文字串，则把藏文字串拷贝到 result

ic 输入上下文

owner if owner = = OWNER_KB 表明用户按键盘

if owner = = OWNER_SOFTKB 表明用户按软键盘

返回值：

无

⑤ void XImeNotify (MSG message, INPUTCONTEXT *ic):

作用： 改变输入法状态。当用户用鼠标单击状态条时，引擎做判断后调用 XImeNotify ( )。输入法在 XImeNotify ( ) 中改变输入法状态

参数：

message 输入法消息

ic 输入上下文

返回值：

无

⑥ void XImeDestroy (INPUTCONTEXT *ic, int msg):

作用：销毁输入法。当用户按下“Ctrl + Space”切换到英文状态或者按下“Ctrl + Shift”切换到另一种输入法时，引擎判断后调用 XImeDestroy ( )。输入法可以在 XImeDestroy ( ) 中做一些清理工作，如释放内存

参数：

ic 输入上下文

msg 引擎调用 XimeDestroy ( ) 时传入的控制消息

返回值：

无

⑦ void XImeSetContext (INPUTCONTEXT *ic, Bool flag):

作用：处理上下文切换。当用户在多个上下之间切换时，引擎判断后调用 XImeSetContext ( )

参数：

flag = TRUE 切换到一个新的上下文

flag = FALSE 离开当前上下文

ic 输入上下文

返回值：

无

⑧ void UIWndProc（XEvent *event，INPUTCONTEXT *ic）:

作用：窗口消息处理的总入口。当有消息发往编码窗口、待选窗口、状态窗口中的任何一个时，引擎判断后调用 UIWndProc（）。输入法在 UIWndProc（）中判断目标窗口，如果目标窗口是编码窗口，则调用 CompWndProc（）；如果目标窗口是待选窗口，则调用 CompWndProc（）；如果目标窗口是状态窗口，则调用 StatusWndProc（）

参数：

event 事件

ic 输入上下文

返回值：

无

⑨ static void gen_candstr（INPUTCONTEXT *ic）:

作用： 对输入的字符串产生相对应的藏文字符串

参数：

Ic 输入上下文

返回值：

无

⑩ static int extLoadDict（char filename[]）:

作用：打开码表文件（zang.db），将码表的键值对取出

参数：

filename[]码表文件名称

返回值：

0 打开码表成功

-1 打开码表失败

⑪ static int SearchDict（char* code）:

作用：根据 code 值，在码表内查找相应的藏文字符串

参数：

code 输入的待查找的键值

返回值：

返回查找到的匹配结果数量

⑫ static void RfGenerateMessage（RfMSG msg，INPUTCONTEXT *ic）:

作用： 将各种消息类型转换为 X Window 的消息

参数：

msg 消息类型

ic 输入上下文

返回值：

无

5.4.4 Linux 藏文输入法引擎接口数据结构

1. 界面窗口定义

```
typedef struct tagCOMPOSITIONWINDOW {
        XPoint   ptCurrentPos;          //编码窗口左上角位置
}COMPOSITIONWINDOW;                     //编码窗口
```

```
typedef struct tagCANDIDATEWINDOW{
        int   IdxPage;                  //当前页号
        int   CntCand;                  //待选字数目
        XPoint   ptCurrentPos;          //待选窗口左上角位置
        int   CntInCurPage;             //当前页待选字数目
}CANDIDATEWINDOW;                       //待选窗口
```

```
typedef struct tagSTATUSWINDOW {
        int       language;                //语言 中文或英文，用图标区分
              char      name[20];          //输入法名称
              int       shape;             //全半角
              int       biaodian;          //中英文标点
              int       kb;                //软键盘
}STATUSWINDOW;                             //状态窗口
```

2. 输入法状态定义

```
#define  CHINESE    1        /*  中文  */
#define  ENGLISH    0        /*  英文  */
#define  HALFSHAPE  1        /*  半角  */
#define  FULLSHAPE  0        /*  全角  */
#define  ZHONGBIAO  1        /*  中文标点 */
#define  YINGBIAO   0        /*  英文标点 */
#define  DEFAULTKB  0
#define  KBOFF      0        /*  未打开软键盘  */
#define  KBON       1        /*  打开软键盘    */
```

3. 输入法上下文定义

```
typedef struct tagINPUTCONTEXT {
        Window        client_win;
        Window        focus_win;         //输入焦点所在窗口
        XPoint        CaretLocation;     //输入焦点坐标
```

```
        COMPOSITIONWINDOW    CompWnd;         //编码窗口
        CANDIDATEWINDOW      CandWnd;         //待选窗口
        STATUSWINDOW         StatusWnd;       //状态窗口
        XFontSet        Font;                 //缺省字体
        int             IdxIM;                //当前输入法序号
        int             LenCompStr;           //编码串长度
        char                 CompStr[30];     //编码串
        char                    CandStr[400]; //待选串
        int                     MsgNum;       //消息数目
            char                   MsgBuf[400]; //消息缓冲区
        void                    *privateArea; //自定义区域
}INPUTCONTEXT;
```

4. 输入法类型信息定义

```
#define   SPECIAL_UI    1        /*  输入法类型：有自定义 UI  */
#define   NO_SPECIAL_UI 0        /*  输入法类型：无自定义 UI */
typedef   struct
{
        char IMName[30];         //输入名称
        char IconPath[150];      //输入法图标路径
        int   type;              //输入法类型
}XIMEINFO;
```

5. 软键盘定义

```
#define N_KEYS    71
#define KEY_WIDTH    30
#define KEY_HEIGHT  30
#define KEY_XOFF    5
#define KEY_YOFF    5
#define KEYBOARD_ENGLISH         0
#define KEYBOARD_GERMAN          1
#define KEYBOARD_DEFAULT   KEYBOARD_ENGLISH

typedef struct _vk_keyboard {
        unsigned char *language;      //language name
        unsigned char *locale;        //locale name for the encoding
        unsigned char *normal_keys;   //keys 58
        unsigned char *shift_keys;    //shift 58
```

```
        unsigned char *alt_keys;        //alt-ed keys
        unsigned char *font_name;       //xfont name
        Bool flag_capslock;             //CapsLock on?
        Bool flag_shift;                //shift pressed?
        Bool flag_control;              //control pressed?
        Bool flag_alt;                  //alt pressed?
} vk_keyboard;

typedef struct _vk_keys {
        unsigned char c;            //character
        unsigned char f;            //shift char
        unsigned char a;            //alted char
        unsigned long s;            //X keycode
        int x;                      //position and size
        int y;
        int w;
        int h;
} vk_keys;
vk_keys vkkeys[N_KEYS];
```

5.5 藏文字形识别输入

5.5.1 藏文字符识别输入的原理和方法

文字识别方法分为统计模式识别、结构模式识别以及人工神经网络识别。结构模式识别方法由于与文字的结构密切相关，分析过于复杂，预处理要求高，实现起来相当困难。人工神经网络方法识别大字符集的文字时，通常网络的规模很大，结构也很复杂，很难实用。统计特征抗干扰能力强，匹配与分类的算法也相对比较简单，易于实现，因此，印刷体藏文文字识别系统基本上都采用统计模式识别方法。

1. 藏文识别系统的结构①

藏文文字识别的原始图像是通过扫描仪、CCD 器件或传真机等获得的图像，它可以是灰度（Grayscale）或二值（Binary）图像。计算机通过软件把该原始图像识别成文字。藏文识别系统的总体结构如图 5-22 所示，它包括 7 个组成部分：

① 普次仁. 藏文文字识别技术研究[D]. 拉萨：西藏大学，2008.

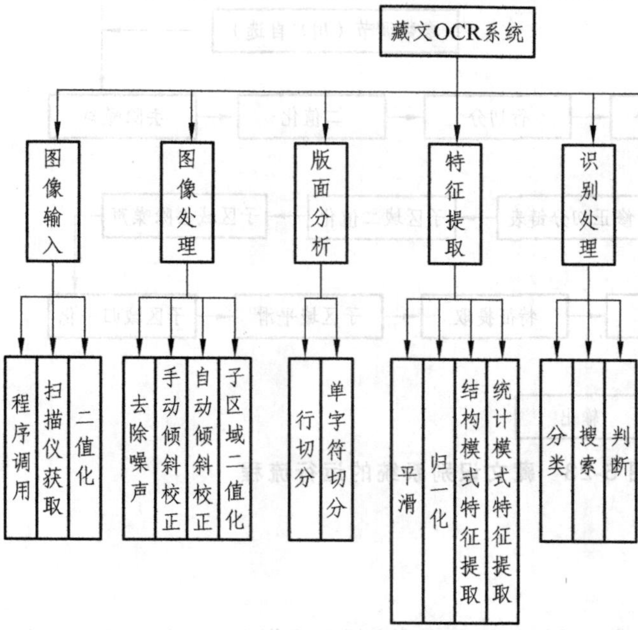

图 5-22 藏文识别系统的结构

（1）图像输入

图像输入是通过程序调用或从扫描仪获得要识别的图像。若输入图像不是二值图像，首先要对其进行二值化。

（2）图像处理

图像处理包括对图像的去噪、手动倾斜校正、自动倾斜校正和子区域二值化。

（3）版面分析

先将文本图像切割为行，再从图像行中分离出单个字符。当图像质量较差时，不易进行简单的分割，常与识别过程相结合。

（4）特征提取

从单个字符图像上提取统计特征或结构特征，是整个环节中最重要的，所提取特征的稳定性及有效性直接决定了识别的性能。在提取特征前常常先进行规一化、细化等处理。

（5）识别处理

从得到的特征库中找到与待识字符相似度最高的字符。

（6）结果校正

对单字识别的结果，利用词义、词频、语义等先验知识进行识别结果的确认或纠错。

（7）输出显示

输出显示是把最终识别结果输出到屏幕上或输出到文件的过程。

2. 藏文识别系统的运行流程

藏文识别系统运行流程如图 5-23 所示。

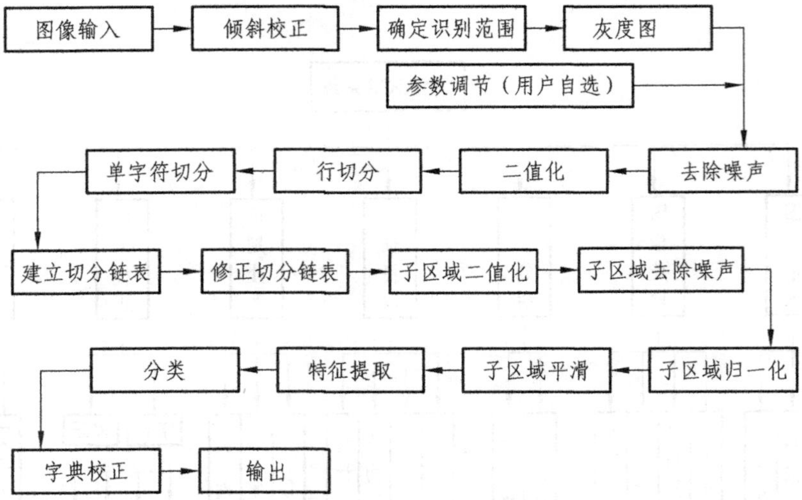

图 5-23 藏文识别系统的运行流程

3. 藏文识别的过程

（1）预处理

根据藏文的书写和字形的特点，需要实现一种适用于藏文识别的预处理技术。整个预处理过程包括二值化、版面分析、倾斜校正、行字切分和归一化，同时在预处理过程中提取一些有关字丁的基本特征，用于单字识别的粗分类和后处理。

（2）识 别

原始图像经过预处理后，得到一个较为理想的二值图像，然后就对其进行识别。识别过程包括字符特征的提取和与标准模板进行分类判别。

（3）后处理

藏文识别的后处理主要是解决好相似字符的识别等问题。先判断隔字点之间所包含的基本字符的个数，识别出前加字、后加字和再后加字，再分别统计可能带该前加字、后加字和再后加字的相似字符概率，并结合该字符的特征采用相应的策略，最后判断出正确的结果。在识别时采用识别单字的基础上，可以结合单字的上下文信息对识别结果进行校正。

5.5.2 藏文字符识别的预处理①

在进行印刷体藏文文字识别时，首先扫描印在纸上的藏文字符，产生模拟信号，再经过模数转换将其转换为带灰度值的数字信号并输入计算机。纸张的薄厚度、洁白度、光洁度、油墨深浅、印刷或书写质量都有可能造成字形畸变，污点、飞白、断笔交连等干扰。输入设备的分辨率、线性度、光学畸变、量化过程也会产生噪声。所以在藏文文字识别之前，要对这幅带有随机干扰、噪声的整版藏文字符的灰度值数字信号进行预处理。

藏文字图像预处理一般包括二值化、行、字切分、平滑、去噪声、归一化和细化（或抽取轮廓）等。这里使用的预处理方法有二值化、行、字切分、平滑等。预处理是文字识别的前期工作，而模式识别部分是在文字图像经过预处理的基础上进行的，所以对原始图形进行预处理后得到的文字图形的质量直接影响着模式识别的效果。

① 普次仁. 藏文文字识别技术研究[D]. 拉萨：西藏大学，2008.

1. 二值化

把藏文字符图形带灰度电平的数字信号处理成二值（0，1），称为藏文字符图形数字信号二值化。最先得到的原始文字图形一般为 256 色灰度图。现在虽然在某些情况下可以直接得到二值图，但这通常是扫描仪器用一个固定的阈值进行二值化的结果，效果并不满意，所以选用由系统进行二值化的方法比较好。

有的藏文字符区别不大，采用传统二值化的过程中，很容易造成信息的丢失，如ད传统二值化后很容易错误识别为ང。

印刷体藏文字符识别中，二值化采用局部自适应二值化算法。以像素的临域信息为基础来计算每一个像素的阈值。设给定图像具有 L 级灰度值，对 $1<k<L$ 中的每个 k 将 1，…，L 分成两组，计算组 1 的像素数 $\omega_1(k)$、平均灰度 $\mu_1(k)$、方差 $\sigma_1(k)$；组 2 的像素数 $\omega_2(k)$、平均灰度 $\mu_2(k)$、方差 $\sigma_2(k)$，则有

组内方差 $\sigma_w^2=\omega_1\sigma_2^2$

组间方差 $\sigma_B^2=\omega_1\omega_2(\mu_1-\mu_2)^2$

对于一幅给定的图像，可以证明 $\sigma_w^2+\sigma_B^2=$常数，因此，只需求出 $\max(\sigma_B)$，则 σ_w 自然达到最小，其二值化流程图如图 5-24 所示。

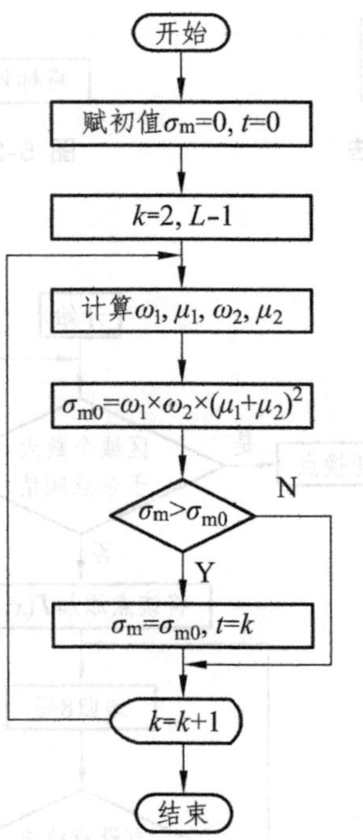

图 5-24 二值化流程

这种方法，在直方图中具有两个波峰（存在一个波谷）时，k 将取波谷处灰度值，与前述方法一致。即使不存在波谷，也可以求出最佳分界阈值 k。

印刷体藏文字识别可以采用两次二值化，第一次对整个图片全区域进行二值化，以便进行行切分和列切分；第二次对已经切分后的单字符区域进行局部区域二值化，以得出单字重要信息。

2. 去除噪声

去除噪声采用递归的方法，递归黑像素周围 8 码，如图 5-25 所示。其中 P 为黑像素，P1 ~ P8 中，如果其中一点为黑像素且没有标识过已检查，则继续递归该点，并记录到区域 $T(x, y)$ 中，同时标识该黑像素已经检查，最后将区域 $T(x, y)$ 记录的个数与杂点阈值进行比对：如果小于杂点阈值则标识 P 点为变换点。最后将图片中所有标识的变化点变为白像素。

去除噪声流程如图 5-26 所示。

P4	P3	P2
P5	P	P1
P6	P7	P8

图 5-25 递归方法

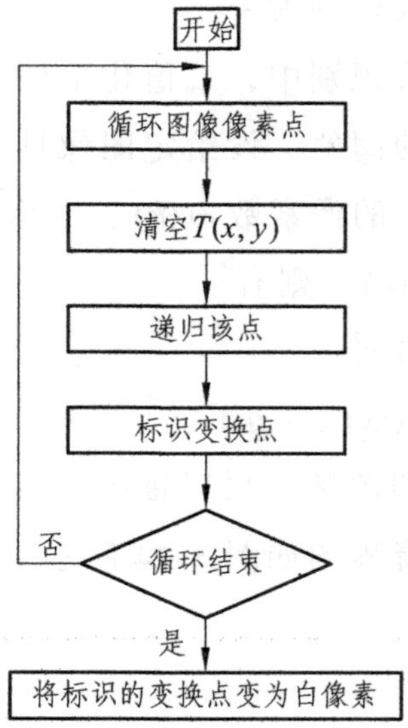

图 5-26 去除噪声流程

递归流程如图 5-27 所示。

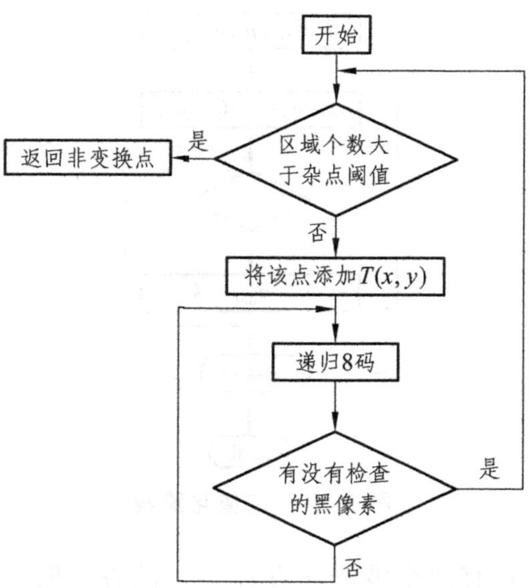

图 5-27 递归流程

3. 倾斜校正

扫描得到的文件可能由于扫描时文本摆放不正、光源位置不佳等原因，造成图像文件中文本有不同程度的倾斜。这种倾斜可能是整个版面存在的问题，也可能是局部文本块存在的问题。当倾斜角度不大时，不影响识别过程，可以忽略不计。当倾斜角度较大时，就影响到了垂直积分投影和水平积分投影的正确性，使版面分析、行、列切分受到干扰，不能正常运行。因此，使用图像旋转和中轴投影映射阈值比对这两个算法对图像进行倾斜的校正。

（1）采用矩阵算法旋转图像

该方法的原理是以坐标系 xOy 为准，顺时针旋转 θ 角，如图 5-28 所示。

$$[x'\ y'\ 1]=[x\ y\ 1]\begin{bmatrix}\cos\theta & -\sin\theta & 0\\ \sin\theta & \cos\theta & 0\\ 0 & 0 & 1\end{bmatrix}$$

$$=[x\cos\theta+y\sin\theta \quad -x\sin\theta+y\cos\theta \quad 1]$$

（2）中轴投影映射阈值比对法

首先求出原始映射长度 L，然后按角度 θ（θ 采用递进法，每次加 1°，$1°<\theta<45°$）旋转图像，求出新的映射长度 L_n，找到最小的 L_n，则对应的角度为旋转角度，如图 5-29 所示。

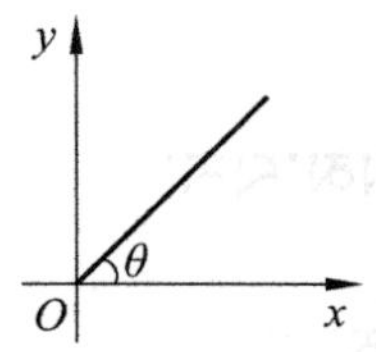

图 5-28　xOy 坐标系

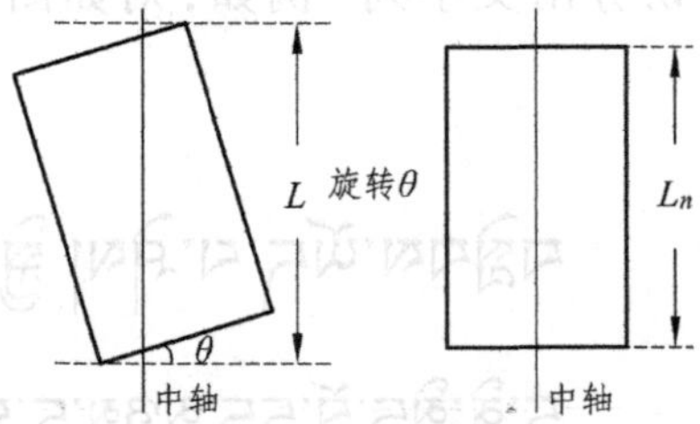

图 5-29　中轴投影映射阈值比对

中轴投影映射阈值比对法进行倾斜校正的流程如图 5-30 所示。

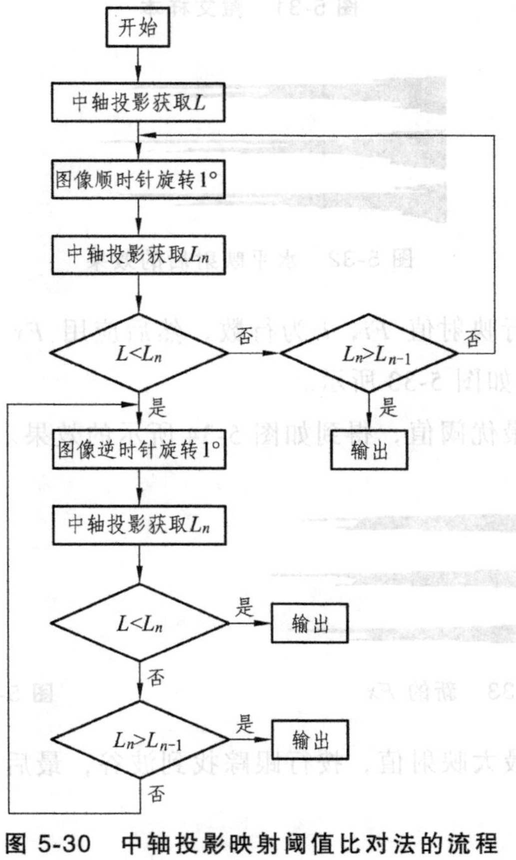

图 5-30　中轴投影映射阈值比对法的流程

4. 行、列切分

文字图像经过二值化后得到的是一个整体，其中包含了字与字之间、行与行之间的空白。所以要想识别单个藏文字符，首先要把单个藏文字符从整个图像中分离出来，这就是行、列切分的主要任务。

由于藏文字的高度和宽度在不同字体间、相同字体不同字号间均不相同，没有一个特定的比例来约定，因此传统切分算法对藏文均不适用。通过分析藏文字的特点，以及各种样本，把藏文字的切分分为行切分和单字符切分两种。

（1）行切分

行切分采用水平映射的方式求出各行的映射值，然后对映射值进行中值计算，再根据总体映射量的大小优化映射阈值，最后求出映射的波谷，并校正。

将图像在水平方向进行投影，然后从左到右搜索一列文字的左右边界（边界为投影图像中的谷底位置），切分出文字列。例如，对如图 5-31 所示的样本进行水平映射的效果如图 5-32 所示。

བསླེབས་ཡོད་པ་ཤེས། སྐྱིད་འཛོམས་ཀྱི་བསམ་པར་

ད་ནི་མིང་པོ་དང་མཉམ་དུ་གནད་དོན་དེ་གྲོས་སྡུར་

བྱེད་པའི་དུས་ལ་བབ་སོང་སྙམ་པས། མིང་ཆུང་····

图 5-31 藏文样本

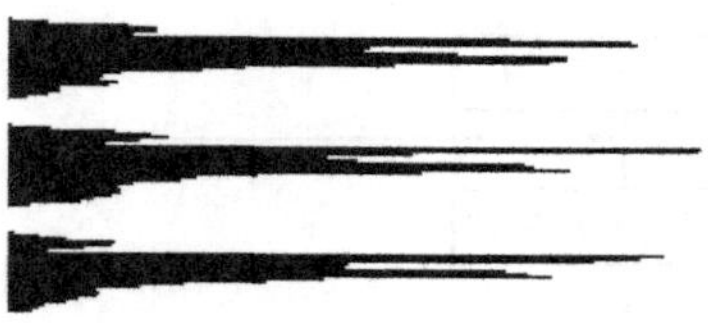

图 5-32 水平映射后的效果

水平映射后，获取每行映射值 Fi，i 为行数，然后应用 $Fx = F(x+1) + F(x-1) / 2$（x 为行号）确定新的 Fx，如图 5-33 所示。

根据映射的总量，取最优阈值，得到如图 5-34 所示的效果。

图 5-33 新的 Fx

图 5-34 优化后的效果

然后修正毛刺，分析最大映射值，按行跟踪找到波谷，最后根据起始位置和波谷分解出区域，如图 5-35 所示。

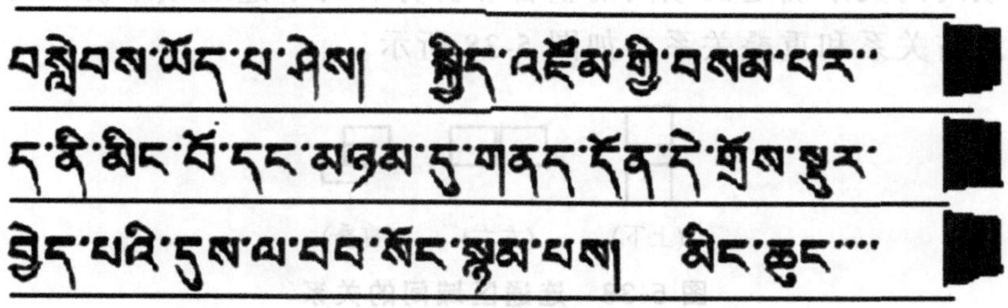

图 5-35　行切分后的结果

行切分流程如图 5-36 所示。

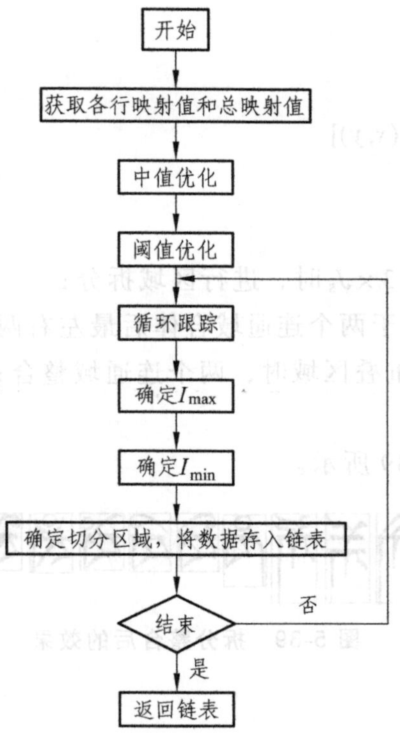

图 5-36　行切分流程

（2）列切分

列切分就是在行切分的基础上进行单字符切分，单字符切分采用基于连通域的切分技术。基于连通域的切分算法能有效地对文本图像中藏文字符部件进行合并，以及对粘连字符进行分割。

连通域算法首先确定连通区域，即从图像最左边第一个端点 $F(x, y)$ 开始，在其周围 8 码范围内，用递归的方式查找连接点的集合 $D(x, y)$。然后根据 $D(x, y)$ 确定连通区域 $Q(x, y)$，如图 5-37 所示。

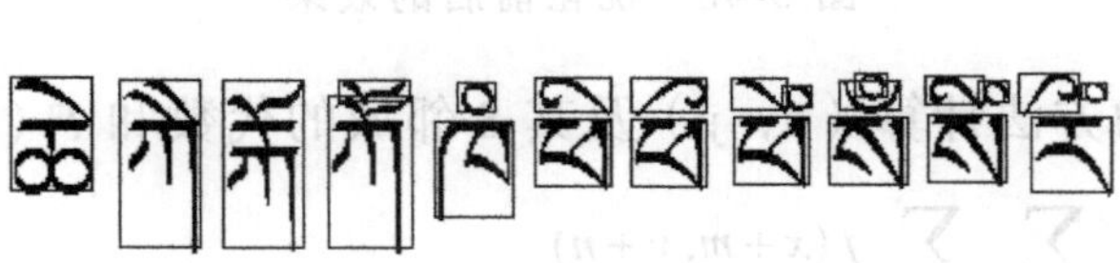

图 5-37　列切分

根据连通区域间的关系确定区域间的整合和拆分。对于连通域来说，可以概括为三种情况：上下关系、左右关系和重叠关系，如图 5-38 所示。

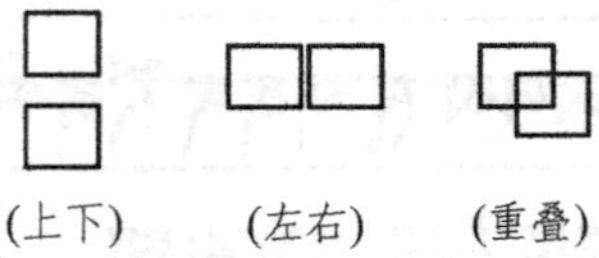

图 5-38 连通区域间的关系

其整合和拆分规则是：首先确定行中藏文字符宽度 D_s 和 tsheg（ཚེག）的宽度 J_s。

方法是：

$$D_p = \sum_{i=1}^{N} D_i(x,y)$$

$$D_s = \sum_{i=1}^{N} [D_p - D_i(x,y)]$$

$$J_s = D_p - D_s$$

- 当 $D(x, y)$ 大于 $D_s + 3 \times J_s$ 时，进行区域拆分；
- 当两个连通域宽度和大于两个连通域合体后最左右两个边的间距时，判断宽度小的区域：如果其重叠的区域大于非重叠区域时，两个连通域整合；如果重叠区域小于非重叠区域时，两个连通域拆分。

拆分整合后的效果如图 5-39 所示。

图 5-39 拆分整合后的效果

5. 平滑与归一化

（1）平 滑

平滑的依据是同一笔画的各点具有一定的相关性，距离越近，相关性越强。具体地说，同一笔画前后两点的距离和相对位置构成的角度不会太大，距离过大或者角度过大都说明有干扰，如图 5-40 所示。

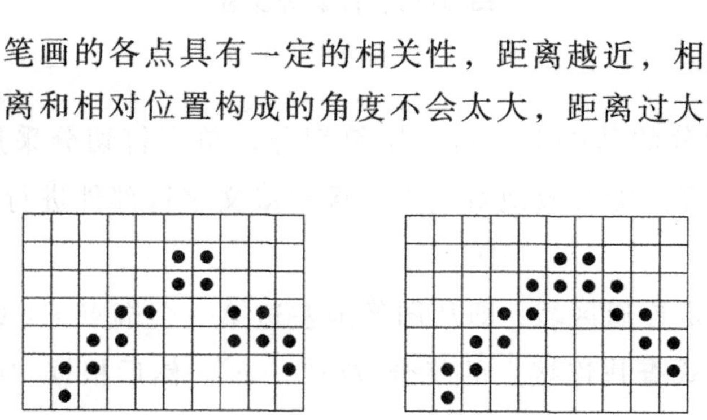

图 5-40 优化前后的效果

采用一种简单有效的方法计算（x，y）及其 8 邻域的代数和 $F(x, y)$：

$$F(x,y) = \sum_{m=-1,0,1} \sum_{n=-1,0,1} f(x+m, y+n)$$

滤波后像素（x，y）由 f（x，y）决定：

$$f(x,y)=\begin{cases}1 & 当\ F(x,y)\geqslant 5\\ 0 & 当\ F(x,y)<5\end{cases}$$

（2）归一化

不同规格尺寸的文字，经过缩放处理变成同一尺寸的文字称为归一化。方法如下：

当以 x_1、x_2 和 y_1、y_2 组成的文字的外接矩形框的尺寸（$x_2\ x_1$），（$y_2\ y_1$）大于某个给定值 wx，wy 时，如用 w 和 h 表示原图的宽度和高度，可以按照：

$$F(u,v)=f\left((w-1)\times u/W+0.5,\ (h-1)\times v/H+0.5\right)$$

使 f（x，y）变成 F（u，v）。

其中，W 和 H 分别是归一化后水平方向和垂直方向的尺寸。藏文归一化时容易产生变形，这需要在尺寸正规化前先判断文字的长宽比，如果这一比例和归一化后的长宽比相差太大，则使长或者宽中的一个缩放到与期望大小一致，或者按照原来的长宽比进行缩放，并放置在目标窗口的中央，然后在两侧增加同样大小的白色区域，使其长宽比例达到预期的大小。

归一化流程如图 5-41 所示。

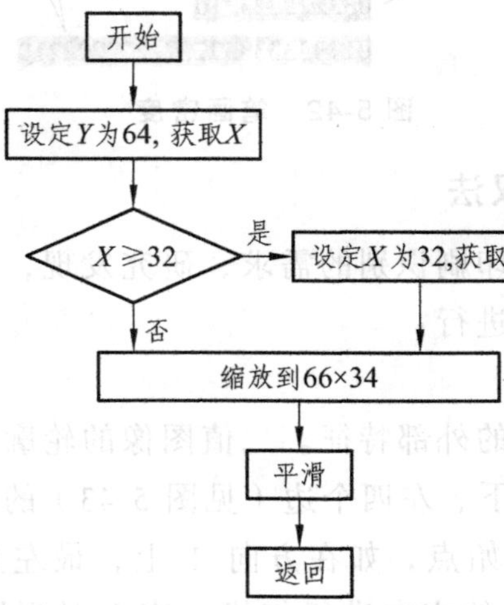

图 5-41 归一化流程

6. 细 化

细化用于提取出文字的骨架，图像的骨架就是指图像目标中央的骨骼部分，正如动物的骨骼决定了动物的外形一样，图像的骨架描述了图像目标几何及拓扑性质等重要特征。

5.5.3 藏文字符识别的特征提取①

选取稳定、典型的特征是文字识别系统设计的核心。一般而言，特征抽取的原则是：

① 特征代表字符结构的本质，即特征和字体、字号、笔画粗细、位置变化无关；

② 特征要简单，占空间小；

③ 特征要易于抽取，学习；

① 普次仁. 藏文文字识别技术研究[D]. 拉萨：西藏大学，2008.

④ 特征的区分性要强，即不同的字符应具有不同的特征值。

在汉字识别研究领域，字特征和相应的特征抽取方法很多，常用的如矩阵特征、交叉特征、方向线素特征、周边特征等。通过实验分析，适合印刷体藏文字符的特征提取方法有笔画密度特征提取法和外围轮廓笔画特征提取法。

1. 笔画密度特征提取法

笔画密度的描述有许多种，其一是：字符图像某一特定范围的笔画密度在该范围内，以固定扫描次数沿水平、垂直或对角线方向扫描时的穿透次数。这种特征描述了藏文字各部分笔画的疏密程度，提供了比较完整的信息。在图像质量可以保证的情况下，这种特征相当稳定。

笔画密度可采用对 64×32 点阵，以固定扫描次数（横 64、纵 32）沿水平、垂直方向扫描时的穿透次数，然后与总的行数与列数进行比对求出密度，如图 5-42 所示。

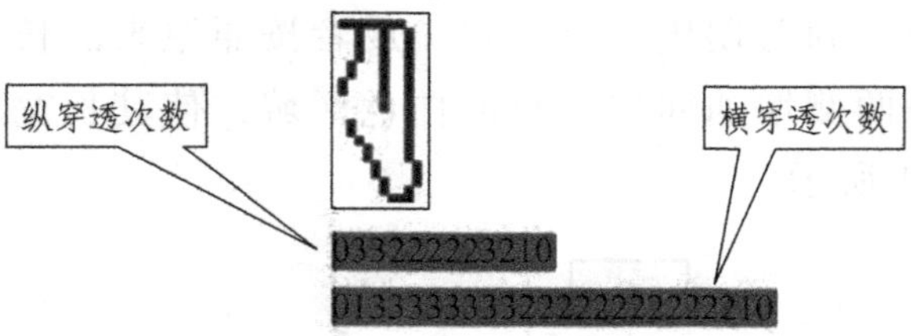

图 5-42 笔画密度

2. 外围轮廓笔画特征提取法

常用的方法很难满足多字体印刷识别的需求，研究发现，利用外围轮廓笔画特征提取法效果较好，该方法采用四个步骤进行：

（1）提取外围轮廓

轮廓提取的目的是获取图像的外部特征。二值图像的轮廓提取算法非常简单，就是掏空内部点，沿着外围轮廓上、右、下、左四个边（见图 5-43）的顺序进行搜索。搜索方式采用的是，首先确定各个方向上的起始点，如在方向 1 上，最左且最靠上的点为起始点，然后顺着搜索方向，沿着边缘点相反的方向进行扫描，直至遇到第一个黑像素点，保存黑像素点的坐标，最后形成轮廓点集合 $T\{1, \cdots, n\}$（n 为轮廓点个数），提出一个字的轮廓，如图 5-44 所示。

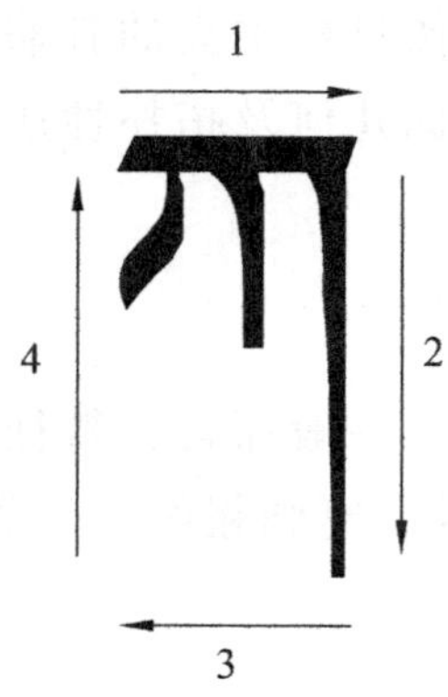

图 5-43 笔画特征的扫描顺序及方向

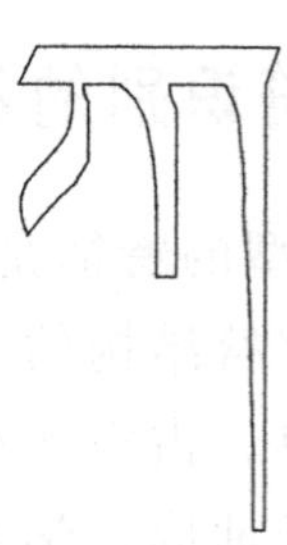

图 5-44 提取后的外围轮廓点

（2）确定轮廓点笔画走向

确定轮廓点笔画走向，首先把笔画方向进行编码，根据印刷体藏文字符的书写顺序，把藏文字符的外围笔画走向分为 8 个方向，分别编码为 1 ~ 8，如图 5-45 所示。

然后对轮廓点集合 T 内的点进行笔画跟踪。跟踪的方法是，在样本图片轮廓内，对轮廓点的 8 个方向进行扫描，获取各个方向上实际图片中相互连接的黑像素点的长度 L，得出 L_1 ~ L_8，如图 5-46 所示。

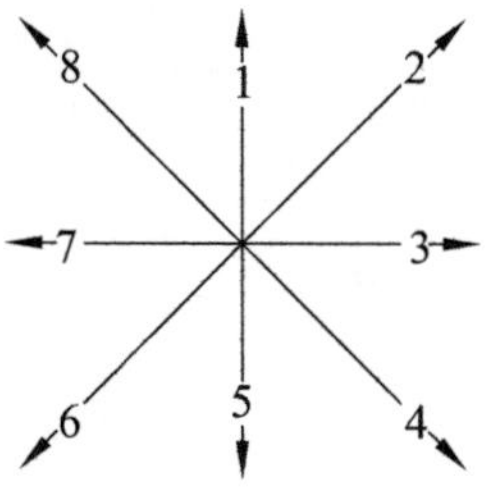

图 5-45 笔画走向

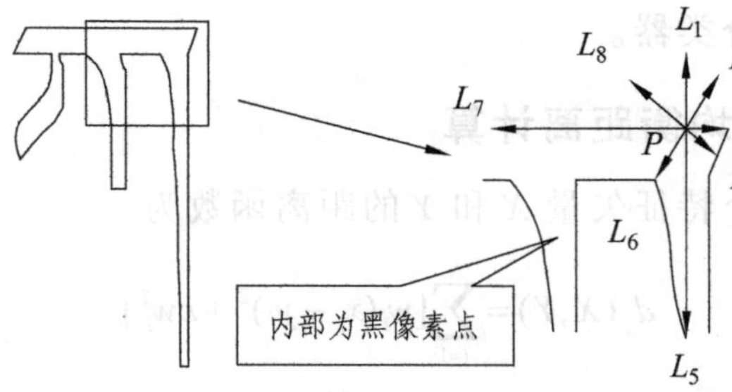

图 5-46 笔画跟踪

下面以图 5-46 所示的字符为例来说明轮廓点笔画的走向怎么确定。

图 5-46 中对轮廓点 P 进行跟踪得出 L_1，…，L_8，其中 L_1，L_2，L_8 为 0。获取 8 个方向的长度以后，对长度进行修正，首先将 8 个长度转变为 4 个长度：

$$L_1 = L_1 + L_5$$
$$L_2 = L_2 + L_6$$
$$L_3 = L_3 + L_7$$
$$L_4 = L_4 + L_8$$

然后对 4 个方向的长度进行修正，修正方法采用 Sobel 算子：

$$L_1 = L_2 + 2 \times L_1 + L_4$$
$$L_2 = L_1 + 2 \times L_2 + L_3$$
$$L_3 = L_2 + 2 \times L_3 + L_4$$
$$L_4 = L_3 + 2 \times L_4 + L_1$$

这样得出 L_1，L_2，L_3，L_4，其中 L_1 为最长的数据，即为笔画走向，其编码相对应为 1。

（3）确定方向编码串

方向编码串就是将符合同一边的轮廓点编码集合到一起，形成一个字符串，从而形成整体样本的编码串。

（4）修正编码串

整体样本的编码串形成之后会产生很多数据冗余，所以必须对编码串进行修正和精简，其方法是：

① 对零星数据进行清除。

相互连接且相同的字符出现个数大于阈值则字符保存，反之字符清除。例如，设定阈值为 2，编码中出现 1123333，其中“2”出现次数小于阈值，则去掉“2”。

② 对相同且相互连接的字符进行合并。

对相互连接且相同的字符，合并为一个字符，如编码中出现 113333，则合并为 13。

不同字体的藏文印刷体，同一个字的差别较大，但还是有很多共同点。采用“外围轮廓笔画特征提取法”可以提出不同字体的共同的特征，该共同的特征不依赖于某种字体，在多字体印刷体的识别中效果好，使用性强。

5.5.4 藏文字符识别的分类①

识别处理就是一个模式分类的过程。分类器算法可采用误差均衡距离、文字高度近似距离和贝叶斯分类器。

1. 误差均衡距离计算

定义两个特征矢量 X 和 Y 的距离函数为

$$d_j(X,Y)=\sum_{i=1}^{N}[w_i(x_i-y_i)^2+\varepsilon w_i^2]$$

式中

$$w_i=\frac{N}{(s_i+\alpha)\sum_{k=1}^{N}\frac{1}{s_i+\alpha}}$$

其中，$S=(s_1, s_2, \cdots, s_n)$ 是标准方差；ε 和 α 为两个常量。

序列中距离 $d_{\min}$ 最小的结果为最后识别出的结果字符，该算法用于细分类。

2. 文字高度近似距离

设定：

Z_{w}——标准库中宽度；

Z_{h}——标准库中高度；

C_{w}——归一化标准宽度；

C_{h}——归一化标准高度；

S_{w}——获取图像实际文字部分宽度；

S_{h}——获取图像实际文字部分高度。

满足条件 $Z_{\mathrm{h}}\times(C_{\mathrm{w}}\times S_{\mathrm{w}})/Z_{\mathrm{w}}\times 2/C_{\mathrm{h}}\geqslant S_{\mathrm{h}}\times 84\%$ 的，则进行下一步距离分类，该算法用于粗分类。

3. 贝叶斯分类器

设有 M 个分类器 e_1，e_2，…，e_M，每个分类器的识别速度为 $s_1, s_2, \cdots, s_M$。集成系统从各分类器的结果得到最终判决的综合速度为 c（速度的单位均为字符/秒），则全并行集成系统的识别速度为

$$s=\frac{1}{\sum_{i=1}^{M}\frac{1}{s_i}+\frac{1}{c}}$$

① 普次仁. 藏文文字识别技术研究[D]. 拉萨：西藏大学，2008.

采用基于置信度分析的加速算法：所有的输入样本均经过第一个分类器，若第一个分类器的识别置信度大于门限 c_{TH}，则把第一个分类器的结果直接输出；若识别置信度小于 c_{TH}（c_{TH} 的取值范围为 0～1），则把这个样本送到其他分类器识别，并按照前面介绍的方法进行综合判决。设从第一个分类器“直通”的样本比例为 α，则整个系统的平均识别速度为

$$s(c_{\mathrm{TH}})=\frac{1}{\dfrac{1}{s_1}+[1-\alpha(c_{\mathrm{TH}})]\left(\displaystyle\sum_{i=2}^{M}\frac{1}{s_i}+\frac{1}{c}\right)}$$

边界值　　$s(0)=s_1$

$$s(1)=s\left(s=\frac{1}{\displaystyle\sum_{i=1}^{M}\frac{1}{s_i}+\frac{1}{c}}\right)$$

这里的关键问题是门限的选取：如果选择得很小，那么很大一部分样本都从第一个分类器通过，而不经过其他分类器，整个系统的平均速度可以比较高。但是，由于一些置信度比较低的样本也“直通”了，使得原本可以由其他分类器改正的误识没有被纠正，从而使系统的识别率比全并行时下降较多；相反，如果选择得很大（接近 1），那么从第一个分类器“直通”的样本比例就会减少，整个系统的平均速度下降较多，同时识别率与全并行时很接近。这样，就存在一个在识别率和识别速度之间选取折中的问题。分类识别流程如图 5-47 所示。

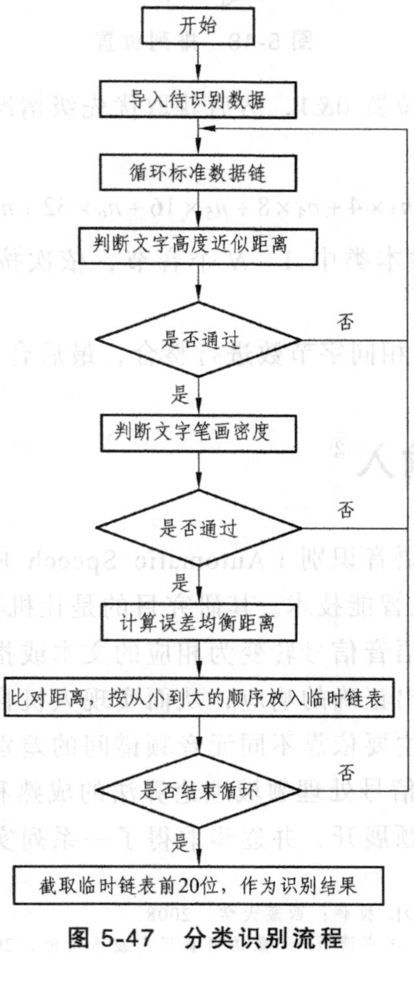

图 5-47　分类识别流程

5.5.5　藏文字符识别的后处理[①]

由于识别的结果可能存在错误，因此需要进行检查。利用词义、词频、藏文构词规则、语法规则或语料库等语言先验知识对识别结果进行校正，且根据拒绝识别的原因对未能识别的词作相应的处理后，进行第二次识别。对识别结果进行校正的关键是字典的设计。字典的设计如下：

① 首先按 41 个基字分类——J1 ~ 41：

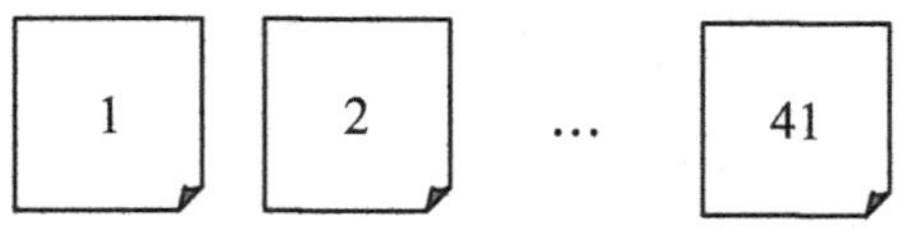

② 对每个 J 分类，进行字节数分类——Z1 ~ n：

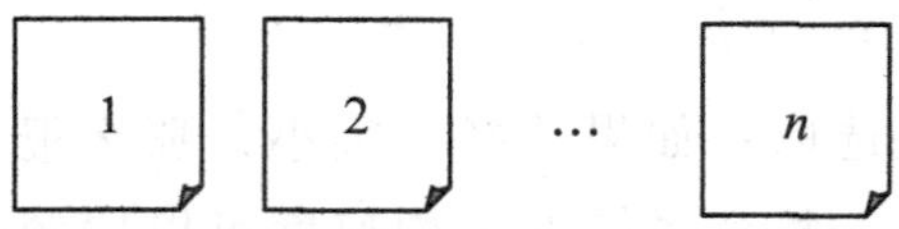

③ 对于 Z1 的分类进行一个音节内的字丁拆分，获取相应的位置，最后通过位置信息和 128 维的优先级信息，获取排列位置，如图 5-48 所示。

图 5-48　排列位置

其算法是：首先判断 7 个位置 0&1，然后获取优先级情况。优先级由 128 维矩阵获取，其公式为

$$Y = n_1 + n_2 \times 2 + n_3 \times 4 + n_4 \times 8 + n_5 \times 16 + n_6 \times 32 + n_7 \times 64$$

④ 对于 Z1 以上分类，对本类中 1 – N 个音节，依次按照 Z1 方法进行排列，采用相同函数。

⑤ 整合 J 分类中的顺序，相同字节数进行整合，最后合并全部字典词条。

5.6　藏语语音识别输入[②]

语音识别技术，又称自动语音识别（Automatic Speech Recognition，ASR），是从 20 世纪 50 年代才开始出现的计算机智能技术。其研究目的是让机器“听懂”人类的语言，即可以使机器通过识别和理解过程把语音信号转变为相应的文本或指令，或者针对人类的语音要求及询问，能够理解其意图并做出正确的响应，从而实现人机自然语言通信。这个时期对语音识别的研究还处于初始阶段，主要依靠不同元音频谱间的差别来对不同发音进行区分。直到 20 世纪六七十年代，随着数字信号处理领域理论算法的成熟和计算机产业的迅速发展，语音识别才作为一个重要的研究课题展开，并逐步取得了一系列实质性的进展。这个时期的研究

① 普次仁. 藏文文字识别技术研究[D]. 拉萨：西藏大学，2008.

② 欧珠. “973” 计划前期研究专项课题申请书——藏语语音识别技术研究，2008-12-11.

以孤立字语音识别为主，基于模版匹配原理，线性预测（Linear Prediction，LP）技术和动态时间规整（Dynamic Time Warping，DTW）算法被成功引入语音信号处理中，有效地解决了说话人语速不均匀造成时间伸缩变化的影响，掀起了语音识别研究的热潮。与此同时，非特定人语音识别的数据分析聚类方法等一系列重要的技术对之后的语音识别研究也产生了深远的影响。

进入 20 世纪 80 年代以后，语音识别的研究进一步深入，随着词汇量的逐渐增多，研究重点由孤立词的语音识别转为连接词的语音识别。各种连接词语音识别算法被开发出来，用于连接词识别的分层构筑技术（Level Building）得到发展。由于很难对自然的连续语音进行分割，语音单元间的协同发音现象十分普遍，因此，基于模板匹配结构的识别系统不再适用。这个时期语音识别研究的重点转为基于统计模型（Statistical Language Modeling，SLM）的识别技术，人们的研究从微观转向宏观，不再刻意追求细化语音特征，更多的是从整体平均（统计）的角度来建立最佳的语音识别系统，在统计模型的框架下寻找令模型参数最大化的词汇作为识别结果。隐马尔可夫（Hidden Markov Models，HMM）模型和人工神经网络（Artificial Neural Networks，ANN）被应用到语音识别领域，在语音识别中获得了极大的成功，开创了语音识别的新时代。

20 世纪 80 年代美国在语音识别方面进行的一些重大研究项目都采取以 HMM 为基本框架的统计途径，其中以 1988 年美国 CMU 大学用 VQ/HMM 方法实现的世界上第一个高性能、非特定人、大词汇量（997 词）连续语音识别系统 SPHINX 为代表。此外，AT&T 公司、Bell 实验室以 L.R.Rabiner 为首的科研集团在连接数字识别和语声响应（Voice Response）等方面的工作、IBM 公司以 F.Jelink 为首的研究组在语音打字机方面所做的工作（Tangora 系统）以及美国国防部的高级研究规划局（American Research Projects Agency，ARPA）重新制订的新五年计划——DARPA 都在很大程度上推动了语音识别技术的进步，其后，连续语音识别技术获得了长足的发展。

20 世纪 90 年代后，语音识别在细化模型设计、参数提取和优化以及系统的自适应等方面取得了一系列关键性的进展，使得语音识别技术进一步成熟。伴随着多媒体时代的来临，语音识别技术由实验室理论仿真逐步走向市场实用，进入了商品化开发阶段，其中以 IBM 的 ViaVoice 听写机，AT&T 的电话系统，剑桥大学的 HTK 系统、OGI 系统、DARGON 系统，Microsoft 的 Whisper 系统为代表。当今，基于 HMM 和 ANN 相结合的方法受到了广泛重视，而一些模式识别、机器学习方面的新技术也被应用到语音识别中，如支持矢量机（Support Vector Machine）技术和进化计算（Evolutionary Computation）技术等。

我国语音识别研究工作要比先进国家晚一些，但近年来发展很快，一直紧跟国际水平，研究工作也从实验室逐步走向实用。国家也很重视，并把大词汇量语音识别的研究列入“863”计划。现在我国语音识别技术的研究水平已经基本上与国外同步，并且在汉语语音识别技术上还有自己的特点和优势。其中，具有代表性的研究单位有清华大学、中科院自动化所、中科院声学所、北京航空航天大学、北京邮电大学、西部工业大学、哈尔滨工业大学、复旦大学等。

藏语语音识别目前还处于起步阶段，各方面相关技术的研究还属于空白。藏语由于自身的特殊性，在技术方案方面具有特殊的需求，因此藏语言语音识别具有很大的技术难度。

藏语发音机制方面，有完整的理论体系。藏语语音可以分为元音和辅音，气流在口腔或咽头受阻而形成的音叫辅音；气流震动声带，在口腔、咽头不受阻而形成的音叫元音。藏文将辅音字母和元音字母分开排列，称辅音字母为“父音”（ཕ་ཡིག），元音字母为“子音”（བུ་ཡིག）。藏文又是一种准确拼写语音的音素拼音文字。从声学角度看，语音中元音都带有乐音，辅音都带有噪音。

古代藏文从整体上把文字分属为阴性和阳性。对于辅音而言，将元音视为音势较弱属阴性，而辅音音势较强属阳性。元音是一种准周期信号，不同的元音由不同的口腔形状形成。由于口腔的开闭、舌头的高低前后、唇的平展圆敛等不同变化形成不同样的共鸣器，于是形成元音特有的音色，元音在藏语中起着至关重要的地位。藏语语音发音部位有 8 个：胸部（ཁོག་པ།）、喉部（མགྲིན་པ།）、上颚（ཀན།）、舌（ལྕེ།）、鼻腔（སྣ།）、脑腔（སྤྱི་བོ།）、齿（སོ།）、唇（མཆུ།），这 8 个部位产生的声音在时长、频率和频幅上都不相同。藏语自身的发音规则是藏语语音识别研究的基础。

5.6.1 藏语语音识别技术的原理

藏语语音识别技术的原理如图 5-49 所示。

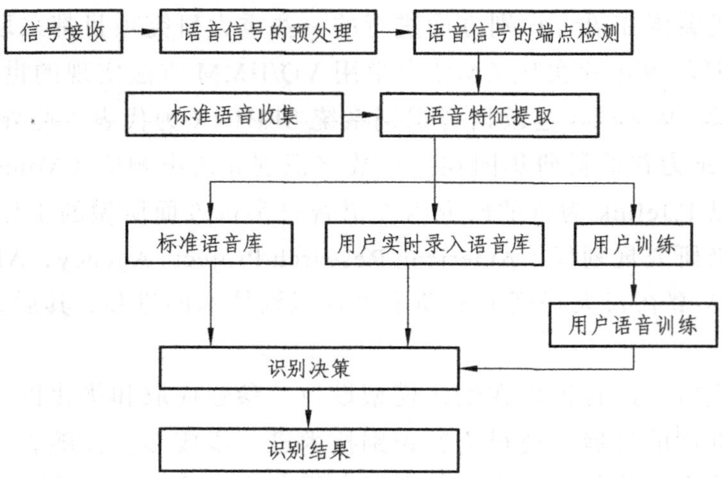

图 5-49 藏语语音识别技术的原理

5.6.2 藏语语音识别理论

1. 藏语语音信号的预处理

语音信号在处理成数字信号的过程中，会受到周围各种噪声的影响而使得语音产生变形。预处理的任务就是修正这种变形，尽可能地还原人的有效发音。预处理主要完成以下功能：

（1）语音增强

由于噪声种类众多，特性各不相同，因此，针对各类噪声的语音增强方法也不尽相同。如何在各种背景噪声中尽可能地提取出纯净语音是语音增强的根本目的。语音增强作为识别系统的前端预处理器，可有效提高系统输入信号的信噪比，可以采用基于信号子空间的藏语语音增强算法和卡尔曼滤波算法来实现。

基于信号子空间的藏语语音增强算法采用 KL 变换，带噪语音采用矢量的形式表示为

$s(k)=[s(1),\cdots,s(k)]$；$n(k)=[n(1),\cdots,n(k)]$；$x(k)=[x(1),\cdots,x(k)]$，其中，$s(k)$为纯净的藏语语音信号，$n(k)$为平稳加性噪声，$x(k)$为带噪声的语音。

输入带噪信号$x(k)$的协方差矩阵为$\boldsymbol{R}_x=\boldsymbol{E}\{xx^{\mathrm{T}}\}=\boldsymbol{R}_{\mathrm{s}}+\boldsymbol{R}_{\mathrm{n}}$。其中，$\boldsymbol{R}_{\mathrm{s}}$为纯净语音信号的协方差矩阵，$\boldsymbol{R}_{\mathrm{s}}$为噪声的协方差矩阵。$\boldsymbol{R}_{\mathrm{s}}$和$\boldsymbol{R}_{\mathrm{n}}$皆为对称矩阵，假设$\boldsymbol{R}_{\mathrm{s}}$和$\boldsymbol{R}_{\mathrm{n}}$为正定阵，则存在一非奇异矩阵$\boldsymbol{V}$满足：

$$\boldsymbol{V}^{\mathrm{T}}\boldsymbol{R}_{\mathrm{s}}\boldsymbol{V}=\boldsymbol{\Lambda}_{\mathrm{s}}$$

$$\boldsymbol{V}^{\mathrm{T}}\boldsymbol{R}_{\mathrm{n}}\boldsymbol{V}=\boldsymbol{I}$$

其中，$\boldsymbol{I}$为$k\times k$矩阵，$\boldsymbol{\Lambda}_{\mathrm{s}}$和$\boldsymbol{V}$为$\sum=\boldsymbol{R}_{\mathrm{n}}^{-1}\boldsymbol{R}_{\mathrm{s}}$的特征值矩阵和与之对应的特征向量矩阵，即

$$\sum\boldsymbol{V}=\boldsymbol{V}\boldsymbol{\Lambda}_{\mathrm{s}}$$

$$\sum=\boldsymbol{R}_{\mathrm{n}}^{-1}\boldsymbol{R}_{\mathrm{s}}=\boldsymbol{R}_{\mathrm{n}}^{-1}(\boldsymbol{R}_x-\boldsymbol{R}_{\mathrm{n}})=\boldsymbol{R}_{\mathrm{n}}^{-1}\boldsymbol{R}_x-\boldsymbol{I}$$

则纯净语音信号的估计为

$$\hat{s}=\boldsymbol{V}^{-\mathrm{T}}\boldsymbol{G}\boldsymbol{V}^{\mathrm{T}}x$$

式中，$\boldsymbol{G}=\boldsymbol{\Lambda}_{\mathrm{s}}(\boldsymbol{\Lambda}_{\mathrm{s}}+\mu\boldsymbol{I})^{-1}$，$\mu$为拉格朗日算子。

卡尔曼滤波算法将滤波与预测的混合问题转化为纯滤波和纯预测两个独立的问题。对于被白噪声干扰的语音信号可以写成状态方程的形式为

$$s(k)=\boldsymbol{A}_{\mathrm{s}}s(k-1)+\boldsymbol{G}_{\mathrm{s}}g_{\mathrm{s}}u(k)$$

$$x(k)=\boldsymbol{H}_{\mathrm{s}}s(k)+n(k)$$

$$s(k)=[s(k-p+1),\cdots,s(k)]^{\mathrm{T}}$$

$$\boldsymbol{A}_{\mathrm{s}}=\begin{bmatrix}0 & 1 & \cdots & 0\\ \vdots & \vdots & & \vdots\\ 0 & 0 & \cdots & 1\\ a_p & a_{p-1} & \cdots & a_1\end{bmatrix}_{p\times p}$$

其中，$\boldsymbol{A}_{\mathrm{s}}$为$p\times p$的转移矩阵，$\boldsymbol{G}_{\mathrm{s}}=[0,0,\cdots,1]^{\mathrm{T}}$为$p\times 1$维输入矩阵，$\boldsymbol{H}_{\mathrm{s}}=[0,0,\cdots,1]$为$1\times p$维观测矩阵。对于噪声$n(k)$，假设与$s(k)$互不相关，即

$$E\{n(k)\}=0,E\{n(k)n(l)\}=\sigma_{\mathrm{n}}^2\delta_{kl}$$

$$E\{u(k)n(k)\}=0$$

卡尔曼滤波公式如下：

$$\hat{s}(k)=\boldsymbol{A}_{\mathrm{s}}\hat{s}(k-1)+\boldsymbol{K}(k)[x(k)-\boldsymbol{H}_{\mathrm{s}}\boldsymbol{A}_{\mathrm{s}}\hat{s}(k-1)]$$

$$\boldsymbol{K}(k)=\boldsymbol{P}(k\,|\,k-1)\boldsymbol{H}_{\mathrm{s}}^{\mathrm{T}}[\sigma_{\mathrm{n}}^2+\boldsymbol{H}_{\mathrm{s}}\boldsymbol{P}(k\,|\,k-1)\boldsymbol{H}_{\mathrm{s}}^{\mathrm{T}}]^{-1}$$

$$\boldsymbol{P}(k\,|\,k-1)=\boldsymbol{A}_{\mathrm{s}}\boldsymbol{P}(k-1)\boldsymbol{A}_{\mathrm{s}}^{\mathrm{T}}+g_{\mathrm{s}}^2\boldsymbol{G}_{\mathrm{s}}\boldsymbol{G}_{\mathrm{s}}^{\mathrm{T}}$$

$$\boldsymbol{P}(k)=[\boldsymbol{I}-\boldsymbol{K}(k)\boldsymbol{H}_{\mathrm{s}}]\boldsymbol{P}(k\,|\,k-1)$$

其中，$\boldsymbol{K}(k),\boldsymbol{P}(k),\boldsymbol{P}(k\,|\,k-1)$分别为第$k$步的最佳增益矩阵、估计误差协方差矩阵及预测误差的协方差矩阵。因此，经卡尔曼滤波后的语音增强信号为

$$\hat{s}(k)=\boldsymbol{H}_{\mathrm{s}}\hat{s}(k)$$

在进行卡尔曼滤波之前首先要作参数估计，参数估计的精度直接影响语音增强的效果。对于这类模型的参数估计有多种方法，如 EM 方法、列文森法、伯格法和极大似然法等。语音信号是一非平稳随机过程，只有在很短的一段时间内才可将该信号视为平稳随机过程而应用上述参数估计方法，即语音信号处理是在短时帧间（一般取 20 ms）进行的。另外，如果采用语音活动性检测技术，在纯净语音静默期间对噪声进行建模和参数估计，都需要所采用的参数估计方法是递推的且具有快速收敛性和较高的估计精度。

（2）基于小波变换的基音检测

藏语的浊音有一定的周期性，这个周期称为基音周期。由于人的声道易变形，而且声道特征因人而异，而基音周期的范围又很宽，加上同一个人在不同情态下发音的基音周期也不同，导致基音检测难度加大，故基音检测一直是一个重要的研究课题。传统的基音检测算法可分为波形处理、相关性函数处理和语音谱处理，并以平均幅度差函数法（AMDF）、自相关函数（AFC）法和倒谱法为典型代表。实际应用中发现，上述传统算法存在以下缺点：计算复杂度高，并且藏语语音相似度相对较大，浊音表现比较平滑，声音背景噪声环境中基音检测精度明显下降等。

人发声时，在每一次声门闭合瞬间（Glottal Closure Instant，GCI）声门脉冲都产生一个极大值，声道受到强烈刺激会在语音信号中产生一个锐变，使语音信号具有奇异性。此时，声襞呈准周期性振动，从而产生浊音的激励，准确地检测声门闭合瞬间是提取基音信息的关键。小波变换对信号的奇异性具有良好的时频定位特性，因此，在实际算法中对 GCI 进行定位，根据小波分解所得子信号系数的局部极大值对应奇异点这个性质检测出基音周期，从而可以在很大程度上降低基音估计的复杂度，提高基音估计精度。

由于小波变换具有对信号的自适应性及以下两个主要特点：

① 线性时移不变性；

② 信号不连续性在小波变换不同分辨率下的传递性。

若信号或其导数在某处不连续，或有尖锐变化，那么其小波分解所得的子信号的绝对值在此处也会出现局部极大值。因此，可以利用小波模极大在细尺度下收敛的横坐标点来检测信号的奇异性，也可以很好地判断出基音的位置。

2. 藏语语音信号端点的检测

端点检测是指从背景噪声中找出语音的开始点和终止点，是语音处理领域的基本问题，特别是在孤立词语音识别中，找出每个单字的语音信号范围是很重要的。确定语音信号的开始和终止可以减少系统的大量计算，使系统运行效率得到很大的提高。可以使用 LPC 美尔倒谱特征端点检测方法来检测藏语语音的端点。

在众多的参数中，倒谱特征所含的信息比其他参数多，能较好地表征语音信号，语音质量好，识别正确率高，所以选用倒谱系数作为特征参数具有一定的优势。LPC 倒谱特征取合适的阶数可较好地表征声道特性，但它是按实际频率尺度的倒谱系数，所以可根据人耳听觉特性将 LPC 倒谱系数进一步按符合人听觉特性的美尔（MEL）尺度进行非线性变换，从而求出 LPC 美尔倒谱系数（LPCCMCC）。在语音信号的线性预测模型中，声道的传递函数为

$$H(z)=\frac{1}{1-\sum_{i=1}^{p}a_i\cdot z^{-1}}$$

式中，p 为线性预测阶数，$a_i(i=1,2,\cdots,p)$ 为 p 阶线性预测系数。对 $H(z)$ 两边取对数，再对 z^{-1} 作傅里叶级数展开，得

$$\ln H(z)=C(z)=\sum_{n=1}^{\infty}C_{\mathrm{LP}}(n)\cdot z^{-n}$$

式中，$C_{\mathrm{LP}}(n)$ 称为语音信号的 LPC 倒谱系数，其与线性预测系数 $a_i(i=1,2,\cdots,p)$ 的关系为

$$\begin{cases}C_{\mathrm{LP}}(n)=a_1\\ C_{\mathrm{LP}}(n)=\sum_{k=1}^{n-1}\frac{k}{n}\cdot a_{n-k}\cdot C_{\mathrm{LP}}(k)+a_n & (1<n\leqslant p)\\ C_{\mathrm{LP}}(n)=\sum_{k=1}^{n-1}\frac{k}{n}\cdot a_{n-k}\cdot C_{\mathrm{LP}}(k) & (n>p)\end{cases}$$

式中，p 为 LPC 阶数，一般 $p=8\sim12$ 时，能较好地表征声道特性；n 为 LPCC 阶数。LPC 倒谱系数是由语音信号的全极点模型导出的，其值与语音信号的共振峰位置有关，是说话人识别中基本的语音特征之一。将 LPC 倒谱系数按符合人耳听觉特性的美尔（Mel）尺度进行非线性变换，从而求出 LPC 美尔倒谱系数：

$$\begin{cases}MC_0(n)=c_n+a\cdot MC_0(n+1)\\ MC_1(n)=(1-a^2)\cdot MC_0(n+1)+a\cdot MC_1(n+1)\\ MC_k(n)=MC_{k-1}(n+1)+a[MC_k(n+1)-MC_{k-1}(n)]\end{cases}$$

式中，C_n 为倒谱系数；MC_k 为美尔倒谱系数；n 为迭代次数；k 为倒谱阶数，一般 $n=k$。迭代时 n 从最大递减至 0。

将倒谱距离作为门限，判断语音起止点。其判断步骤与基于能量的端点检测类似。首先进行噪声的估计。假定前几帧信号为背景噪声，计算这些帧的倒谱系数矢量，利用前几帧倒谱矢量的平均值可估计背景噪声的倒谱矢量初值，更新噪声初值为

$$N=N\times p+(1-p)\times A$$

式中，N 为噪声平均倒谱矢量；A 为当前帧信号倒谱矢量；p 为调节参数。然后，每当检测到可能语音终点帧或某帧倒谱距离接近最小门限时，视当前前后几帧为可能噪声，重新计算噪声平均倒谱矢量更新噪声倒谱，这样可使噪声估计具有一定的自适应性。若不满足此条件，选择适当的门限继续更新噪声。最后，计算所有测试帧与背景噪声之间的美尔倒谱距离可得距离轨迹，利用此距离轨迹便可检测语音端点。

3. 藏语语音特征提取

语音信号变为电信号以后会形成如图 5-50 所示的一个三维数据模型。

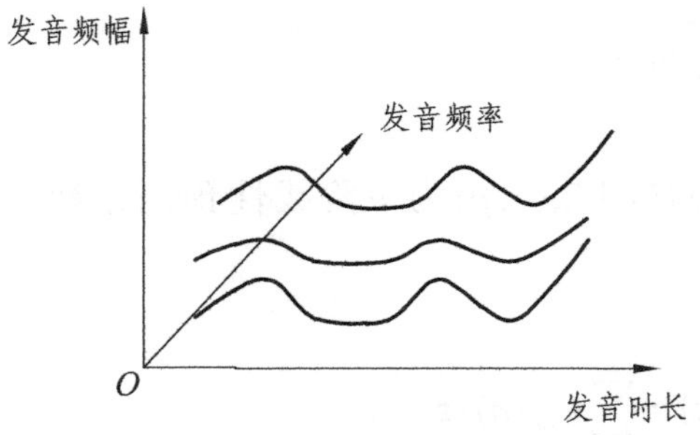

图 5-50 三维数据模型

模型中包含发音时长（X 轴）、发音频幅（Z 轴）、发音频率（Y 轴），通过这个三维数据空间可以清楚描述藏文中发音较重且带有噪声的辅音，同时还能保存重要信息，即元音；通过发音频率可以清晰地记录藏文中比较容易混淆的发音部分；发音时长可以进行连续词组发音的保存。

三维数据模型的建立会增加运算量和存储空间，为此，在特征提取过程中需要进行降维处理，通过参考和分析，符合藏语语音识别系统特征提取的特征参数为 Mel 倒谱系数（MFCC）。

MFCC 是基于人的听觉机理，通过模拟人的听觉系统导出的声学特征。根据生理学研究结果，人耳具有一些特殊功能，这些功能使得人耳在嘈杂的环境中，以及各种变异情况下仍能正常地分辨出各种语音，耳蜗起了关键性的作用，它实质上充当了一个滤波器组。耳蜗的滤波器作用是在对数频率刻度上进行的，在 1 kHz 以下为线性刻度，在 1 kHz 以上为对数刻度，这就使得人耳对低频信号比对高频信号更敏感。低音掩蔽高音容易，而高音掩蔽低音困难，在低频处的声音掩蔽的临界带宽较高频端要小，当两个频率相近的音调同时发出时，人只能听到一个音调，临界带宽就是这样一种令人主观感觉发生突变的带宽边界，当两个音调的频率差小于临界带宽时，人就会把两个音调听成一个，Mel 刻度是对这一临界带宽的度量方法之一。Mel 频率与频率之间的转换公式为

$$f = 2\ 595 \times \lg(1 + f / 700)$$

MFCC 参数也是按帧计算的。首先要通过 FFT 得到该帧信号的功率谱 $s(n)$，然后转换为 Mel 频率下的功率谱。这需要在计算之前先在语音的频谱范围内设置若干个带通滤波器，通常设定为 24 个，其传递函数为

$$H_m(k) = \begin{cases} 0 & k < f(m-1) \\ \dfrac{k - f(m-1)}{f(m) - f(m-1)} & f(m-1) \leqslant k \leqslant f(m) \\ \dfrac{f(m+1) - k}{f(m+1) - f(m)} & f(m) < k \leqslant f(m+1) \\ 0 & k > f(m+1) \end{cases}$$

式中，$f(m)$为中心频率，滤波器在频率上为简单的三角形。在线性频率上，当 m 较小时，相邻的 $f(m)$间隔很小，随着 m 的逐渐增加，相邻的 $f(m)$间隔逐渐拉开。此外，在频率较低的

区域，$f(m)$和f之间有一段是线性的，带通滤波器的参数事先计算好，在计算 MFCC 参数时直接使用。

标准的 MFCC 参数只反映了语音参数的静态特性，而人耳对语音的动态特征更为敏感。为了获得反映语音动态变化的参数，可以用差分倒谱参数来描述这种动态特性。差分参数的计算采用下面的公式：

$$d(n)=\frac{1}{\sqrt{\sum_{i=-k}^{k} i^2}}\sum_{i=-k}^{k} i\cdot c(n+i)$$

式中，c 和 d 都表示一帧语音参数；k 为常数。差分参数就是当前帧的前 k 帧和后 k 帧参数的线性组合。由此式计算得到的差分参数是一阶 MFCC 差分参数。用同样的公式对一阶差分参数再进行差分计算，可以得到二阶 MFCC 差分参数。

4. 藏语语音库的建立

语音库是建立在特征提取算法之上的，特征提取算法提取出符合藏文字或词的一组矢量数据，并将矢量数据进行降维，形成线性数据链 T，以加快运算速度为目的。语音库就是将大词汇量的藏文字或词，提取出全部的 T_i（i 为大词汇量内单位的个数）。并通过数据库设计，形成能够快速存储、查找、修改……的数据库系统。一般需要建立 3 个语音库。

（1）标准语音库

标准语音库是采集多人（通常 30 ~ 40 人）的语音样本，通过比对每次生成的矢量数据，提取出其中多人相互拥有且最基础的数据部分，保存为标准样本。样本包括全部大词汇量藏文字词的语音数据，其样本格式与特征提取算法得出的线性数据格式相同。

（2）用户语音训练库

该库并不保存用户的所有声音样本，而是保存用户语音相对标准语音库的特有信息。在用户使用系统之前，按照规定的语音样本进行朗读，获取该用户特有数据信息，比如用户鼻音产生的相对于标准语音库内同一个样本的数据差等。获取用户特有信息以后，总结用户所有归纳的样本中的共性特征信息进行保存，用户在以后的使用中，将特有信息与标准库信息进行组合，这样会提高用户语音输入的识别率。

训练样本的设计，主要是针对发音比较相同，且能够代表用户语音特点的藏文字词的语音，这个需要在制作标准语音库的过程中不断实验和总结。

（3）用户实时录入库

该库是用户录入语音过程中临时产生的库，该库同样建立在特征提取算法上，提出的数据与标准语音库内数据格式相同。用户实时录入库保存的单位为字或词组语音，每次识别之后，库自动清空等待接收下一次录入。

5. 识别决策

识别决策采用距离分类器方法，常用的一些距离测度有欧氏距离、加权距离、城市块距离等。藏文语音识别的决策可以采用一种加权误差均衡距离，定义两个特征矢量 X,Y 的距离函数为

$$f_i(X,Y)=\sum_{i=1}^{n}[w_i(x_i-y_i)^2+\varepsilon w_i^2]$$

$$w_i=\frac{n}{(\sigma_i+a)\sum_{i=1}^{n}\frac{1}{\sigma_i+a}}$$

式中，σ是方差，ε取 10，a取 8。序列中距离 f 最小的结果为最后识别出的结果语音。

本章在引用藏文字符键盘编码理论的基础上，讨论了不同系统下藏文字符的键盘输入技术；也讨论了藏语语音识别和藏文字形识别输入的理论和技术。

第 6 章

藏文字形设计技术

1996 年举行的“全国藏文印刷字体审定会”上审定了 22 种藏文印刷字体[①]，还有很多不同地区、不同时代、不同风格的藏文字体，其中朱匝体、白徂体、徂玛酋体、徂同体、徂仁体以及不同风格的乌金体都具有很高的艺术价值和使用价值。本章从研制藏文计算机字库的角度来看藏文字符字形设计技术。

6.1 藏文点阵字库的设计

6.1.1 什么是点阵字型

字形描述技术有点阵字型描述技术、轮廓矢量字形描述技术、曲线轮廓字形描述技术和其他一些字形描述技术。

各种字符在电脑屏幕上都是以一些点来表示的，又叫点阵。最早的字库就是直接把这些点存储起来，即点阵字库。在计算机中，ASCII 字符一般采用 5×7 或 7×9 的点阵来表示，常见的汉字点阵有 16×16、24×24 等。

点阵表示法是描述字库最基本的方法。点阵字体是把每一个字符分成行列一定的点阵，然后用每个点的虚实来表示字符的轮廓。点阵字体也叫位图字体，其中每个字形都以一组二维像素信息表示。

点阵字体的优点是显示速度快，不像矢量字体需要计算。较早的电脑系统普遍采用点阵字体。由于位图的缘故，点阵字体很难进行缩放，特定的点阵字体只能清晰地显示在相应的字号下，缩放字形会失真，产生马赛克式的锯齿边缘，但对于尺寸较小的点阵字体现在仍然被使用于荧幕显示上，也能提供较好的显示效果。

矢量字形描述就是把每个字符的笔画分解成各种直线和曲线，然后记下这些直线和曲线的参数，在显示的时候，再根据具体的尺寸大小画出这些线条。它的优点就是可以随意放大缩小而不失真，而且所需存储量和字符大小无关。矢量字库有很多种，区别在于描述字形线条的数学模型不同。常见的矢量字库有 Type1 字库、Truetype 字库等。

随着硬件技术的发展，个人计算机、手持设备、智能手机等都使用了矢量字库，但一些嵌入式设备中仍然需要使用点阵字库，所以在此讨论藏文点阵字库的设计方法。

---

① 人民网. 西藏藏语文的学习、使用和发展[EB/OL]. http://www. people. com. cn/GB/paper464/1148/172306. html. 2002-08-25.

6.1.2 藏文点阵字型的设计

1. 点阵字型的描述方式

点阵字型是怎样描述字符的呢？以 16×16 点阵为例来说，16×16 点阵每一行有 16 个点，总共有 16 行。由于一个点使用一个比特来表示，如果这个比特的值为 1，则表示这个位置有点；如果这个比特的值为 0，则表示这个位置没有点，那么一行也就需要 16 个比特，而 8 个比特就是一个字节，也就是说这个点阵中，一行的数据需要两个字节来存放，第一行的前八个点的数据存放在点阵数据的第一个字节里面，第一行的后八个点的数据存放在点阵数据的第二个字节里面，第二行的前八个点的数据存放在点阵数据的第三个字节里面……依此类推。

当然也存在着不规则的点阵。这里说的不规则指的是点阵的宽度不是 8 的倍数。比如，12×12 的点阵，点阵数据又是如何存放的呢？其实很简单，每一行的前面 8 个点存放在一个字节里面，每一行剩下的 4 点就使用一个字节来存放，也就是说剩下的 4 个点将占用一个字节的高 4 位，而这个字节的低 4 位没有使用，全部都默认为零。这样当然显得有点浪费，不过便于存放和寻址。对于其他不规则的点阵，也是按照这个原则进行处理的。因此一个 $m\times n$ 的点阵所占用的字节数为 $(m+7)/8\times n$。

2. 点阵的排列顺序

字符的点阵主要是供输出设备输出字形时使用的。由于输出设备本身的特性和输出的要求不同，所以对于字符点阵的排列顺序也有着不同的要求。目前，有两种字符点阵：一种是横向点阵，另一种是纵向点阵。

横向点阵是指每个点阵数字代码均描述字符横向点的情况。这种点阵的数字代码顺序是从左到右、自上而下扫描点阵各状态而形成的，一般适用于显示器。

纵向点阵是指每个点阵数字代码均描述字符纵向点的情况。这种点阵的数字代码顺序是从上到下、自左至右扫描点阵各点状态而形成的，一般适用于打印机。

字符的横向点阵和字符的纵向点阵之间是可以相互转换的，其转换方法并不复杂。

3. 藏文点阵字库的设计

藏文乌金体是一个宽高比例为 1∶2 的等宽字体，用点阵可以很好地描述，而很多藏文乌梅体既不是等宽的，还有很多连笔、跨行等现象，很难用点阵字库来描述。下面以设计一个 8×16 藏文乌金点阵字型来说明藏文点阵字库的设计方法。

（1）藏文点阵图形的获取

点阵字库工具中绘制每个藏文字符的点阵图形，如图 6-1 所示。有些点阵字库工具具有将矢量字形转换为点阵字型的功能，通过该功能可以批量产生点阵字型。

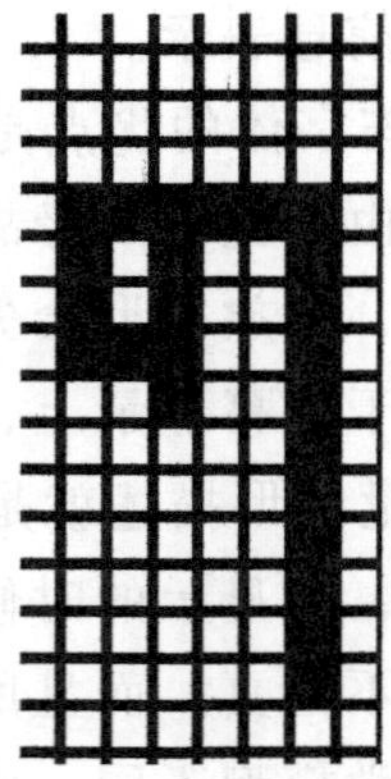

图 6-1 一个 8×16 藏文乌金点阵字型示例

（2）藏文点阵字型码的获取

获得藏文点阵字型后，可以通过点阵字型工具获得每个字形的字形码，字形码是十六进制表示的一串数字。上例中字符的字形码是：{0x00，0x00，0x00，0x00，0x7E，0x52，0x52，0x72，0x12，0x02，0x02，0x02，0x02，0x02，0x02，0x00}。

所有藏文字形码放在一起形成的文件就是一个藏文点阵字库。

6.1.3 点阵字库的使用

要使用点阵字库，首先打开字库文件；其次计算出要使用的字符在字库文件中的位置，该位置叫作偏移量，计算查找一个字符位置的过程叫作寻址；再将这个偏移地址的数据读入缓冲区中；最后显示这个缓冲区，为 1 者打印或显示，为 0 者留空。点阵字库的使用主要是字库的寻址。

1. ASCII 码点阵字库的寻址

通过 ASCII 码字库文件在终端上显示或打印 ASCII 字符。以 8×16 ASCII 字符来说，字库里的字符排序是符合 ASCII 码顺序的，而每个字符占 16 字节，因此，将要打印或显示的字符与 16 相乘，便得到这个字符在字库中的位置，该位置之后的 16 个字节的数据就是这个字符的字形码。比如大写字母“A”的十六进制 ASCCI 码是 0x41，它与 0x10（十进制的 16）相乘，得到 0x410，该位置之后的 16 个字节就是字母“A”的字形码数据，将该十六进制数据按二进制输出，一个字节一行，共占 16 行，其输出结果就是字母“A”的字形。

2. 汉字点阵字库的寻址

（1）区位码汉字字库的寻址

对区位码表示的汉字来说，汉字使用的是扩展 ASCII 码，并且使用两个扩展 ASCII 码来表示一个汉字，也就是最高位是 1 的 ASCII 码。简单地说就是码值大于等于 128 的 ASCII 码。一个汉字由两个扩展 ASCII 码组成，第一个扩展 ASCII 码用来存放区码，第二个扩展 ASCII 码用来存放位码。在 GB 2312—80 标准中，将所有的汉字分为 94 个区，每个区有 94 个位，每一个位能存放 1 个汉字，总共存放 $94\times94=8\ 836$ 个汉字。在点阵字库中，汉字点阵数据就是按照这个区位的顺序来存放的，也就是说最先存放的是第一个区的汉字点阵数据，在每一个区中是按照位的顺序来存放的。汉字区位码是存放在两个扩展 ASCII 码中，并且将区码和位码都加上了 32，具体来说就是：

第一个扩展 ASCII 码 = 128 + 32 + 汉字区码；

第二个扩展 ASCII 码 = 128 + 32 + 汉字位码。

按照以上的区位码与字库文件的关系可以进行寻址，寻址公式如下：

汉字点阵数据在字库文件中的偏移=[（区码 − 1）×94 + 位码]× 一个点阵字模占用的字节数。

（2）Unicode 汉字字库的寻址

Unicode 点阵字库包含两部分信息。首先是点阵字库文件头信息，它包含点阵字库文字的字号、多少位表示一个像素、英文字母与符号的 Size、起始和结束字符的 Unicode 编码、在文件中的起始偏移，汉字的 Size、起始和结束字符的 Unicode 编码、在文件中的起始偏移。然后是点阵数据，即一段段二进制串，每一串表示一个字母、符号或汉字的点阵信息。

点阵字库的使用首先需要将文件头信息读取出来，然后根据 Unicode 编码判断区间，然后用 Unicode 编码减去此区间的起始 Unicode 编码，算出相对偏移，并加上此区间的文件起始偏移得到文件的绝对偏移，然后读出相应位数的数据，最后通过扫描这段二进制串，得到相应的点阵字型数据。

3. 藏文点阵字库的寻址

按照点阵字库描述字的机制，藏文点阵字库中只有把纵向叠加作为整体设计在点阵字库中，如果藏文编码用《信息技术　藏文编码字符集　扩充集 A》、《信息技术　藏文编码字符集　扩充集 B》则可以用类似于以上 ASCII 码或 Unicode 汉文编码的寻址方法来进行寻址，因为编码与字库中的字形的位置是一一对应的，但如果藏文编码用《信息技术　藏文编码字符集　基本集》的 Unicode 藏文编码，则藏文编码与字库中字形的位置是多对一的关系，只有建立一个多对一的映射关系，查询该映射关系才能得到该字形的字形码。上例中的藏文字符就应该有如下的一个映射关系：0x0F42：{0x00，0x00，0x00，0x00，0x7E，0x52，0x52，0x72，0x12，0x02，0x02，0x02，0x02，0x02，0x02，0x00}。

通过查询 0x0F42 获得该字符的字形码，使用该字形时将十六进制转换为二进制，该字形是 8×16 点阵，所以按每行 8 位，总共 16 行排布，其结果如图 6-2 所示。

```
00000000        00000000
00000000        00000000
00000000        00000000
00000000        00000000
01111110        01111110
01010010        01010010
01010010        01010010
01110010        01110010
00010010        00010010
00000010        00000010
00000010        00000010
00000010        00000010
00000010        00000010
00000010        00000010
00000010        00000010
00000000        00000000
```

图 6-2　一个藏文字符的点阵字型

藏文点阵字库的研究和制定方面，2003 年起根据国家标准化管理委员会下达的标准制订计划，以及信息产业部电子发展基金“藏文信息技术标准与产品”项目的要求，我国完成了 GB/T 22323—2008《信息技术　藏文编码字符集（基本集及扩充集 A）24×48 点阵字型　吾坚琼体》的研制和发布，同时也完成了《信息技术　藏文编码字符集（扩充集 B）24×48 点阵字型　吾坚琼体》、《信息技术　藏文编码字符集 24×48 点阵字型　朱匝体》、《信息技术　藏文编码字符集　24×48 点阵字型　白徂体》国家标准的研制工作。

6.2　藏文矢量字形设计过程

藏文矢量字形的设计过程一般如下：

1. 字稿书写

到目前为止，绝大部分的计算机字库都源自于设计字稿。所谓字稿，是指由专业字体设计师依自行创意的字体风格、笔形特点和结构特点，书写或描绘的清晰、光滑、视觉效果良好的字形设计稿。全部字稿必须采用统一的风格及笔形规范进行处理，达到计算机字库的制作要求。

2. 扫　描

字稿是写在纸上的，需要进行扫描输入计算机内。扫描不需要太高级的设备，普通平板 Scanner 就可以了。这是一项很细致的工作，要求套框取字一丝不差，而且要根据不同尺寸和清晰度的字稿灵活地调整扫描分辨率和其他相关参数，以达到不失真地反映出原字稿的全貌。经过计算后，把字稿扫描成高精度点阵字型。

3. 数字化拟合

利用专门的程序进行纯粹的数学计算，即根据字体的不同风格，按照一定的数学算法，自动地将扫描后的点阵图形抽成尽可能接近原稿的数字化信息（曲线轮廓）。通过参数控制可以调整轮廓点、线、角度和位置，这在字形复杂、风格差异大的字体制作中显得非常重要，如果调整得很准确，就可以大幅度提高修字工作的效率。

4. 修　字

尽管采用计算机来拟合的效率很高，但就像计算机无法取代所有人脑的工作一样，它只能完成最初步的工作；而且无论是字的质量还是结构，特别是原字稿中所内含的鲜明的、人格化的韵味都是无法表现出来的，只有靠人工修字才能做到。

修字是一项工作量十分繁重的工作，造字工具起着很大的作用。造字工具不仅需要具备方便地实现字形的修边、平移、复制、缩放、翻转、增删笔画等基本功能，还需要根据字形制作的特点，要有背景参考、实时显示结果、局部笔画调整、笔画参数控制以及多种参考点、参考线的特殊控制等，还需要实时加入提示信息（HINT）。这些功能不仅可以提高做字的效率，更是质量的保证。另外，强大的拼字、补字功能，可以有效地索引到每一个已做好的字，用以造出与字稿风格特点完全一致的字。

5. 质　检

修完的字还要经过严格的质量检验，一个字、一个字地查，甚至一个点、一个点地看。因为一个字要做得好，除了字形轮廓光滑、结构合理以外，还有一整套的技术规范，比如在曲线的最远端需加一个极值点，每一个笔画要以最少的点进行描述，尽可能地减少存储信息，提高还原速度等。

所以每个字体文件要经过专门的质检流程，发现问题及时修改。一般每个文件（几千个字）都要修改两到三遍，多的要五六遍甚至七八遍，有些字体还需要专门请有关专家审核。此外，为了检验输出效果，每一套字都要印出大量的、各种版式的样张，从几百磅的大字到 6 号、7 号小字，从 400DPI 的激光印字机到 2 000 多 DPI 的激光照排。

6. 整合成库

完成所有字稿上的字以及相应的补字之后，要由专门人员负责装库，配上相应的符号及数字、外文等，然后根据需要，组织、转换成不同编码、不同格式（TrueType，PostScript，OpenType）的字库。

7. 测　试

任何高质量的产品不经过检测是不会下生产线的。每一个字库产品的发行都要经过测试部门的严格检测，这部分的工作由经验丰富、熟悉业务的人员担任。测试包括字形、质量、编码、安装、使用、显示、输出，以及产品的完整性、适用性、合理性、兼容性、连续性等各个方面。

8. 商品化

字库完成了，最后要进行商品化的包装。

6.3 藏文矢量字形的处理①

研制藏文字库时，首先需要得到字库中每个字的字形，再把每个字形导入字库设计软件中进行设计，接着设计 OpenType 布局表，最后进行测试和修改。获取字形是设计字库的第一步，也是最关键的一步。它决定了字库中字形的优劣，也是消除字形锯齿关键的一步。藏文字形可以按照以下步骤进行处理。

1. 藏文字稿的获取

书写藏文字稿时，不仅要求字稿必须采用统一的风格及笔形规范进行，以达到制作计算机字库设计的要求，而且保留每种字体自己的风格。书写时仍然用传统的书写格子来控制字形的大小和各部分的比例，不能用一种字体的格子来限制不同风格的字形，更不能用汉字的方框作为书写藏文字的格子来限制不同风格的藏文字。

每一种字都有自己独特的风格，在书写时一定要把该字体的风格给表现出来。选择一位书法家的字形时，可以从他写的几个相同的字中选择写得最好的那个字。

2. 字稿的预处理

字稿扫描完后，还要对图像进行取色、倾斜校正工作。在字稿扫描的时候，得到的图像模式可能是索引颜色或其他带颜色的模式，提取轮廓所需要的字形只需要黑白图像，故用 Photoshop 等图像处理软件把图像的模式改为灰度，去掉图像的带色信息，把图像颜色改为只有黑白两色。扫描的图像可能倾斜，还要对图像进行倾斜校正，应该把图像周边多余的边框等切除掉，再把预处理好的图像保存起来，用于提取字形的轮廓。

3. 字形的提取

（1）用 Photoshop 提取藏字轮廓的方法

预处理好的图片中剪切一个藏字到一个新的文件中。该字还不能直接导入字库设计软件中，因为它还有锯齿、背景多余点等缺陷。可以用“钢笔工具”，采用“轮廓逼近法”来消除这些字符图像的缺陷。

用图形图像处理软件 Photoshop 提取藏字的轮廓时，用“钢笔工具”沿着图的轮廓顺时针给字添加矢量路径，误差可以通过键盘上的方向键来调整，使路径闭合。在添加路径时，分析好该种字体的书写风格，在保留该字体风格的同时，把字的锯齿和书稿撰写者的败笔给去掉。这里所谓的“轮廓逼近法”指的是，在提取字的圆弧部分的轮廓时，采用先定圆弧的端点，再在路径中间取一点，移动该路径，使路径与字的圆弧重叠而获取字的轮廓的方法。

① 高定国，普布旦增. 藏文字库设计中字形轮廓提取方法的研究[J]. 西藏大学学报：自然科学版，2009，2：64-66.

该方法得到的圆弧部分光滑、圆润，避免圆弧轮廓有带尖的部分，如图 6-3 所示。

字形轮廓的矢量路径封闭后，用“橡皮擦工具”把原来的字和背景都擦干净，再用“前景色填充路径”把路径用黑色填充好，如图 6-4 所示。这样做，使得原背景中多余的墨迹和路径外多余的点都消除了，获得了较为干净、无锯齿的字符轮廓。

（2）用 CorelDraw 提取藏字轮廓的方法

图形图像处理软件 CorelDraw 的绘图功能非常强大，绘制的图形又是矢量图形，加之同类软件中 CorelDraw 是唯一一款直接支持 TrueType（.TTF）字库格式输出的软件，所以 CorelDraw 就成了提取字符轮廓的首选软件。

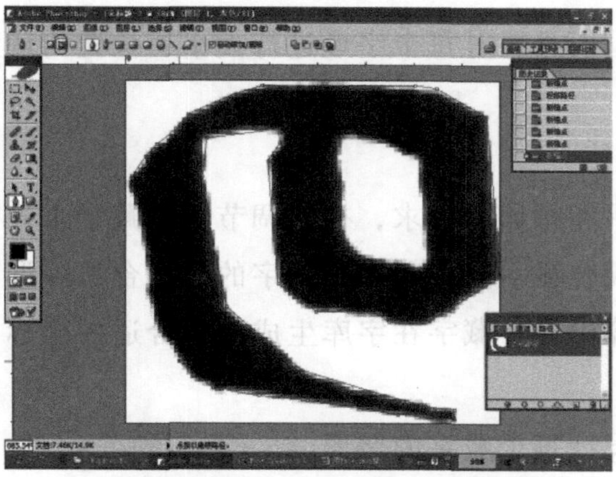

图 6-3　用“轮廓逼近法”给字添加矢量路径

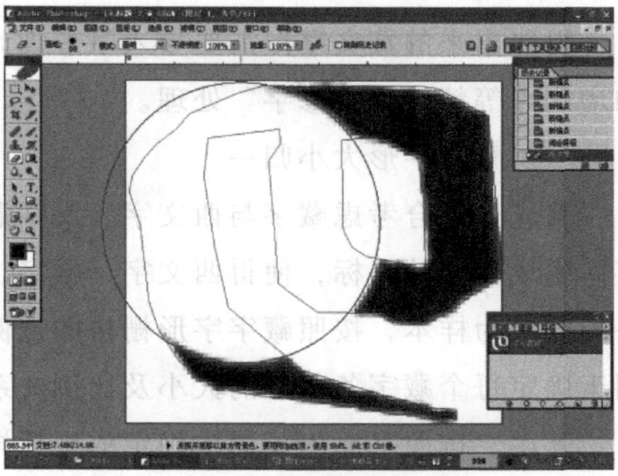

图 6-4　清除字和背景

把预处理好的一个藏字用 CorelDraw 打开，字形会存在很多锯齿，用 CorelDraw 可以快捷、方便地消除锯齿，得到字形的轮廓。其方法是：用 CorelDraw 的“位图”工具的“跟踪位图”打开位图跟踪软件 CorelTRACE，用其“高级轮廓跟踪”把字符图形矢量化。矢量化的过程不仅可以把该字的轮廓提取出来，还可以“删除原始图像”和“移出背景”，并且自动添加该矢量字形的轮廓曲线和节点，如图 6-5 所示。

软件自动添加的字符轮廓的曲线和节点并不一定完全满足我们的需求，还可以利用形状工具修改这些控制点，对字形进行适当的修改，但必须谨慎，因为这些控制点的修改对字形的影响比较大。修改时，若要删除控制点，选择“形状工具”后在控制点上双击即可删除该点；若要增加控制点，选择要添加控制点的位置，右击鼠标，在出现的快捷菜单上点击“添加”即可；若要把直线控制点变成曲线控制点，在直线控制点上右击鼠标，在出现的快捷菜单中单击“到曲线”即可，如图 6-6 所示。

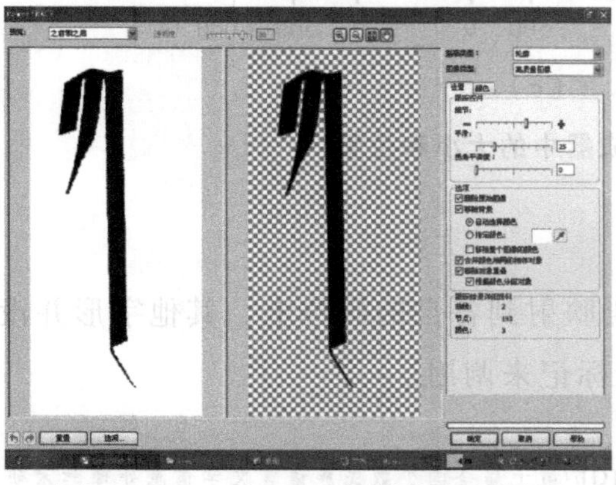

图 6-5　CorelDraw 矢量化字符图形

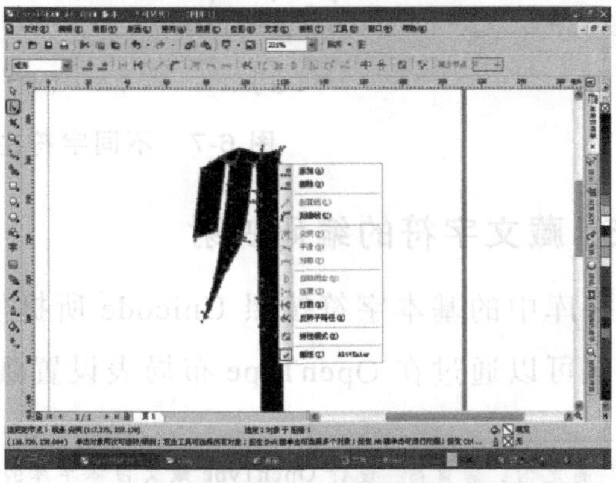

图 6-6　修改字符轮廓的曲线和节点的方法

修改好的字形在“导出”之前，把要作为单个字符的对象使用“焊接”或“组合”工具组合成单一对象，因为 CorelDraw 导出字体对象时一次只能导出一个单一对象，否则会提示“对象太多”而无法导出。

最后，单个字体以 TTF 格式导出。导出时在“True Type 导出”对话框的“字符块”中选择“西藏语”，对字体的一些属性进行设置后导出，就得到了只有一个字符的字库。用同样的方法矢量化其他字形后，可以导入同一个字库文件中，就得到了比较理想的字形库。

4. 字库的设计①

提取出来的藏文字形需要导入字形设计库中，而且要对每个字形进行大小、位置的调整和增删点等精细的“修字”处理。

（1）藏文字形大小归一

首先，综合考虑藏字与西文字、汉字混合显示和打印的需求，初步调节一个藏字来确定字库生成器中的坐标，使得西文字、藏字、汉字混合显示或打印时，藏字的大小合适。调节好的藏字为样本，按照藏字字形栅格的比例，换算出样本藏字在字库生成器中合适的坐标，用于确定每个藏字各部分的大小及比例关系。

其次，按照字库生成器中确定的坐标详细地设计每个藏字的字形。

最后，把设计好的字形通过测试，做一点微调，使得字形更美观。

（2）藏文字形位置归一

在字库生成器中得到了大小合适的藏文字形后，还应该按照每个字符显示时可能出现的不同位置设置每个藏字的位置。

不同字符在字库生成器中的大小和位置不同。非组合字符、上元音、组合用字符和组合字符在字库生成器中的大小和位置示意图如图 6-7 所示。

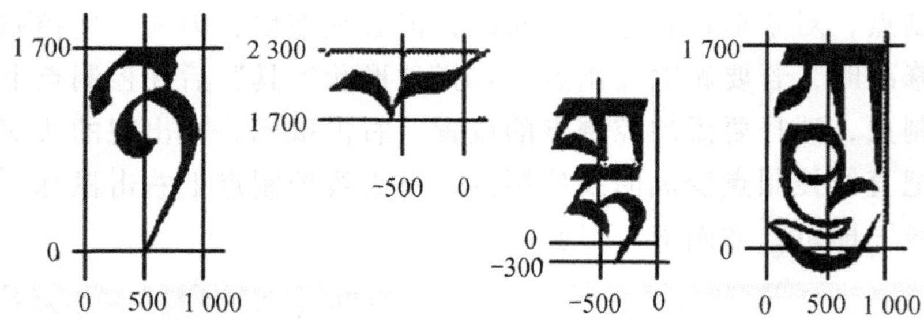

图 6-7 不同字符在字库生成器中的大小和位置

5. 藏文字符的编码映射

字库中的基本字符按照 Unicode 所提供的编码映射到各自的码位上，其他字形并没有码位，但可以通过在 OpenType 布局表设置藏字特征标记来调用。

---

① 高定国，龚育昌. 设计 OpenType 藏文白体字库的技术研究[G]//第十届全国少数民族语言文字信息处理学术研讨会论文集，2005：249-255.

6.4 TTF 字形技术

6.4.1 什么是 TrueType

TrueType 字体是继 Adobe Type1 之后又一种典型的曲线字体描述方法，最早于 1991 年由 Apple 和 Microsoft 公司联手推出。TrueType 字体技术是上述两个公司联合开发的页面描述语言 TrueImage 中的字形描述部分，TureImage 与 PostScript 完全兼容，但没有什么特色，所以没有流行起来。但是 TrueType 字形技术却具有其鲜明的特色，又因为 Windows 采用了 TrueType 作为系统一级使用的字体，因而受到越来越多人的关注。

TrueType 描述字形的轮廓是由节点组成的，节点分为 on-line 和 off-line 两个属性来描述封闭的轮廓线，节点按顺时针方向给出编号。

TrueType 用指令信息对原始轮廓进行修正，弥补了 TrueType 二次曲线描述轮廓不很精确的缺陷，也增加了字形描述的灵活性。

6.4.2 TrueType 字体文件结构

一个 TrueType 字体（TrueType Font，TTF）文件由三部分组成，如图 6-8 所示。

① 文件头（Offset Table）：定义描述表的数目和版本号等信息；

② 描述表目录：TTF 文件中包含了哪些描述表，描述表在什么位置；

③ 描述表数据：每个描述表的数据。

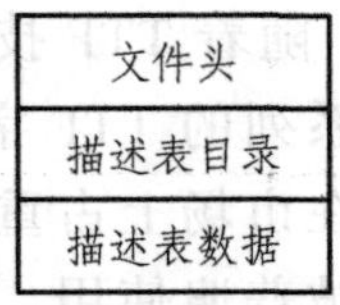

图 6-8 TTF 字体文件总体结构

6.4.3 TrueType 的特点和优势①

TrueType 采用几何学中二次 *B* 样条线及直线来描述字体的外形轮廓，含有字形构造、颜色填充、数字描述函数、流程条件控制、栅格处理控制、附加提示控制等指令。其特点是：

（1）真正的所见即所得效果

由于 TTF 支持几乎所有的输出设备，因而对于目标输出与设备而言，无论系统的屏幕分辨率如何，只要在操作系统中安装了 TTF 字体，均能在输出设备上以指定的分辨率输出。所以在多数排版类应用程序中，可以根据当前目标输出设备的分辨率等参数，来对页面进行精确的布局。

（2）支持字体嵌入技术，保证文件的跨系统传递性

TTF 嵌入技术解决了跨系统间的文字和字体的一致性问题。在应用程序中，存盘的文件可将文件中使用的所有 TTF 字体采用嵌入方式一并存入文件。使整个文件及其所使用的字体可方便地传递到其他计算机的同一系统中使用。字体嵌入技术保证了接收该文件的计算机即使未安装所传文件使用的字体，也可以通过装载随文件一同嵌入的 TTF 字体来保持文件原格式，使用原字体打印和修改。

① 朱巧明，李培峰，吴娴，等. 中文信息处理技术教程[M]. 北京：清华大学出版社，2005.

（3）操作系统平台的兼容性

目前 Mac 和 Windows 平台均提供系统级的 TTF 支持，所以在不同操作系统平台间的同名应用程序文件有跨平台兼容性。如在 Mac 机上的 PageMaker 已安装了 TTF 字体，则该文件在 MAC 上产生的最终效果与 Windows 下的输出保持高度一致。

（4）ABC 字宽度

在 TTF 字体中的每个字符都有其各自的字符宽度，TTF 所有的字宽描述方法比传统 PS 的 Type1 更为完善和科学。它采用 ABC 字宽表，即将传统的一个字符的字宽划分为三个部分：A 宽为放置在字符轮廓前的空白间距，B 宽为字符轮廓本身的间距，C 宽为字符轮廓右方的空白间距。A + B + C 即相当于传统的字宽值，同时 A 或 C 间距可以分别为负值，以产生特殊的排字效果。

（5）精确的字体轮廓描述

TTF 技术采用 2 048 × 2 048 的格点空间来定义一个传统的字母 M 空间，并在此格点空间内对字体原稿轮廓进行数字化，因此适合于高分辨率的输出设备。其性能完全可满足一般应用的要求。即便未来输出设备的分辨率大幅度提高时，也只用更改更高的格点空间（4 096 × 4 096 或更高）重新数字化字体，从而在理论上保证了 TTF 技术不会落后。

（6）品种繁多的字体家族

随着 TTF 技术的不断普及和市场的日益成熟，多数专业的字体制造商和公司均推出了各种系列的 TTF 字体。TTF 技术的诞生代表着计算机数字化字形技术的趋势，同时由于目前两大在市场上占重要地位的计算机操作系统都采用 TTF 技术作为其系统的内置字形解释器，所以被普遍使用。

6.4.4 TrueType 的应用①

1. TTF 字体的创建

现有很多 TTF 字体的创建、编辑软件，它们为用户构建 TTF 字体提供了极大的方便。其中 Font Creator Program 是个很好的软件，它提供的可视化的操作方式，使用鼠标拖动就可以编辑、创建字体，可以对版权信息、字体名称等信息进行编辑，还提供将图形转化为 TTF 字体的功能。

2. TTF 字体在面向对象程序中的引用

给面向对象程序引用 TTF 字体提供了方便的接口，用户不必了解 TTF 文件的内容结构，运用 Windows API 就可以透视地引用 TTF 字体。在面向对象的编程中，Windows 使用 LOGFONT 结构定义字体文件的属性。LOGFONT 结构的原型如下：

```
typedef stuct tagLOGFONT{
  LONG lfHeight;                  //字体高度
  LONG lfWidth;                   //字体平均宽度
  LONG lfEscapement;              //指定移位向量和设备 X 轴之间的角度
  LONG lfOrientation;             //指定每个字根基线和设备 X 轴之间的角度
```

① 朱巧明，李培峰，吴娴，等. 中文信息处理技术教程[M]. 北京：清华大学出版社，2005.

```
    LONG lfWeight;                  //指定字体的权值
    BYTE lfItalic;                  //是否要斜体
    BYTE lfUnderline;               //是否要下划线
    BYTE lfStrikeOut                //设置为 TRUE，则指定 strikeout 字体
    BYTE lfCharSet;                 //使用字符集
    BYTE lfOutprecision;            //输出精度
    BYTE lfClipPrecision;           //裁剪精度
    BYTE lfQuality;                 //输出质量
    BYTE lfPitchAndfamily;          //指定字体间距
    TCHAR lfFaceName[LF_FACESIZE];  //字体名称
} LOGFONT;
```

此结构是 Windows 定义好的，在程序设计中不用再自行定义，直接应用即可。

6.4.5　TrueType 藏文字库的设计

TrueType 字形有很多优点，设计 TrueType 藏文字库时，首先用绘图软件把手稿中的藏字的轮廓取出来，完成消除锯齿、轮廓平滑等工作；再把每个藏文字形调入 TrueType 曲线轮廓造字软件中，调整字体的大小、位置，添加、删除或调整 Bezier 曲线上点的位置，对字形进行修整。

当获得了每个藏文字符的精美字形后，为使计算机能够按照编码正确调用该字形，还需要设定字符编码到字模的映射。根据字符编码获取字形轮廓数据的处理步骤为①：

① 根据给出的字符编码查找代码映射表（cmap）获得对应的索引号；

② 根据索引号从轮廓数据索引表（loca）中得到它在轮廓数据表（glyf）中的开始和结束位置；

③ 从轮廓数据表（glyf）中得到字体轮廓数据。

计算机用户要使用 TrueType 字体时，只需给出字符的 Unicode 编码。TrueType 解释器会根据字符编码，通过查找 cmap 表得到映射偏移量，再从 loca 表获得对应字符轮廓数据在 glyf 表中的存放地址，读出 glyf 表中的轮廓信息及指令信息就可以生成高质量的 TrueType 字形。有些双字节代码不对应任何字符，则 camp 表将它们统统映射为 loca 表中的 0 序号，称为丢失字符，其对应轮廓数据往往显示出来是空心方框▯。

TrueType 字库中的每个字形都需要一个映射编码，计算机通过调用该映射编码来获取该字符的字形。一般这个映射编码就是该字符的内码。藏文的 Unicode 编码只有两百多个，仅基于《藏文基本集》用 TrueType 技术就只能打印和显示两百多个藏字，而且还显示不了纵向叠加的藏文字符。这也是《藏文基本集》于 1997 年颁布后，迟迟没能仅基于《藏文基本集》实现藏字的打印、显示、交换等信息处理的原因。这也导致了把需要纵向叠加的藏文字符作为一个整体做到字库中（称为“预组合”），从而研制《藏文扩充集》和占用其他编码、自定义藏文编码，使得藏文编码很混乱。

① 吴海辉，樊庆林，王虎. TrueType 字体技术的研究分析与应用[J]. 电脑知识与技术，2007（3）.

6.5 OTF 字形技术

6.5.1 OpenType 概述

Adobe 和 Microsoft 从 1995 年就开始着手联合开发 OpenType 项目，该项目除了开发一种新型的跨平台字体文件格式外，还旨在为用户提供具有更丰富排版特性的字体格式。目前该字体格式已经成为一种业内标准，越来越多的软件支持 OpenType 字体格式，越来越多的字体厂商将自己的字库升级到 OpenType 字体格式。

Microsoft 从 Windows 2000 开始兼容 OpenType 字库，其系统自带的西文字库都已升级到了 OpenType 字体格式，苹果公司也从 MAC OS X 开始完全兼容 OpenType 字库。而 Adobe 公司不仅将 Adobe 字体全部升级到 OpenType 格式，还推出 Adobe Creative Suite 2 软件包，其中的 InDesign，Illustrator 和 Photoshop 对 OpenType 的排版特性都有非常好的支持。同一个 OpenType 字体文件可以用于 Mac OS、Windows 和 Linux 系统。这种跨平台的字库非常方便用户使用，用户再也不必为不同的系统配制字库而烦恼了。

OpenType 技术在扩展 TrueType 字形技术的基础上，增加了支持 PostScrip 字形的数据。OpenType 字形在保持 TrueType 字形具有的高质量显示和打印、自由变换字形、任意缩放字形大小等所有优点的基础上，还具有更好地支持多平台、更好地支持国际字符集、更好地保护字形数据、更灵活地控制字体的显示和打印以及字库文件更小等诸多优点。

目前已有的 TTF 藏文字库存在很多问题，主要在于：

① 为了显示和打印藏字，在字库中收录较多的藏字大丁，导致了字库文件很大。

② 字库中收录的各个字符都要有对应编码以调用该字形，而 GB 16959—1997 中又只有 169 个编码，所以“有的字库占用 00 ~ FF 区 ASCII 码的码位，有的占用 GB 2312 的 10 ~ 15 区或 88 ~ 94 区的空余码位，有的字库干脆占用汉字 GB 2312 的 15 ~ 81 区的某段码位”①。

③ 每个藏文字处理系统所占用的码位不同，各个处理系统只用自己的字库，导致了各个藏文字处理系统间都无法兼容，也就“无法支持 Internet 藏文信息交换，更没有考虑到与汉英在系统底层实现兼容处理和其他应用软件的支持”。

运用 OpenType 字形技术就可以克服以上所有的问题，也就可以采用国际标准编码设计藏文字处理系统，进而使得各个藏文字处理系统间兼容，支持 Internet 藏文信息交换等。所以藏文 OpenType 字形的研制很重要。

6.5.2 OpenType 字库设计相关的几个概念

① 基本字形（Base Glyph）:（基本或根字符）一个辅音或几个辅音纵向叠加形成的完整的书写整体。作为设计字库中的基本单元，其中包括《基本集》（GB 16959—1997）中的字符和这些字符组合而成的一个整体字符的字形。如图 6-9 中 1 的部分，设计字库时，基本字形作为选择字库中字符的依据；把位于基本字形以上的部分称为基-上部分，如图 6-9 的 2 所示；而把位于基本字形以下的部分称为基-下部分，如图 6-9 的 3 所示。

---

① 陈玉忠，俞士文. 藏文信息处理技术的研究现状和展望[J]. 中国藏学，2003，4：97-107.

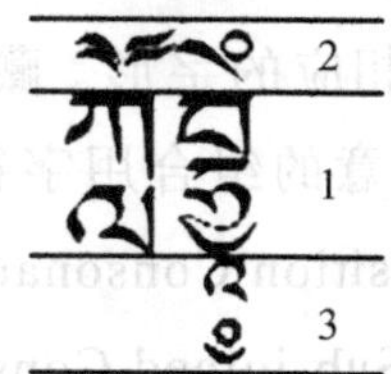

图 6-9 OpenType 字体设计中藏字的构成

② 组合字符（Consonant Conjuncts）：两个或多个辅音字母叠加而成的字符。有的辅音只有“原形”，而有的辅音有“原形”和“组合变形”。

③ 前导辅音（Head Consonants）：开始组合的最上面的辅音字母。

④ 组合用辅音（Sub-joined Consonants）：除前导辅音外用于叠加的辅音。

所有辅音的“原形”在 Unicode 编码中都有编码，这些辅音以单独或前导辅音的形式应用。当一个辅音没有被组合时，该辅音保持“原形”，只有当辅音处于前导辅音或组合用辅音的位置上时，才可能变形（用一个新的形状代替原来的辅音），也有可能保持“原形”。组合字符的编码中前导辅音仍然用辅音“原形”所对应的编码（U + 0F40 ~ U + 0F69），而组合用辅音的编码则用组合用字符的编码（U + 0F90 ~ U + 0FB9）。

⑤ 藏语音节字符（Tibetan Syllable）：（单词或藏字）藏文字符书写系统的一个单元，由辅音字母（Consonant Letters）、元音符号（Vowels Marks）组成。

6.5.3 藏字定型器处理藏字的步骤

Uniscribe 处理器中的藏字定型器（Tibetan Shaping Engine）处理藏字的步骤如下[①]：

- 分析藏字音节；
- 重排藏字符；
- 按照 OTLS（OpenType Library Services）修正或替代字形；
- 按照 OTLS 布局字形位置。

1. 分析一个音节字符（藏字）（Analyzing the Syllables）

定型引擎接收到的是按一定顺序编码的藏字符的 Unicode 字符串。当字符中有组合字符时，接收到的字符串并不一定是按照字符的位置依次排列的。藏字定型引擎先确定基本辅音字符，再按照基本辅音字符与其他字符的位置关系来划分出其他位置上的字符。

2. 重排藏字符（Reordering Characters）

Uniscribe 生成和管理一个缓冲区用于重新排列字符串的编码。Uniscribe 首先按照一定的规则以串为单位来重新排列字符的编码；接着 Uniscribe 用重新划分后的字符串按照 OTL 服务器的字形替代函数（Glyph Substitution Function of the OTL Services）获得相应的字形。

藏字字形串是从重新排列的字符串中获取的，所以藏字字形的特征（Features）必须从重

① Microsoft. Creating and supporting OpenType fonts for the Tibetan script[EB/OL]. http://www. microsoft. com/typography/ otfntdev/tibetot/default. htm. 2002.

新排列后的字符（或组合字符）对应到相应的字形。藏文中对组合字符的叠加有一定的规则，但藏字定型引擎允许任何辅音字符与任意的组合用字符叠加，其处理的顺序如下：

① 前导辅音字符的位置（Head Position Consonant）；

② 第一个组合用辅音字符（First Sub-joined Consonant）；

③ 中间的组合辅音字符（如果有）[...Intermediate Sub-joined Consonants（if any）]；

④ 最后一个组合用辅音字符（Last Sub-joined Consonant）；

⑤ U + 0F71（Sub-joined Vowel）；

⑥ 标准元音或复元音符号（Standard or Compound Vowel Sign）；

3. 按照 OTLS 定型字形（Shaping with OTLS）

定型字形的步骤如下：

① Uniscribe 先将要定型的字符映射到各自本身的字形上。

② Uniscribe 调用 OTL 服务库（OTL Services Library）定型每个藏字的字形。其最主要的处理是划分字符到预定义的对应特征集合中，而每个特征用于把藏文字符一一地对应到合适的字形上。Uniscribe 按照所定义的特征来调用 OTL 的服务，使得预定义的特征得以实现。

OpenType 中用于处理藏字定型的特征标记有“ccmp”，“abvs”和“blws”。

4. 按照 OTLS 布局字形位置（Positioning Glyphs with OTLS）

Uniscribe 调用 OTLS 的函数布局定型好的藏字字形位置。OpenType 中用于布局藏字字形位置的特征标记有“abvm”和“blwm”。

6.5.4 支持藏字的 OpenType 标记

TrueType 字库中的每个字形通过映射的编码来获取该字符的字形。用该技术实现藏字的打印、显示、交换等信息处理时，把需要纵向叠加的藏文字符作为一个整体做到字库中，即所谓的用“预组合”来完成藏文字符的处理。而用 OpenType 技术来完成藏字的信息处理时，只需要对 Unicode 中仅有的两百多个藏字设定 Unicode 编码的映射，在字库中设计数据来完成字符的替换、移位，以得到正确的藏文字形，这也称之为“藏文字符的动态组合”。用 OpenType 技术研制藏文字库时，字库对外的接口就是藏文的 Unicode 编码，也就是说，基于该技术藏文的信息处理仅基于《藏文基本集》就能完成。OpenType 字库中新增加用来完成字符的替换、移位的数据叫作“OpenType 标记”。

OpenType 的字库中通过设置相应的标记和预定义标记的内容来实现 OpenType 字形技术。OpenType 字库中可以设置 4 种标记，即字符标记（Script Tags）、语言标记（Language Tags）、特征标记（Feature Tags）以及基线标记（Baseline Tags）[①]。

① Microsoft. OpenType specification[EB/OL]. http://www. microsoft. com/Typography/otspec/default. htm. 2004.

1. 字符标记

字符标记用于识别 OpenType 字库中所设计的字符在 Unicode 编码段中的位置。藏文字符的字符标记是“tibt”。

2. 语言标记

语言标记用于识别 OpenType 字库中所设计的字符所支持的语言系统。支持藏语系统的语言标记是“TIB”，但由于处理字形的 Uniscribe 和一些应用程序的支持等原因，在 OpenType 字库的语言标记中最好用默认的标记“dflt”，如表 6-1 所示。

表 6-1 有关藏字的字符和语言标记

Registered Tags for the Tibetan Script		Registered Tags for Tibetan Language Systems	
script tag	script	language system tag	language
“tibt”	Tibetan	“dflt”	*default script handling
		“TIB”	Tibetan

3. 特征标记

特征标记用于决定做怎样的处理从字库中返回一个字形。特征标记中可以定义字形替换、字形位置布局以及字形替换兼字形位置布局，是设计 OpenType 字库最重要的部分。

4. 基线标记

基线标记用于给用户传递书写时水平和竖直方向基线的信息。OpenType 的基线标记中有一个与藏字书写有关的标记“hang”，如表 6-2 所示。

表 6-2 有关藏字的基线标记

baseline tag	baseline for HorizAxis 水平轴基线	baseline for VertAxis 竖直轴基线
“hang”	The hanging baseline. This is the horizontal line from which syllables seem to hang in Tibetan script.（藏文书写水平基准先）	The hanging baseline,（which now appears vertical）for Tibetan characters rotated 90 degrees clockwise, for vertical writing mode.（用于藏文字符顺时针旋转 90°而垂直书写的基准线）

6.5.5 OpenType 中藏字的特征标记①

OpenType 中藏字特征（Features for the Tibetan Script）的设计是实现 OpenType 藏字字库的关键所在，是设计字库最重要的一步。所以，熟悉 OpenType 所支持的藏字特征的功能、设置方法及有关内容是非常重要的。

1. 组合（或分解）字符（Character Composition/Decomposition）

特征标记：“ccmp”。该特征用于组合若干字形为一个字形，或分解一个字形为若干字形，该特征比其他特征先执行，如图 6-10 所示。

① 高定国，格西斯满. 藏文字库设计中 OpenType 特征标记的应用研究[J]. 西藏大学学报(自然科学版)，2008，1: 29-32.

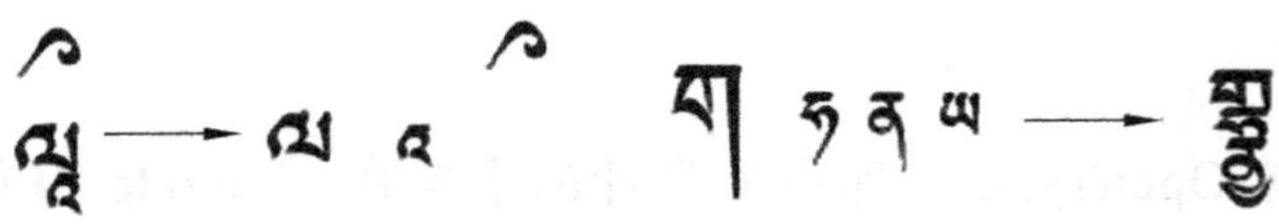

图 6-10 组合（或分解）特征

当设置了 ccmp 特征后，编译的字库文件中包含了类似于以下的程序段：

```
feature ccmp { # Glyph Composition/Decomposition
 script tibt;  # Tibetan
 lookup ccmp3 {
  #     sub ch47 by ch46 ch51;
  //字库中 ch47 位置上的字符分解为 ch46、ch51 两个字符组合
  ⋮
} ccmp3;
 ⋮
lookup ccmp5 {
     sub ch77 ch29 ch42 ch51 by _659;
//当连续出现位于 ch77 ch29 ch42 ch51 的字符时用位于_659 上的字符来代替
   ⋮
} ccmp5;
 ⋮
lookup ccmp6{
     sub @class13 by @class36; //用 36 组中的字符代替 13 组中相应的字符
  } ccmp6;
} ccmp;
```

Uniscribe 按照 OTL 服务库（OTL Services Library）中预定义的特征，对基本字形以上部分（Above-base Substitutions）（见图 6-9 中的 2 部分）和基本字形以下部分（Below-base Substitutions）（见图 6-9 中的 3 部分）进行替换。在这两种替换中，还可以依照前后所出现字符的不同来做不同的替换。OTL 服务库处理藏字的步骤是“从左到右”，先“abvs”后“blws”。

2. 基-上部分的替代（Above-base Substitutions）

特征标记：“abvs”。该特征对一个基本字形上面的部分作替换，如图 6-11 所示。

图 6-11 基-上部分的替代

当设置了 abvs 特征后，编译的字库文件中就包含了类似于以下的程序段：

```
feature abvs { # Above-base Substitutions
 script tibt;  # Tibetan
    sub ch87 ch99 by glyph69; //用 glyph69 来代替 ch87 ch99 字符
      ⋮
   } abvs;
```

3. 基-下部分的替换（Below-base Substitutions）

特征标记："blws"。该特征对基本字符下面的部分作替换，如图 6-12 所示。

图 6-12　基-下部分的替代

在藏文叠加组合中，当有些字符叠加在不同的字符下面时，字符的大小、形状都可能会发生变化，如图 6-13 所示。

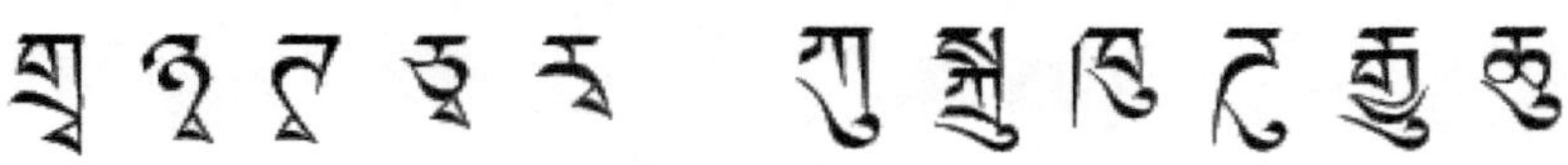

图 6-13　同-字符叠加时发生变化的情况

用 blws 特征按照一个字符前后所出现的不同字符作不同的替换，就能保证正确地显示和打印该藏字。如图 6-14 所示，箭头前面的字符表示替换前的字形，大括号右边的字形表示替换后可能的字形，而后面的字符用于说明该字形叠加于类似的字符下。

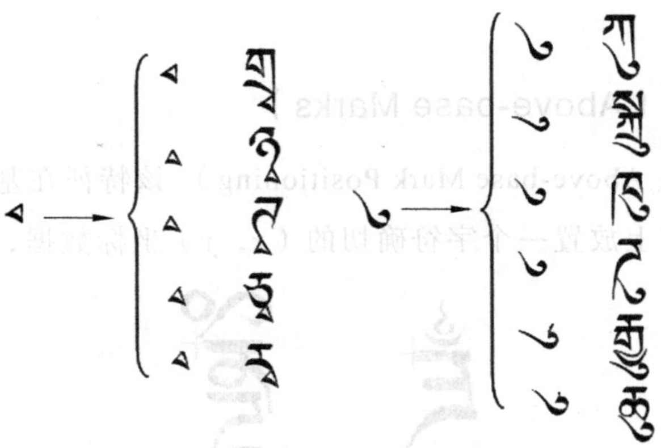

图 6-14　一对多替换的说明图

梵音藏文纵向叠加的规律性不强，最多叠加七层。为了正确显示、打印梵音藏文，"blws"特征标记还可以按照叠加层数的不同在字库中设计用于不同层数叠加用的前导辅音和组合用辅音，再根据"上下文"进行"一对一的替换"，如表 6-3 所示。

表 6-3　基-下部分不同层数一对一的替换

原形	一层	二层	三层	四层	五层	六层	七层
ག	ག	ག	ག	ག	ག	…	…
◌ྒ		◌ྒ	◌ྒ	◌ྒ	◌ྒ	…	…
例字	ག	གྒ	གྒྒ	གྒྒྒ	གྒྒྒྒ	…	…

当设置了 blws 特征后，编译的字库文件内就包含了类似于以下的程序段：

```
feature blws { # Below-base Substitutions
 script tibt;  # Tibetan
 lookup blws4 {
     sub @class3 ch41' by glyph48; //当 ch41 的字符要叠加在 3 组字符下时，用 glyph48 字符替换 ch41
     ⋮
} blws4;
⋮
lookup blws6 {
     ⋮
     sub sub_ya ch39' by glyph46;
//当 ch39 要叠加在 sub_ya 字符下时用 glyph46 字符代替
} blws6;
} blws;
```

4. 布局基-上符号（Above-base Marks）

特征标记：“abvm”（Above-base Mark Positioning）。该特征在基本字形上放置一个字符。abvm 表提供在基本字符上放置一个字符确切的（x，y）坐标数据，如图 6-15 所示。

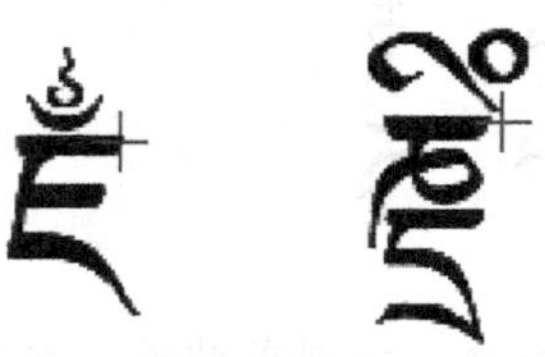

图 6-15　布局基-上符号

当设置了 abvm 特征后，编译的字库文件内就包含了类似于以下的程序段：

```
feature abvm { # Above-base Mark Positioning
 script tibt;  # Tibetan
 #     mark ch33  -190 1310;
 //置于基本字符上面的字符 ch33 放置于（-190，1 310）位置上
 ⋮
 #     mark glyph475  -270 1425;
 ⋮
 #     pos ch34 mark [glyph69 glyph70 glyph71 glyph72 ] 855 1425;
//字符 ch34 放置在 glyph69 glyph70 glyph71 glyph72 字符的（850，1 420）坐标位置上
 ⋮
} abvm;
```

5. 布局基-下符号（Below-base Marks）

特征标记："blwm"。该特征用于在一个基本字形的下面放置一个字符。blwm 表提供基本字形下放置一个字符精确的坐标位置（x，y），如图 6-16 所示。

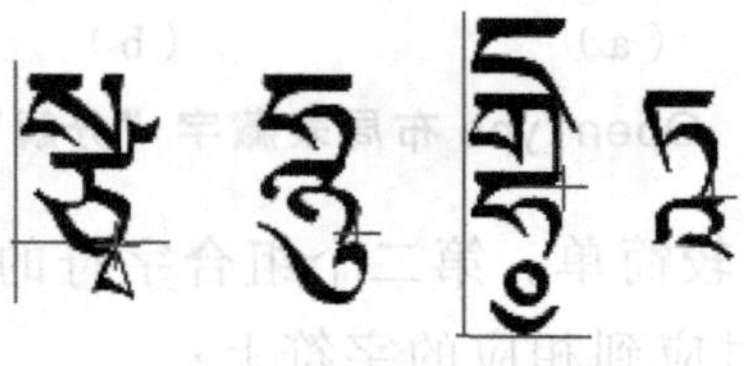

图 6-16　布局基-下符号

当设置了 blwm 特征后，编译的字库文件内就包含了类似于以下的程序段：

```
feature blwm { # Below-base Mark Positioning
 script tibt;   # Tibetan
lookup blwm1 {
 #      mark sub_ma  －190 400;
 //置于基本字符下面的字符 sub_ma 位于（－190，400）上
 ⋮
 #      pos ch44 mark [ka ya ] 885 360;
//字符 ch44 放置在字符 ka、ya 下面（880，355）位置上
 ⋮
} blwm1;
 ⋮
lookup blwm30 {
 ⋮
 } blwm30;
} blwm;
```

6.5.6　OpenType 藏文字库的设计[①]

1. 藏字特征标记的执行顺序

Uniscribe 以一个固定的执行顺序来处理所预定义的特征，从而不断地获取正确的藏字字形，了解每个特征的执行顺序对设计字库非常重要。OpenType 字库中执行藏文特征的标准依次是 ccmp，abvs，blws，abvm，blwm。

为了更好地理解藏字特征的执行过程，以如图 6-17（a）所示的藏字为例来分析其处理过程。Uniscribe 接收到该藏字所对应的 Unicode 字符串 0F42 0FB3 0F7D 0F57 0FB1 0F71 0F7A 0F7E 0F35 后，首先把它分解为图 6-17（b）所示的两个组合字符。

① 高定国，格西斯满．藏文字库设计中 OpenType 特征标记的应用研究[J]．西藏大学学报：自然科学版，2008，1：29-32.

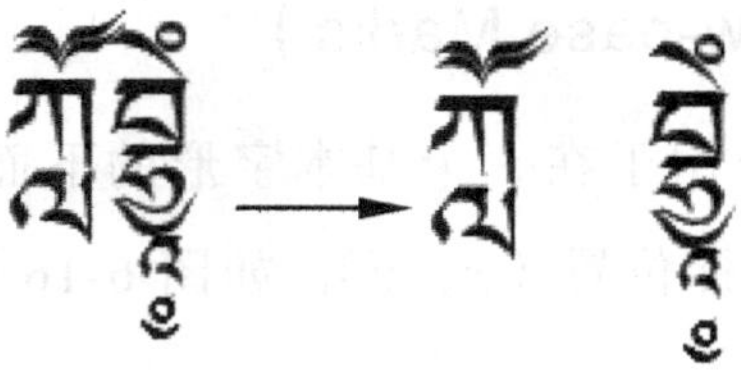

（a）　　　　　　（b）

图 6-17　OpenType 布局表藏字“分解”说明图

分解后的第一个组合字符比较简单，第二个组合字符的处理过程如下：

① 把所接收到的 Unicode 对应到相应的字符上；

② 按照 ccmp 特征对基本字符进行替换；

③ 按照 abvs 特征对基本字符上面的部分进行替换；

④ 按照 blws 特征用合适的字符替换基字下面的字符（U + 0F71）；

⑤ 按照 abvm 特征在基本字符上放置一个字符；

⑥ 按照 blwm 特征在基本字符下面连续放置两个字符，得到最后的显示字符。

以上各步骤执行过程的分解图如图 6-18 所示。

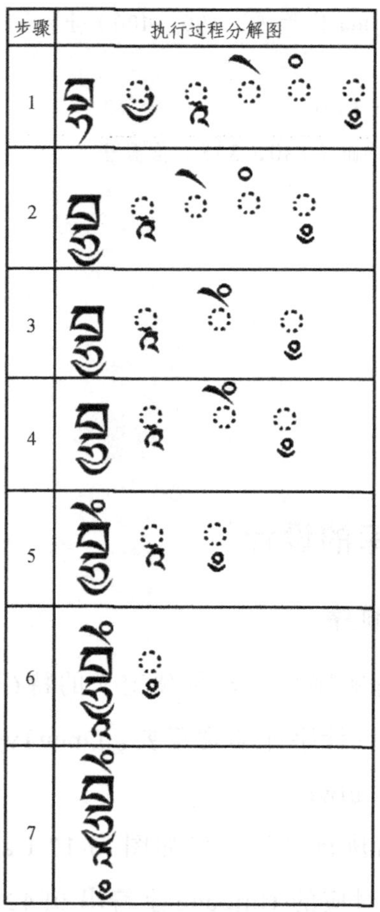

图 6-18　OpenType 布局表执行情况说明图

2. OpenType 藏文字库的设计方法

由于 OpenType 设计字库的方式很灵活，要得到一个组合的藏文字形有很多方式：可以在字库中“预组合”基本藏文完整的叠加字形，再用布局表从字符的 Unicode 编码串得到该组合字形；也可以只在字库中设计用于组合的基本字形，用布局表组合而得到该组合字形；还可以“预组合”部分叠加字形，用布局表再组合更多层的叠加。不同的组合藏文字形的方法各有优缺点：“预组合”的方法具有字形稳定、美观，运用的特征标记少等优点，但需要组合显示的字形都要预先设计在字库中，导致了该方法具有字库设计难度大、字库文件大、灵活性弱等缺陷；用布局表组合藏文字形的方式具有字库设计难度小、字库文件小、藏文叠加的灵活性强等优点，但也有组合不美观、运用的特征标记多等缺陷。设计 OpenType 藏文字库时，可以按照藏文字符的使用频度决定字库的设计方法。

（1）用“预组合”设计高频组合字

现代藏文字符是藏字使用中的高频字，组合很有规律，组合字符非常有限，所以，现代藏文字可以用“预组合”的形式设计字库。这样使得所设计的字形美观、稳定，具有很好的使用价值。

现代藏文适合用“预组合”的方式来组合叠加字，但并非所有的现代藏文字都用“预组合”的方式来得到完整的叠加字，也可以采用部分“预组合”方式。例如，上加字、基字、下加字首先进行部分“预组合”，再用布局表把第一元音、第三元音和第四元音叠加到部分“预组合”字形上来得到完整的叠加字，用于克服字库设计难度大、字库文件大等“预组合”方法的缺陷。

（2）用布局表组合设计低频组合字

梵音藏字叠加的规律性不强，叠加的字符又多，而且在现代藏文中使用频度不高，所以，在字库设计中可以设计一些组合用的基本字形，用布局表组合来得到叠加字。

3. OpenType 藏文字形的样张

随着 OpenType 技术的成熟，藏文不仅只基于《藏文基本集》实现藏文字符的存储、显示、打印、交换等藏文信息处理，而且能设计不同字体的藏文字库。用 OpenType 技术设计的不同藏文字库的样本如图 6-19 所示。

图 6-19　OpenType 技术设计的不同藏文字库

本章说明了藏文字形的设计过程和字形的处理过程，详细讲述了应用范围很广的 TTF 字体和 OTF 字体。并结合作者设计 OpenType 藏文字库的经验，详细地阐述了设计 OpenType 藏文字库的过程。

第 7 章

藏文信息检索

7.1 信息检索概述

面对现今社会如此浩瀚的信息海洋，人们常会陷入窘迫的两难境地：一方面是“信息过载”，即收到的或已经下载的信息难以消化，或大量的冗余信息干扰有用信息的选择；另一方面就是“信息迷失”，即用户不知道如何贴切地表达真正想要的网上资源的需求，因为目前技术并没有提供合适的表达手段，而且用户也不知道如何去更准确有效地寻找。经研究表明：“全世界每年产生 1 ~ 2 EB（1 EB≈10^{18} B）信息，相当于地球上每个人大概产生 250 MB 信息。其中，纸质信息仅占所有信息的 0.03%”。而互联网上的静态网页有上百亿，动态及隐藏网页至少是静态网页的 500 倍。在如此海量的信息中，Tom Landauer 认为人的大脑只能存储 200 MB 信息量，一辈子只能接触 6 GB 的信息量。海量的可用信息和用户对信息的驾驭能力形成强烈的反差，这种强烈的反差最终使得用户盼望出现一些能够协助其理解、寻找所需信息的自动处理工具，使其不至于在海量的数据里迷失方向，不至于在浩瀚的信息中无所适从，或者步履维艰。

因此，在海量的信息中，为了人们能够快速、准确、全面地获得自己所需要的信息，就孕育产生了信息检索这门学科。

该学科发展历经较长的时间，在计算机出现以前，大约 4000 年前，人类就开始有目的地组织信息，建立图书馆，并为馆中的图书建立目录。随后，逐渐出现索引的概念，即从一些词和概念指向相关信息或者文档的指针，但是人们主要通过手工方式来建立索引，完成检索任务。到了 1948 年，C. N. Mooers 在其 MIT 的硕士论文中第一次提出了“Information Retrieval”这个术语，到了 1960—1970 年，随着计算机技术的发展，人们开始使用计算机为一些小规模科技和商业文献的摘要建立文本检索系统，产生了布尔模型（Boolean Model）、向量空间模型（Vector Space Model）和概率检索模型（Probabilistic Model）的检索系统，其中康奈尔大学的 Salton 领导的研究小组是该领域研究的佼佼者，伦敦城市大学的 Robert son 及剑桥大学的 Sparck Jones 是概率模型的倡导者。到了 1980 年，出现了一些商用的较大规模数据库检索系统，比如 Lexis-Nexis，Dialog，MEDLINE 等系统，人们从烦琐的手工检索系统中解放出来了。

随着 Internet 技术的成熟及普及，1990 年第一个网络搜索工具，由加拿大蒙特利尔 McGill 大学开发的 FTP 搜索工具 Archie 诞生了；1994 年美国 CMU 开发的 Lycos 是第一个 WEB 搜索引擎；1995 年，斯坦福大学博士生开发了 Yahoo 检索系统；1998 年，斯坦福大学博士生开发了 Google，提出 PageRank 计算公式；1998 年提出了基于语言模型的 IR 模型。

我国计算机文献检索系统的研发始于 20 世纪 70 年代，由中国科技情报研究所和一些研究机构、情报机构及高等院校，分别对计算机检索的软件设计、数据库建设、上级检索等环节开展了广泛的研究与试验。1983 年，交通部科技情报研究所成功研制了微机单机文献检索系统、微机非文献检索系统及缩微文献检索系统，实现了利用微机检索书目、事实和数据。

7.1.1 信息检索的定义[①]

信息检索（Information Retrieval，IR）是指将信息按一定的方式组织和存储起来，并根据信息用户的需要找出有关信息的过程和技术，作为一门学科，是研究信息的获取（Acquisition）、表示（Representation）、存储（Storage）、组织（Organization）和访问（Access）的一门学问，所以它的全称又叫信息的存储与检索（Information Storage and Retrieval），这是广义的信息检索。狭义的信息检索则仅指该过程的后半部分，即给出信息检索需求，从而检索相关文档集，从中找出所需要信息的过程，相当于人们通常所说的信息查询（Information Search）。

7.1.2 信息检索的方式

从信息检索的发展历史看，信息检索经历了手工检索、计算机检索到目前的网络化、智能化检索等多个发展阶段。它起源于 19 世纪后期，当时主要用于图书馆参考文献咨询和文摘索引工作，使用信息检索的用户较少。随着计算机和网络的出现，促进了信息检索科学的发展，人们越来越依靠信息检索工具来查找自己所需的信息，特别是网络信息检索。

1. 手工检索

手工检索指以普通卡片目录和书本式文献、索引等检索工具为基础的检索方式，它是计算机检索的基础。目前手工检索工具在所有的检索工具中仍占相当大的比重，某些学科和科研课题的检索利用手工检索也较为方便。手工检索工具主要由三部分组成：

（1）文　摘

文摘部分对收录文献进行了详细介绍，包括文摘号、文献标题、作者、作者工作单位、文献来源（如期刊、会议录、专利等）、文摘等。

（2）索　引

索引部分将所有文献按一定的文献特征（如主题词、分类号、作者等）以一定的次序（如字母顺序、拼音顺序等）排列，每一个文献特征对应一个或几个文摘号或其他号码。从索引中获取的文摘号等可以过渡到文摘部分，从而了解该文献。重要的索引包括主题索引、分类索引和作者索引等。

（3）附　录

附录部分包括主题词表（供选择主题词用）、缩略语表、期刊来源索引等。现在计算机

---

① 王斌．现代信息检索[EB/OL]. http://ir.ict.ac.cn/ircourse/.

检索的基本理论和检索方法都是从手工检索发展而来的，而且手工检索与计算机检索相比查准率更高，所需费用相对较低，所以了解重要的手工检索工具及其检索方法仍有必要。

2. 计算机检索

随着计算机技术、通信技术和高密度存储技术的迅速发展，利用计算机进行信息检索已成为人们获取文献信息的重要手段。计算机信息检索能够跨越时空，在短时间内查阅各种数据库，而且大多数检索系统数据库中的信息更新速度很快，检索者随时可以检索到所需的最新信息资源。计算机信息检索是指利用计算机存储和检索信息。具体地说，就是指人们在计算机或计算机检索网络的终端机上，使用特定的检索指令、检索词和检索策略，从计算机检索系统的数据库中检索出所需的信息，继而再由终端设备显示或打印的过程。计算机信息检索广义上讲包括信息的存储和检索两个方面。在使用计算机检索前先要对信息进行加工处理，抽取出主题词、分类号以及文献的其他特征进行标识或者写出文献的内容摘要，再将处理的数据存储起来。信息被存储后，用户就可根据自己所要的信息进行分析，然后输入检索主题，计算机就可根据用户输入的主题在数据库中进行查找匹配，然后将查找到的信息显示给用户。

3. 网络信息检索

随着 Internet 的飞速发展，网络资源日新月异，面对如此巨大的海量信息，人们迫切希望利用这些多媒体、跨语种、数字化的信息资源。目前对网络信息的检索主要有两种形式：目录式检索（也称主题指南）和搜索引擎。

目录式检索是人工建立的、结构化的网址主题类目和子类目，按照字母、时间、地点、主题等顺序进行排列，使用户通过浏览网络站点列表，检索有关信息。它是一种导航式的检索，用户根据所要查找的信息所属的类目逐级进行查找，较为典型的有 Yahoo，Look smart，InfoMine 等。目录式检索的主要优点是人工干预提高了返回结果的相关性；缺点是很难检索到较深的信息，对主题类目和子类目的维护困难。

搜索引擎是目前网络信息检索应用最普遍的一种检索形式，它是继电子邮件服务之后的第二大网络服务。搜索引擎是一种能够通过 Internet 接收用户的查询指令，并向用户提供符合其查询要求的信息资源网址的系统。搜索引擎按检索功能可分为独立搜索引擎和元搜索引擎。独立搜索引擎是指搜索引擎之间没有嵌套，是单一搜索引擎。元搜索引擎综合了多个搜索引擎，它将用户的查询分别送给多个搜索引擎搜索，这样能提高检索的查全率（recall）。按检索的语种可分为单一语言搜索引擎和跨语言搜索引擎。随着网民使用互联网熟练程序的不断提高，用户对网络信息的需求越来越广泛且多样化。因而搜索引擎正在向多媒体、个性化、智能化等方向发展。

4. 智能化信息检索

传统的搜索引擎使用的方法是被动搜索，将来可以利用智能代理技术进行主动信息检索。智能化信息检索就是利用智能代理技术进行主动的信息检索，并通过对用户的查询计划、意图、兴趣方向进行推理预测，为用户提供有效搜索结果的一种新的信息检索方式。它是用自动获得的知识进行信息搜集过滤，并自动将用户感兴趣的信息通过电子邮件或其他方式，提交给用户。随着人们对现在搜索引擎查准率的不满，搜索引擎个性化已成为一个热点。

个性化搜索引擎通过跟踪分析用户的搜索行为，充分利用这些信息来提高用户的搜索效率。这是一种正在发展中的很有前途的搜索引擎人机界面技术，它通过搜索行为分析技术提高搜索效率。

7.1.3 检索系统的结构[①]

信息检索系统的基本结构包括三个部分：检索数据的收集和整理、检索系统、用户的交互界面。其中数据的收集和整理是检索系统的基础，包含了数据的收集、存储、表示等内容；而检索系统是信息检索的核心部分，有查询、待查询文本的处理，索引的建立、相关度的排序等内容；用户的交互界面提供了查询条件内容、条件的输入、查询结果的显示等内容。具体如图 7-1 所示。

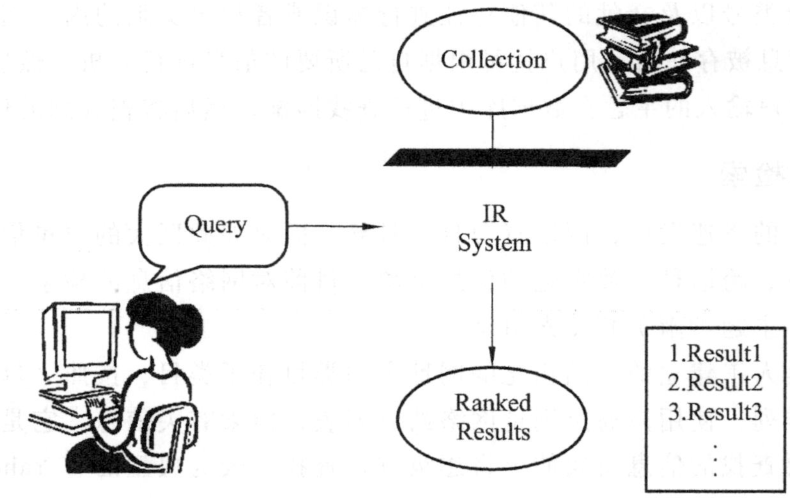

图 7-1 信息检索系统模型

信息检索系统可以按照不同的功能划分成各种模块，如图 7-2 所示。

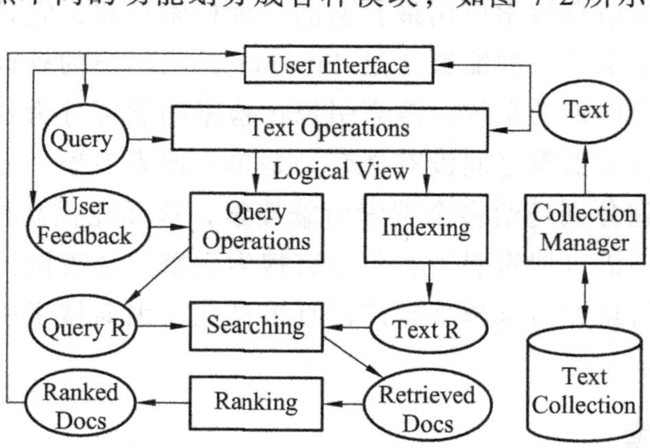

图 7-2 信息检索的系统结构

用户接口（User Interface）是用户和 IR 系统的人机接口，包括输入查询（Query）、返回排序后的结果文档（Ranked Docs）、支持用户进行相关反馈（Feedback），其中文档结果显示可以通过可视化（Visualization）来显示。

① 王斌．现代信息检索[EB/OL]. http://ir.ict.ac.cn/ircourse/.

文本处理（Text Operations）是对查询文本和待查询文本进行的预处理操作，包括分词（Word Segmentation）、词干还原（Stemming）、停用词消除（Stop Word Removal）等自然语言处理的内容，也是信息检索列入自然语言处理研究领域的主要原因之一。

查询处理（Query Operations）是对经过文本处理后的查询进行进一步处理，得到查询的内部表示（Query Representation），是查询表达式的表示形式。可以利用同义词或者近义词对查询进行扩展，即查询扩展（Query Expansion）；也可以利用用户的相关反馈信息对查询进行修改，即查询重构（Query Reconstruction）。

文本标引（Indexing）是对经过文本处理后的文本进行进一步处理，得到文本的内部表示（Text Representation），通常基于标引项（Term）来表示，比如进行向量化、概率计算等不同形式的表示，以倒排表进行存储和建立索引。

搜索（Searching）是从文本中查找包含查询标引项的文本。

排序（Ranking）是对搜索结果的文本按照某种方式来计算其相关度，按照相关度的高低对搜索结果进行排列。

7.2 信息检索的评测

评价一般是指评估某个系统的性能、某种产品的质量、某项技术的价值，或者是某项政策的效果等。信息检索评价则是指对信息检索系统的性能（主要是其满足用户信息需求的能力）进行评估的活动。自信息检索系统诞生以来，对检索系统的评价就一直是推动其研究、开发与应用的一种主要力量。针对一个检索系统，可以从功能和性能两个方面对其进行分析评价。功能评价可以通过测试系统来判定是否支持某项功能，因此相对来说较容易；性能评价是对检索系统的性能来说的，除了系统的时间和空间因素之外，要求检索结果能够按照相关度进行排序。下面先介绍相关度和相关性两个概念。

相关度是假定对于一个给定的文档集合和一个用户查询，存在且只存在一个与该查询相关的文档集合，检索系统的目标就在于检出相关文档而排除不相关文档。

相关性是一种主观评价，依赖于特定用户的判断，依赖于用户的需求，依赖于人的认知和行为能力，依赖于时间的变化。例如，输入："和服"；输出："…咨询和服务…"，由于分词错误，导致检索结果偏离主题；又如，输入："美国总统是谁"；输出："克林顿"，表示信息已经过时。

在早期的检索实验集合中，相关性判断是全方位的，就是说，由专家事先对集合中每一篇文献与每一个主题的相关性做出判断。目前，由于 TREC 的文献集合非常庞大，全方位的判断是不可行的。因此 TREC 相关性判断基于检索问题所带来的测试文档集合采用一种"pooling"的技术来完成。

怎样评价一个检索系统呢？评价和比较检索系统的检索性能时需要具备如下条件：首先，需要一个文档集合 C，系统将从该集合中按照查询要求检索出相关文档。其次，一组用户提交查询要求，即$\{q_1, q_2, \cdots, q_n\}$集合，其中每个查询要求 q_i 描述了用户的信息需求。再次，对应每个用户查询要求产生标准的相关文档集$\{R_1, R_2, \cdots, R_n\}$。最后，通过一组指标来评价系统的性能，这些指标反映系统的检索性能。通过比较系统实际检出的结果文档集和标准的相关文档集，对它们的相似性进行量化，得到这些指标值，比如采用召回率和准确率来进行评价等。

信息检索的评价指标包括基本指标和其他指标。基本指标又包含召回率、准确率；其他指标包含 F 值、AP、MAP 等。召回率和准确率采用图 7-3 和图 7-4 来直观地表示。

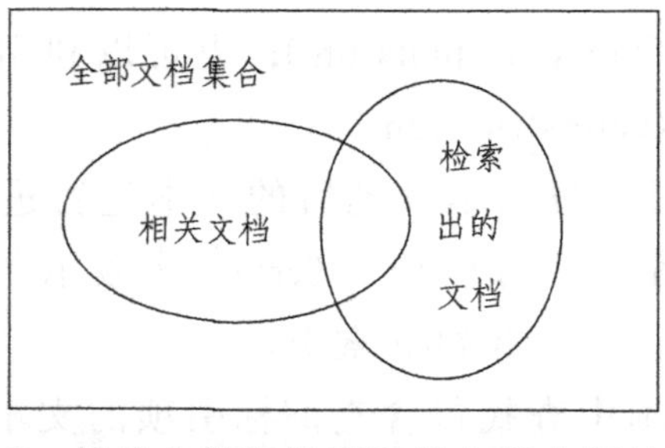

图 7-3　相关文档和检索出的文档之间的关系

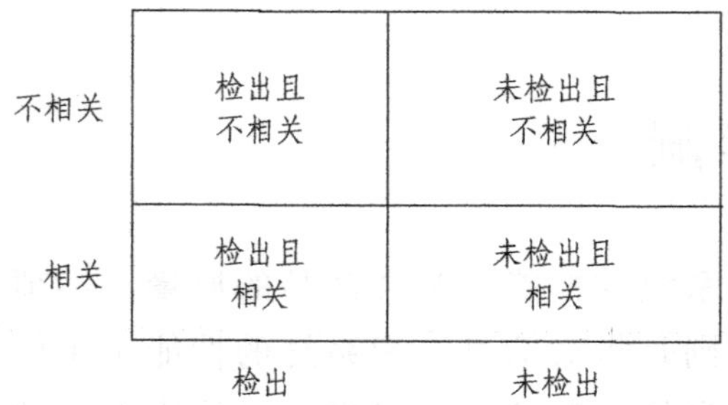

图 7-4　相关与不相关、检出与未检出之间的关系

具体公式如下：

$$召回率(\text{Recall}) = 检出的相关文档数/相关文档数 \tag{7-1}$$

$$准确率(\text{Precision}) = 检出的相关文档数/检出文档数 \tag{7-2}$$

例 1　对于某个查询 Q，本应该有 100 篇相关文档，某个系统返回 200 篇文档，其中 80 篇是真正相关的文档，则召回率和准确率计算如下：

$$\text{Recall} = 80/100 = 0.8$$

$$\text{Precision} = 80/200 = 0.4$$

可以看出召回率较高，但是准确率较低。

例 2　“宁可错杀一千，不可放过一人”，偏重召回率，忽视准确率，冤杀太多。

例 3　判断是否有罪。如果没有证据证明你无罪，那么判定你有罪，召回率高，有些人受冤枉；如果没有证据证明你有罪，那么判定你无罪，召回率低，有些人逍遥法外。

例 4　垃圾邮件过滤中，宁愿漏掉一些垃圾邮件，但是尽量减少正常邮件判定成垃圾邮件。有些用户希望返回的结果全一点，他有时间挑选；有些用户希望返回的结果准一点，他不需要结果很全就能完成任务。

虽然召回率和准确率都很重要，但是不同的应用、不用的用户可能会对两者的要求不一样，因此，实际应用中应该考虑这点。图 7-5 是召回率和准确率之间的关系。

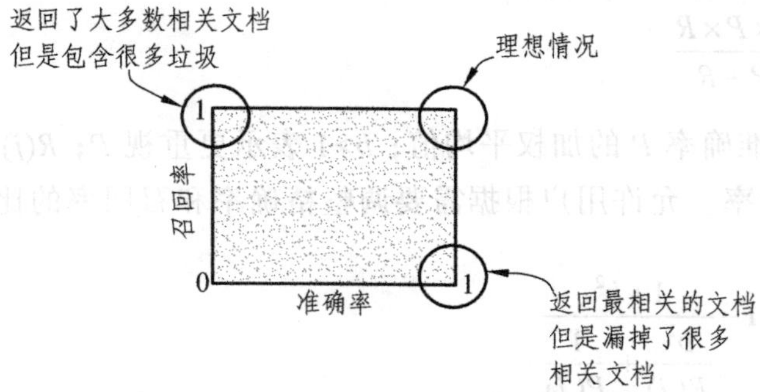

图 7-5　准确率和召回率之间的关系

其他评测方法中，bpref 指标只对返回结果列表中的经过判断后的文档进行评价。在相关性判断完整的情况下，bpref 具有与 *MAP* 相一致的评价结果；在测试集相关性判断不完全的情况下，bpref 依然具有很好的应用。这个评价指标主要关心不相关文档在相关文档之前出现的次数，具体公式为

$$\text{bpref}=\frac{1}{R}\sum_{r}1-\frac{|n\ \text{ranked higher than}\ r|}{R}\tag{7-3}$$

下面举个例子来说明 bpref 的性能。

例 5　假设检索结果集 *S* 为

$$S=\{D_1,\ D_2\cdot,\ D_3{*},\ D_4{*},\ D_5\cdot,\ D_6,\ D_7\cdot,\ D_8,\ D_9,\ D_{10}\}$$

其中，D_2，D_5 和 D_7 是相关文档，D_3 和 D_4 是未经判断的文档。对这个例子来说，$R=3$；bpref = 1/3 [(1 − 1/3) + (1 − 1/3) + (1 − 2/3)]。

RR 排序倒数和 *MRR* 平均排序倒数中，*RR*（Reciprocal Ranking）是第一个相关文档出现位置的倒数，经常用于评价只找到一个相关文档的情况，具体公式为

$$RR=1/r\tag{7-4}$$

其中，*r* 为第一个相关文档在结果中的排序数。如果检索结果中没有相关文档，那么 *RR* 值为 0。

MRR 是在 *RR* 的基础上对多个查询的 *RR* 结果取平均值。即对一个检索系统输入多个查询，分别得到每个查询的排序倒数，取平均即为 *MRR*，计算公式如下：

$$MRR=\frac{\sum_{q=1}^{n}\frac{1}{\text{rank}q}}{n}\tag{7-5}$$

例如，*MRR* = 0.25，就意味着检索系统平均在返回结果的第四个位置找到相关文档。然而 *RR* 评价是基于二元相关判断基础上的，因此，*RR* 与 *MRR* 都不能区分一个高相关性的文档与低相关性文档之间的区别。

F 值是召回率 *R* 和准确率 *P* 的调和平均值，如果 $P=0$ 或 $R=0$，则 $F=0$，否则采用下式计算调和平均值：

$$F(j)=\frac{2}{\frac{1}{R(j)}+\frac{1}{P(j)}}\tag{7-6}$$

$$F=\frac{2\times P\times R}{P+R} \tag{7-7}$$

E 值是召回率 R 和准确率 P 的加权平均值；$b>1$ 表示更重视 P；$R(j)$为第 j 个文档的召回率；$P(j)$为第 j 个文档的准确率。允许用户根据需要调整精确率和召回率的比例，具体公式如下：

$$E(j)=1-\frac{1+b^2}{\dfrac{b^2}{R(j)}+\dfrac{1}{P(j)}} \tag{7-8}$$

$$E=\frac{(b^2+1)\times P\times R}{b^2\times P+R} \tag{7-9}$$

信息检索系统的评测中，国际评测有 TREC 评测，即文本检索会议（Text Retrieval Conference），TREC 是信息检索（IR）界为进行检索系统和用户评价而举行的活动，它由美国国家标准技术协会（NIST）和美国高级研究计划局（DARPA）(美国国防部）共同资助。1992 年开始，每年举行一次，参加者免费获得标准训练和开发数据，参加比赛时收到最新的测试数据，并在限定时间内做出答案，返给组织者。组织者对各参赛者的结果进行评价，包括检索、过滤、问答等多个主题。

NTCIR（NACSIS Test Collection for IR Systems）评测始于 1998 年，是由日本国立信息学研究所（National Institute of Informatics，NII）主办的搜索引擎评价性国际会议。

CLEF 评测于 2000 年开始筹办，是欧洲各国共同合作进行的一项长期研究计划，主要想通过评测信息科技技术，促进欧洲语言中的各种单一语言以及多语言信息技术的发展。CLEF 的目标只在于跨语言信息检索以及多语言信息检索方面的评测。

国内权威的评测是“863”计划中文信息处理与智能人机接口技术评测，由国家高技术研究发展计划（“863”计划）组织和实施。2005 年度评测内容包括机器翻译、信息检索、语音识别内容。各单位在自己的环境中运行参评系统，通过网络参加评测，其中信息检索评测针对中文网页检索进行评测，评测在给定主题情况下，CWT100g 数据集中检索主题相关的描述和陈述，返回数据中与该主题相关的网页。

7.3 信息检索系统的模型及算法①②

信息检索模型分为三类，分别为基于内容的信息检索模型、结构化模型、浏览型数学模型。

1. 基于内容的信息检索模型（计算查询与文档相似度的理论模型）

① 集合论模型：布尔模型、模糊集合模型、扩展布尔模型；

② 代数模型：向量空间模型、广义向量空间模型、潜在语义标引模型、神经网络模型；

③ 概率模型：经典概率论模型、推理网络模型、置信（信念）网络模型。

① 路铭．信息检索模型研究[EB/OL]. mingler.ccshu.org/xdxxjs02.ppt.

② 王斌．现代信息检索[EB/OL]. http://ir.ict.ac.cn/ircourse/.

2. 结构化模型

结构化模型是指结构化、半结构化和平面，包含本体文档、XML 文档、RDF 文档、XML schema 等。

3. 浏览型数学模型

浏览型数学模型包含平面（Flat）、结构导航（Structure Guided）、超文本（Hypertext）等形式。

检索模型的三种类型如图 7-6 所示。

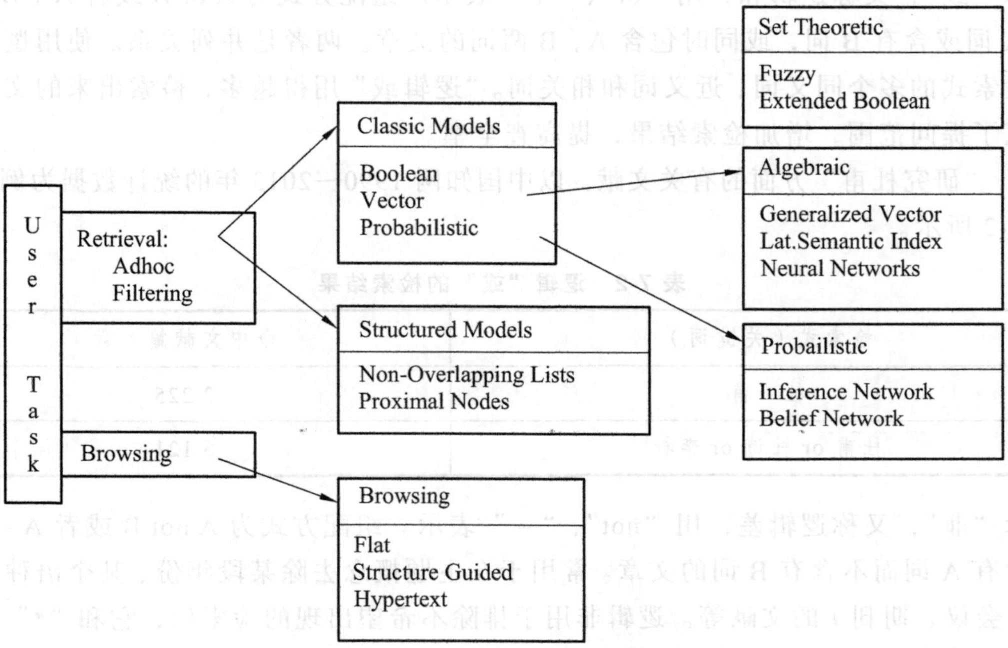

图 7-6 检索模型的三种类型

对文本检索方法的模型基本上分成两类：基于语义的检索方法和基于统计的检索方法。目前在信息检索中占统治地位的是基于统计的检索方法。针对文本的统计检索模型目前主要分成四类：布尔模型（Boolean Model）、向量空间模型（Vector Space Model，VSM）、概率模型（Probabilistic Model）和引用分析模型（Citation Analysis Model）。

7.3.1 布尔模型

布尔逻辑检索是指通过标准的布尔逻辑关系算符来表达检索词与检索词间的逻辑关系的检索方法。主要的布尔逻辑关系词有：逻辑与（and）、逻辑或（or）、逻辑非（not）。

逻辑“与”，又称逻辑乘，用“and”或“*”表示。组配方式为 A*B 或者 A and B，表示两个概念的交叉和限定关系，只有同时含有这两个概念的记录才算命中信息。检索时，“逻辑与”组配越多，检索命中文献的结果就越少，即增加限制条件，以缩小提问范围，减少文献输出量，提高查准率。

例 6 检索有关“高校数字图书馆”的文献。以中国知网 1990 年 1 月至 2013 年 12 月统计数据为例，具体结果如表 7-1 所示。

表 7-1 逻辑“与”的检索结果

检索式（关键词）	命中文献篇数
数 字	5 445
图书馆	57 661
数字 and 图书馆	55
高校 and 数字 and 图书馆	2

逻辑“或”，又称逻辑和，用“or”、“＋”表示。组配方式为 A or B 或者 A＋B，表示检索含有 A 词或含有 B 词，或同时包含 A、B 两词的文章。两者是并列关系。使用逻辑或可连接同一检索式的多个同义词、近义词和相关词。“逻辑或”用得越多，检索出来的文献就会越多，放宽了提问范围，增加检索结果，提高查全率。

例 7 “研究杜甫”方面的有关文献。以中国知网 1990—2013 年的统计数据为例，检索结果如表 7-2 所示。

表 7-2 逻辑“或”的检索结果

检索式（关键词）	命中文献篇名数
杜 甫	2 225
杜甫 or 杜诗 or 李杜	5 121

逻辑“非”，又称逻辑差，用“not”、“－”表示。组配方式为 A not B 或者 A－B，表示检索出含有 A 词而不含有 B 词的文章。常用于在主题概念去除某段年份、某个语种或去除某种类型（会议、期刊）的文献等。逻辑非用于排除不希望出现的检索词，它和“*”的作用相似，能够缩小命中文献范围，增强检索的准确性。

例 8 检索厂家不是哈根达斯的冰激凌。以中国知网 1990—2013 年的统计数据为例，检索结果如表 7-3 所示。

表 7-3 逻辑“非”检索结果

检索式（关键词）	命中文献篇名数
冰激凌 not 哈根达斯	530

布尔逻辑运算符是具有运算优先级的，有括号时，括号内的先执行；无括号时，优先级为 not>and>or。在检索式中只有 and、or 时，前后的检索标识可以交换；检索式中有 not 时前后检索词不能交换。

例 9 复合检索。

检索“唐宋诗歌”的有关信息。查询词的分词结果为唐、宋、诗歌。正确的检索表达式有（唐 or 宋）and 诗歌；唐 and 诗歌 or 宋 and 诗歌。但需要注意的是，在不同的数据库中，所使用的逻辑符号可能是不同的，有的用“and, or, no”，有的用“*，＋，－”。

在百度、Google 搜索引擎中支持布尔逻辑运算符。有些检索系统中高级检索提供逻辑与、或、非检索；在初级检索不支持“and”，“*”和“or”符号。

7.3.2 扩展的布尔模型

扩展的布尔模型是在布尔模型的基础上加入向量空间模型的一些思想，首先将每篇文档表示成 N 维空间上的一个点，比如：文档 d_j 中 Term x 对应的分量可以这样计算：

$$w_{x,j} = \frac{\mathrm{freq}_{x,j}}{\max_l \mathrm{freq}_{l,j}} \times \frac{idf_x}{\max_j idf_j} \tag{7-10}$$

比如处理 or 情况，对于布尔查询 $q = k_x$ or k_y 情况的处理，由于（0，0）是尽量避免的点，因此可以定义（0，0）到（w_x，w_y）[简单计为（x，y）]的距离，并归一化来计算文档和查询的相似度，具体公式如下：

$$\mathrm{sim}(q,\ \mathrm{or},\ d) = \sqrt{\frac{x^2 + y^2}{2}} \tag{7-11}$$

or 和 and 情况下，文档和查询的相似度计算向量如图 7-7 所示。

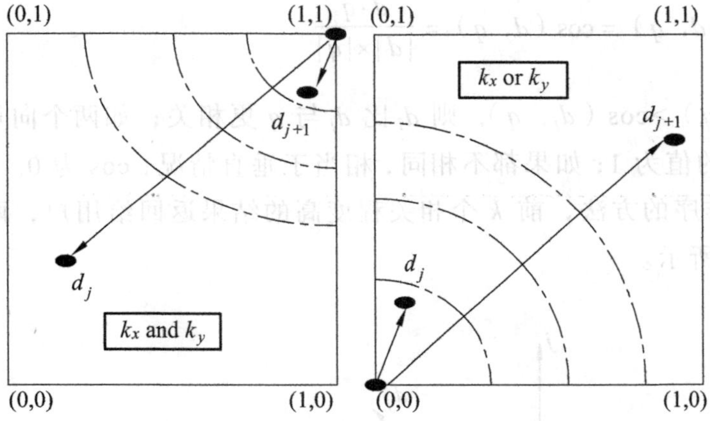

图 7-7　and 和 or 的相似度向量

处理 and 情况时，对于布尔查询 $q = k_x$ and k_y 情况的处理，（1，1）是最希望达到的点，因此可以用（1，1）到（w_x，w_y）[简单计为（x，y）]的距离并归一化来计算相似度。

$$\mathrm{sim}(q,\ \mathrm{and},\ d) = 1 - \sqrt{\frac{(1-x)^2 + (1-y)^2}{2}} \tag{7-12}$$

在多维空间上可以通过计算欧式距离归一化对二维平面的情况进行扩展，or 和 and 的扩展公式如下：

$$\mathrm{sim}(q,\ \mathrm{or},\ d) = \sqrt{\frac{x_1^2 + x_2^2 + \cdots + x_m^2}{m}} \tag{7-13}$$

$$\mathrm{sim}(q,\ \mathrm{and},\ d) = 1 - \sqrt{\frac{(1-x_1)^2 + (1-x_2)^2 + \cdots + (1-x_m)^2}{m}} \tag{7-14}$$

7.3.3 向量空间模型

向量空间模型（Vector Space Model，VSM）是由康奈尔大学的 Salton 等人在 20 世纪 70

年代末提出并倡导的，原型系统为 SMART。该模型采用了“部分匹配”的检索策略，即：部分索引词也可以出现在检索结果中，以克服布尔模型的缺点。可以通过给查询或文档中的索引词分配非二值权值来实现。查询和文档都可转化成由 Term 及其权重组成的向量表示，并可以看成空间中的点。向量之间通过距离计算得到查询和每个文档的相似度。

文档的向量空间模型如下：

设词典 $\Sigma=\{k_1, k_2, \cdots, k_t\}$

文档向量 $d=\langle w_1, w_2, \cdots, w_t\rangle$

式中，变量 $w_i>0$ 为词项 k_i 对应的权值，表示对应于词项 k_i 判断 d 和查询 q 相关性的重要程度。

设 q 为查询向量，$q=\langle v_1, v_2, \cdots, v_t\rangle$，其中，$v_i$ 为对应的词分别在 d 和 q 中出现的次数。

两个 t 维向量，用夹角的 cos 表示“接近度”，即

$$R(d, q)=\cos(d, q)=\frac{d\cdot q}{|d|\times|q|}$$

如果 $\cos(d_i, q)>\cos(d_j, q)$，则 d_i 比 d_j 与 q 更相关；如两个向量的分量都相同，相当于夹角为 0，cos 的值为 1；如果都不相同，相当于垂直情况，cos 为 0。由于返回的值为 0～1 的实数，可以用排序的方法，前 k 个相关程度高的结果返回给用户，两个向量的相似度计算示意图如图 7-10 所示。

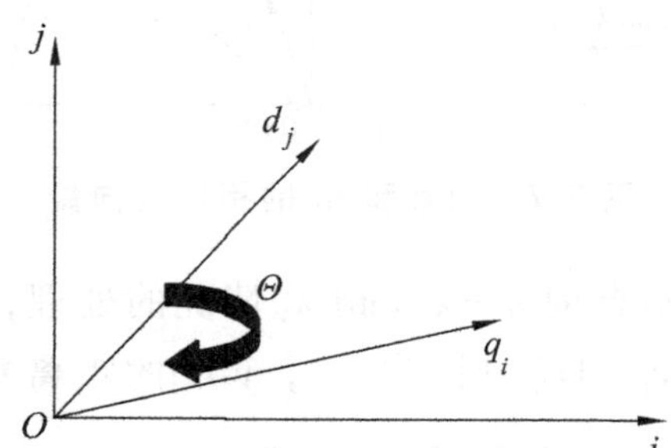

图 7-10 向量的相似度计算

向量相似度计算的公式如下：

$$\text{sim}(q, d_j)=\cos(\Theta)=\frac{\text{vec}(d_j)\cdot\text{vec}(q)}{|d_j|\times|q|} \tag{7-15}$$

$$\text{sim}(d_j,q)=\frac{\sum_{i=1}^{t} w_{i,j}\times w_{i,q}}{\sqrt{\sum_{i=1}^{t} w_{i,j}^2\times w_{i,q}^2}} \tag{7-16}$$

式中，如果 $w_{ij}>0$ 和 $w_{iq}>0$，则 $0\leqslant\text{sim}(q, d_j)\leqslant 1$。文档 d_j 的标记词只要能部分匹配查询语句的标记词，相似度就大于 0，有可能检索到。

7.3.4　概率模型

概率论模型亦称为二值独立检索模型，1976 年由 Roberston 和 Sparck Jones 提出了经典概率模型。概率模型试图在一个概率框架中处理信息检索问题，其基本思想是：给定一个用户的查询，则有一个包含相关文档且不包含不相关文档的集合。设想这个文档集合是一个理想的结果集，给出这个理想结果集的描述，并用于检索。

根据上述内容，将 D 中的所有文档分为两类：一类是与检索需求 q 相关的集合 R，另一类是与检索需求不相关的 $\bar{R}$。在同一类文档中，各个索引项具有相同或相近的分布；而属于不同类的文档中，索引项应具有不同的分布。因此，通过计算文档中所有索引项的分布，就可以判定该文档与检索的相关度。这样，将信息获取看成是一个过程：用户提交一个查询，系统提供给用户它所认为的相关结果列表；用户考察这个集合后给出一些辅助信息，系统再进一步根据这辅助信息（加上以前的信息）得到一个新的相关结果列表；如此继续。

R 表示已知的相关文档集（或最初的猜测集），$\bar{R}$ 表示 R 的补集。$P(R|d_j)$ 表示文档 d_j 与查询 q 相关的概率，$P(\bar{R}|d_j)$ 表示文档 d_j 与查询 q 不相关的概率。文档 d_j 与查询 q 的相似度 sim（d_j，q）可以定义为（相关文档与不相关的比例）：

$$\text{sim}(d_j,q)=\frac{P(R\,|\,d_j)}{P(\bar{R}\,|\,d_j)} \tag{7-17}$$

根据贝叶斯定理：

$$P(A\,|\,B)=\frac{P(B\,|\,A)\cdot P(A)}{P(B)} \tag{7-18}$$

共同的分母 $P(d_j)$ 可以消去，得到如下公式：

$$\text{sim}(d_j,q)=\frac{P(d_j\,|\,R)\times P(R)}{P(d_j\,|\,\bar{R})\times P(\bar{R})} \tag{7-19}$$

假设标引词独立，则

$$\text{sim}(d_j,q)\approx\frac{\left[\prod_{g_i(d_j)=1}P(k_i\,|\,R)\right]\times\left[\prod_{g_i(d_j)=0}P(\bar{k}_i\,|\,R)\right]}{\left[\prod_{g_i(d_j)=1}P(k_i\,|\,\bar{R})\right]\times\left[\prod_{g_i(d_j)=0}P(\bar{k}_i\,|\,\bar{R})\right]} \tag{7-20}$$

式中，q 中有词 k_i，这是概率模型中排序计算的主要表达式。因为概率模型是按概率大小排序，而取对数后的值可以保持和原顺序一致，故取对数。在假设 $P(k_i\,|\,R)+P(\bar{k}\,|\,R)=1$，并忽略保持恒定不变的因子，则相关程度排序公式如下：

$$\text{sim}(d_j,q)\approx\sum_{i=1}^{t}g_i(d_j)\left[\lg\frac{P(k_i\,|\,R)}{1-P(k_i\,|\,R)}+\lg\frac{1-P(k_i\,|\,\bar{R})}{P(k_i\,|\,\bar{R})}\right] \tag{7-21}$$

该方法的优点是，若索引词之间相互独立，则可以得到优化的查询结果；缺点是不考虑索引词在文档中出现的频率。

例 10 利用概率方法进行计算的过程是一个采用迭代的过程。

设找一文档集合作为训练集合，令

$$P(t_i \mid R) = 0.5$$

$$P(t_i \mid \overline{R}) = \frac{n_i}{N}$$

式中，n_i 为包含索引项 t_i 的文档数目；N 为文档总数。

根据公式，计算每个文档与 q 的相关度，并把相关度阈值 s 的文档放入集合 R，把含有标记词 t_i 的放入集合 R_i。在此基础上，计算：

$$P(t_i \mid R) = \frac{|R_i|}{|R|}$$

$$P(t_i \mid \overline{R}) = \frac{n_i - |R_i|}{N - |R|}$$

经过一定的递归计算，得到最终的概率值。

7.3.5 统计语言模型

统计语言模型是由麻省大学（University of Massachusetts，UMass）Bruce Croft 等人于 1998 年提出的，包括一系列模型，其代表系统是 Lemur。统计语言模型来源于语音识别和统计机器翻译，利用概率统计理论研究语言。统计方法认为任何语言片断都有存在的可能，只是可能性大小不同。对于一篇文档 $d = w_1w_2\cdots w_n$，统计语言模型是指文档的概率 $P(w_1w_2\cdots w_n)$，根据 Bayes 公式，有

$$P(d) = P(w_1w_2\cdots w_i) = \prod_{j=1}^{i} P(w_j \mid w_1w_2\cdots w_{i-1}) = P(w_1)\prod_{j=2}^{i} P(w_j \mid w_1w_2\cdots w_{i-1}) \tag{7-22}$$

如果公式变成 $P(w_i \mid w_1w_2\cdots w_{i-1}) = P(w_i)$，这是一元语言模型；如果公式变成 $P(w_i \mid w_1w_2\cdots w_{i-1}) = P(w_i \mid w_{i-1})$，这是二元语言模型；如果公式变成 $P(w_i \mid w_1w_2\cdots w_{i-1}) = P(w_i \mid w_{i-1}w_{i-2})$，这是三元语言模型。

例 11 拼音输入法的统计语言模型。

如果输入 xueyugaoyuan，到底是：学语高缘？血雨告远？还是雪域高原？利用统计语言模型的解决思路是：计算 P（学语高缘）、P（血雨告远）、P（雪域高原），看哪个概率大。

在一元模型（Unigram）下：

P（学语高缘）$=P$（学）P（语）P（高）P（缘）

P（血雨告远）$=P$（血）P（雨）P（告）P（远）

P（雪域高原）$=P$（雪）P（域）P（高）P（原）

在训练语料库中估计以上各 $P(X)$ 的值，得出不同字符组合的概率值，概率大的在文本中出现的可能性更大。

在二元模型（Bigram）下：P（雪域高原）$=P$（雪）P（域|雪）P（高|域）P（原|高）

在三元模型（Trigram）下：P（雪域高原）$=P$（雪）P（域|雪）P（高|雪域）P（原|域高）

理论上说，利用更多的历史模型更准确，但是随着维数的增加，总计算量也在增加，比如上例中二元模型需要计算字和字的组合，三元模型需要计算 3 个字的组合，会发生组合爆炸。

7.4 Web 信息检索①

7.4.1 搜索引擎概述

随着互联网的飞速发展，藏族地区的互联网普及率亦呈逐年增长趋势。当前很多流行的网站都提供对藏文的支持。目前，涉及藏文的每个行业中，藏文信息化的水平在飞速发展，这中间产生了大量的藏文信息资源。为了能够及时准确地获取最新的信息，藏文搜索引擎应运而生。藏文搜索引擎与中文搜索引擎、西文搜索引擎在实现的机制和原理上大致相同，但由于藏文本身的特点，必须引入对于藏文语言本身的处理技术，而藏文自动分词技术就是其中很关键的部分，也是进行后续语义或者是语法分析的基础。藏文自动分词到底对搜索引擎有多大影响？对于搜索引擎来说，最重要的并不是找到所有结果，而是把最相关的结果排在最前面，这也称为相关度排序。藏文分词准确与否，常常直接影响到对搜索结果的相关度排序。分词准确性对搜索引擎来说十分重要，但如果分词速度太慢，即使准确性再高，对于搜索引擎来说也是不可用的。在 Internet 上有上百亿可用的公共 Web 页面，如果分词耗用的时间过长，会严重影响搜索引擎内容更新的速度。因此，对于搜索引擎来说，分词的准确性和速度，都需要达到很高的要求。

更具体地说，现在的搜索引擎需要达到三个要求，才能适应当今这样一个信息爆炸的时代。这三个要求分别是：数据量达到亿级、单次查询毫秒级、每日查询总数支持千万级。搜索引擎除了要用到数量庞大的服务器硬件和快速的网络环境外，还用到软件。该软件的三大核心技术为分词、网络机器人（Spider）和后台索引结构，这三方面是紧密相关的，想要解决分词问题，就要解决搜索时间和搜索准确率两方面的难题。而搜索时间便是通过网络机器人（Spider）和后台索引结构的改进实现的，搜索准确率则是通过分词本身算法的精度来实现的。

7.4.2 搜索引擎的实现技术

1. 搜索引擎的工作原理

搜索引擎并不是真正地搜索互联网，它搜索的是预先整理好的网页索引数据库。一般来说，搜索引擎的原理可以看作三步：从互联网中抓取网页、建立索引数据库、在索引数据库中进行搜索排序。

① 从互联网中抓取网页：通过网页搜索工具 Spider（蜘蛛）或 Robot（机器人）等自动访问互联网，沿着 URL 搜索，并把搜索到的信息带回搜索引擎。

② 建立索引数据库：通过对收集的网页信息进行分析，把这些相关信息进行分类索引，建立索引数据库。

① 张志佳. 搜索引擎中的关键技术及解决[EB/OL]. ishare.iask.sina.com.cn\资料分类\IT 资料.

③ 在索引数据库中进行搜索排序：通过 Web 服务端软件，获得用户输入关键词后，搜索程序从网页数据库中找到符合该关键词的相关网页，为用户提供浏览界面的查询信息。

搜索引擎工作原理如图 7-11 所示。图中相关术语的说明如表 7-4 所示。

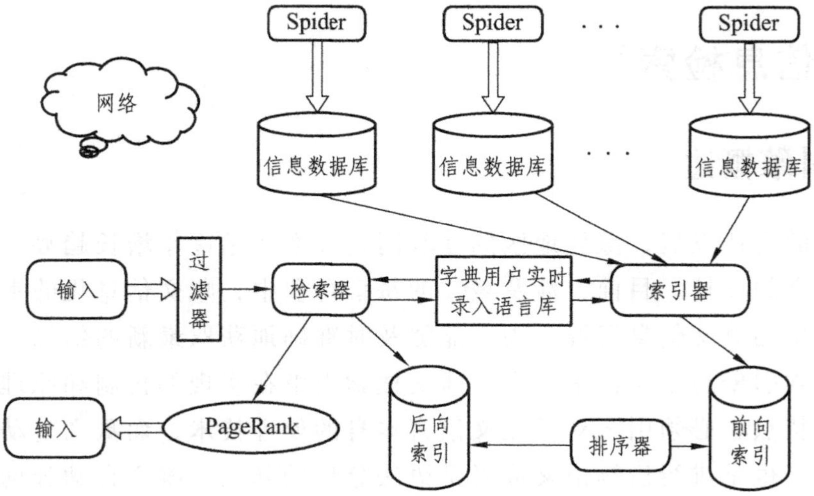

图 7-11　搜索引擎工作原理

表 7-4　搜索引擎工作原理说明

术　语	解释说明
搜索器	搜索器的功能是在互联网中漫游、发现和搜集信息。它通常是一个计算机程序，日夜不停地运行，图中由各类 Spider 程序完成
索引器	索引器的功能是从中提取出索引项，用于表示文档以及生成文档库的索引表。索引表一般使用某种形式的倒排表，即由索引项查找相应的文档
检索器	检索器的功能是根据用户的查询在索引库中快速检出文档，进行文档与查询的相关度评价，对将要输出的结果进行排序，并实现某种用户相关性反馈机制
排序器	由搜索系统程序，从网页索引数据库中找到符合该关键词的所有相关网页，只需按照现成的相关度数值排序，相关度越高，排名越靠前

搜索引擎要解决的问题是怎样去处理互联网中海量的且没有规则的信息，不仅要解决分词问题，还要解决网页爬取、网页评级、索引结构和索引数据库等关键技术。

2. 网络机器人（Spider）

为了保证搜索到的信息的实时性与相关性，就要保证在互联网上搜到的网页获取的及时性。并且对于互联网上现有的几十亿网页进行处理，必须选择一种很好的方法才可以。搜索引擎是通过两种方式来获得互联网上 Web 页面的，一种是定期（比如 Google，一般是 28 天）派出 Spider（蜘蛛）程序，抓取网络上面的新页面，将相关的信息记录在数据库中；另一种是网站的拥有者向搜索引擎提交网址信息，同样将相关的信息记录到数据库中。

而上面所说的 Spider 程序是一种专业的 Bot 程序，是一个功能很强的 Web 扫描程序。它可以在扫描 Web 页面的同时，检索相应的超链接并加入扫描队列等待以后的扫描。网络上面超链接的使用是很普遍的，因此，一个 Spider 程序理论上可以扫描互联网上的所有页面。比如 Google 公司就利用网络机器人程序来遍历 Web 站点，并实时更新已经建立的数据库。从中不难看出，一个网页抓取程序（即 Spider）设计的好坏对搜索引擎性能的影响是很大的。

Spider 程序必须从一个网页迁移到另一个网页，所以必须找到该页面上的超链接。程序首先解析网页的 HTML 代码，查找该页面内的超链接，然后通过递归和非递归两种结构来实现 Spider 程序。非递归结构方法使用队列的数据结构，当 Spider 程序发现超链接后并不调用自己本身，而是把超链接加入等待队列中，当 Spider 程序扫描完当前页面后，会根据制定的策略访问队列中的下一个超链接地址。

虽然这里只描述了一个队列，但在实际编程中用到了四个队列，它们每个队列都保存着同一处理状态的 URL，包括等待队列、处理队列、错误队列、完成队列。Spider 程序的非递归处理过程如图 7-12 所示。

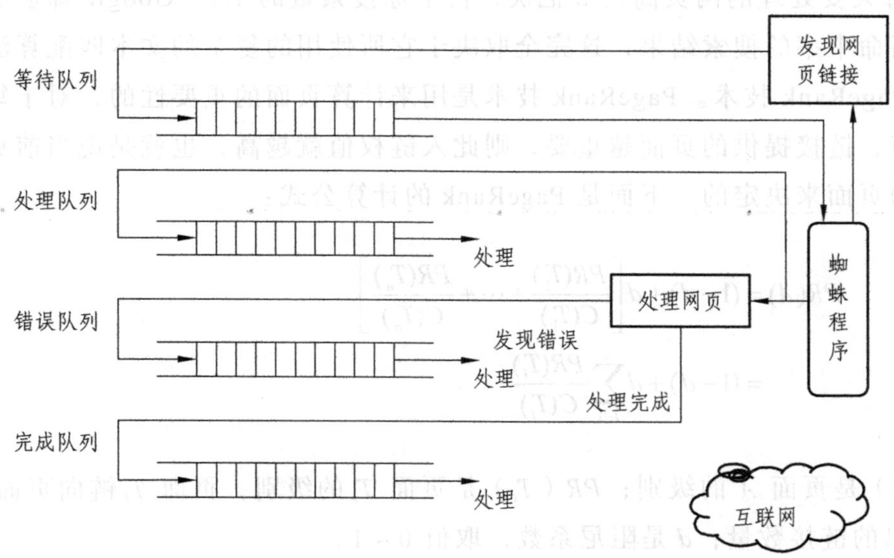

图 7-12　Spider 程序的非递归处理过程

等待队列中，URL 等待被 Spider 程序处理，同时新发现的 URL 也被加入这个队列中；处理队列中，需要被 Spider 程序开始处理的 URL 送到这个队列中，然后根据 URL 抓取网页。抓取的网页如果在解析网页时出错，URL 将被送到错误队列中，该队列中的 URL 不能被移入其他队列中；如果解析网页没有出错，URL 将被送到完成队列中，并且该队列中的 URL 不能被移入其他队列中。

图 7-12 表示了队列的变化过程，在这个过程中，当一个 URL 被加入等待队列中时，Spider 程序就会开始运行；只要等待队列中有一个网页或 Spider 程序正在处理一个网页，程序就会继续它的工作；当等待队列为空并且当前没有任何网页时，Spider 程序就会停止它的工作。

3. 索引数据库

大型搜索引擎的数据库储存了互联网几十亿的网页索引，数据量达到几千个 G 甚至几万个 G。为了发挥查询中更快捷、更准确的作用，搜索引擎在分析索引系统程序对收集回来的网页进行分析，提取相关网页信息，根据一定的相关度算法进行大量复杂计算，得到每一个网页针对页面内容及超链中每一个关键词的相关度，然后用这些相关信息建立网页索引数据库。当用户输入关键词查询时，由搜索系统程序从网页索引数据库中找到符合该关键词的所有相关网页。因为所有相关网页针对该关键词的相关度早已算好，所以只需按照现成的相关度数值排序，相关度越高，排名越靠前。最后，由页面生成系统将搜索结果的链接地址和页面内容摘要等内容组织起来返回给用户。

4. 网页评级技术

由于互联网上 Web 页面的数据量大，用传统的方法来确定检索表达式和网页的相关度会花太多的时间，不能够满足用户的需求。采用网页评级技术，可以保证系统能够快速地反应，并把重要的网页返回给用户。

Google 每天要处理的网页高达 2 亿次，占全球搜索量的 1/3。Google 却能够提供快速的搜索速度和高命中率的搜索结果，这完全取决于它所使用的复杂的文本匹配算法及其搜索程序所使用的 PageRank 技术。PageRank 技术是用来计算页面的重要性的，对于每一个入链赋予不同的权值，链接提供的页面越重要，则此入链权值就越高，也就是说当前页面的重要程度是由其他的页面来决定的。下面是 PageRank 的计算公式：

$$PR(A)=(1-d)+d\left[\frac{PR(T_1)}{C(T_1)}+\cdots+\frac{PR(T_n)}{C(T_n)}\right]=(1-d)+d\sum_{i=1}^{n}\frac{PR(T_i)}{C(T_i)} \tag{7-23}$$

其中，$PR(A)$ 是页面 A 的级别；$PR(T_i)$ 是页面 T_i 的级别，页面 T_i 链向页面 A；$C(T_i)$ 是页面 T_i 链出的链接数量；d 是阻尼系数，取值 0 ~ 1。

公式（7-23）可以直观地描述为：一个来自 PageRank 的值为 3 并拥有 7 个出链的页面重要程度，要比一个 PageRank 的值为 9 并拥有 200 个出链的页面更有价值。

从公式（7-23）可以看出，当要计算某个页面的网页级数时，由于互联网上的页面几乎都是可以相互链接的，因此，要得到某一个页面的网页级数，就要解一个超大维数的方程组。这对于现在的计算机来说，完全是不现实的。Google 采用的是一种近似的迭代方法来计算网页的级别，也就是先给每一个网页一个初值，然后再调用上面的公式，循环运算来得到网页的级别。根据研究，实际要进行 100 次的迭代才能得到整个互联网满意的页面级别值。不过前面已经说过，搜索引擎在获取网页时是定期的，所以总的来说，这种方法在现在的 Web 搜索中具有很强的适用性。

图 7-13 所示是用 PageRank 算法对网页评级的一个结果。从中不难发现，像 Google 这样的大型热门网站获得的网页级别处在金字塔的顶端，Swingline 等网站获得的网页级别就比较低了。

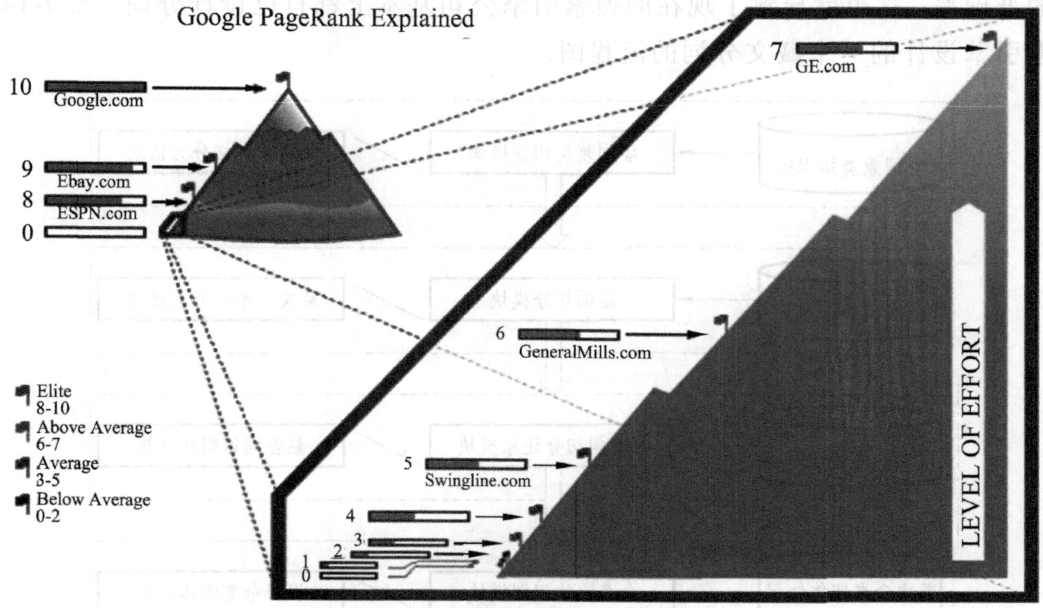

图 7-13　PageRank 算法对网页评级的结果

PageRank 算法并不是完善的，在互联网中，像 Google、百度这样的热门网站会在很多网站中都有链接，比如在查询框中输入“篮球”时，就会有很多这样不相关的网页指向它，从而得到较高的级别。而事实上它们与“篮球”不太相关，对于这种特殊的情况，可以在上面的计算公式中添加一些限制因素来避免。比如在计算时，可以将入链的网页的内容和本网页进行匹配，根据相关程度来决定这种入链是否有效。

通过对由超过 50 000 万个变量和 20 亿个词汇组成的方程进行计算，PageRank 能够对网页的重要性做出客观的评价。使得对互联网中海量的 Web 网页的搜索节省时间，同时也使得搜索结果更接近用户的期望值。

从上面的分析中也能看到，PageRank 算法仍然存在不足。近几年来也有一些新的排名算法出现，比如 HillTop 算法。

HillTop 算法是一种查询相关性链接的分析算法，它克服了 PageRank 查询无关性的缺点。简单地说，HillTop 算法是针对热门查询词来对 Web 网页进行重新排序的技术。可以看到，HillTop 算法通过不同等级的评分，确保了评价结果对关键词的相关性，通过不同位置的评分确保了主题的相关性，通过可区分短语数量防止了关键词的堆砌。

在 HillTop 算法中存在着一种博弈的思想，在链接同类型的网站时，既需要竞争又需要合作，只有被对方“认可”的网站，对热门关键词的查询才会被排在搜索结果的前面。

5. 后台索引结构和分词技术

采用什么样的藏文分词，会影响后面的索引。整体的后台索引结构的基本思想是：把查询结果预先进行运算；当然这些运算出来的结果全部放到内存中，这样查询是最快的，但内存总量毕竟是有限的，所以肯定有大批量数据是放在硬盘中的：搜索高频词的结果放在内存中，低频词的结果放在硬盘上。

在搜索引擎中用到的分词技术和在纯学术领域中用到的分词技术有很大区别。学术界要求分词的准确率极高，但分词速度可以比较低；搜索引擎在保证分词高速的情况下，尽量提高分词的准确率。这也就导致了现在的搜索引擎公司基本上都自己设计分词。图 7-14 是针对藏文搜索引擎设计的一个藏文分词的流程图。

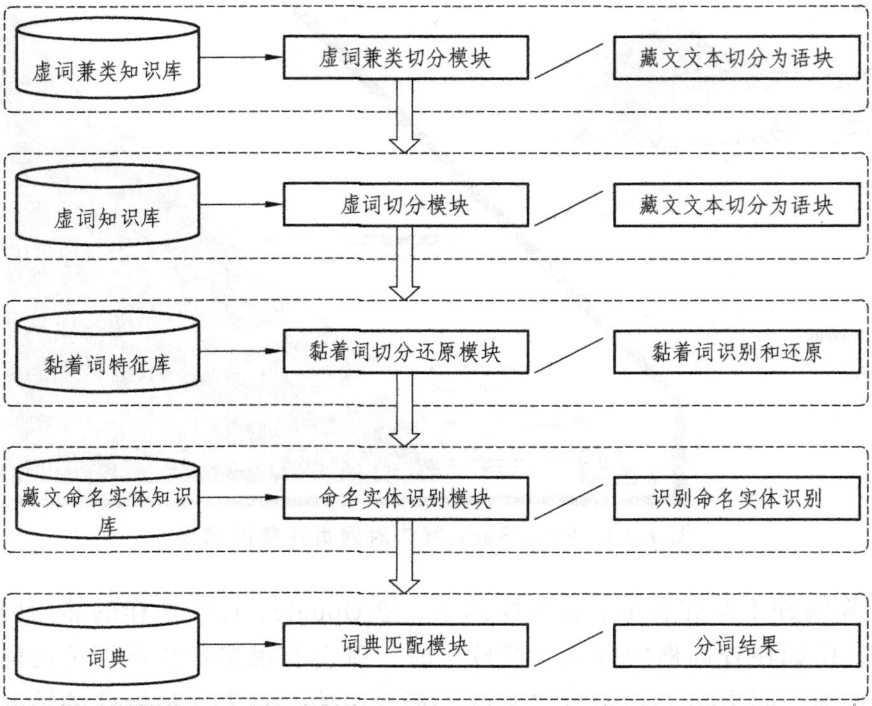

图 7-14 搜索引擎藏文分词的流程

7.4.3 搜索引擎技术的发展趋势

1. 搜索引擎存在的问题

虽然我们现在每天都会在互联网上面浏览网页，用搜索引擎搜索信息，而且搜索的速度也很快；但这并不意味着现在的搜索引擎已经很好了，也不意味着有关搜索引擎的技术问题都攻克了。现有的搜索引擎还存在很多不足，比如：

（1）网络信息质量控制欠缺

任何人只要具备条件，都可以将任何信息放到网上面，而这些信息搜索引擎很难过滤出来，导致了信息过滤技术的产生与发展。

（2）索引数据库更新困难

搜索引擎对互联网上信息的获取是定期的，而不是实时的（主要是数据量过大的原因）。同时，对于搜索引擎所管理的一个庞大的数据库，其更新速度落后于互联网信息的更新速度，并且索引数据库越大，其更新周期就越长。

（3）所有的搜索引擎各行其是，缺乏合作

目前的各个搜索引擎对同一个资源进行重复的分析索引等，浪费了很多时间。比较好的办法是各大公司能够达成某种协议，对此方面的工作能够合作完成，不仅对搜索有很大的帮助，而且会节省很多资金的投入。

（4）网络上面的重复信息太多

网络上面的重复信息太多，而现在的搜索引擎对此方面却无能为力。比如，用搜索引擎搜索某一信息时，虽然搜索的结果是我们想要的某些资源，但是前 10 条或者是前 20 条的信息中有很多内容都是相同的。

2. 搜索引擎技术的发展趋势

（1）向自然语言处理方面发展

信息提取和信息检索协同工作，深入理解文本的内容，提取出用户需要的信息。信息提取和信息检索的协同工作方式是很值得去研究的，并且有很好的商业前景。

（2）向智能搜索方面发展

现在的搜索引擎都是基于关键词匹配的搜索，将来的搜索引擎是向问答式发展的。

（3）向提高网页质量方面发展

比如百度空间中分享了别人的一篇文章，而这篇文章很有可能也被其他很多人引用了，但是搜索引擎会将他们当成不同的信息，同时呈现给不同的用户。未来的搜索引擎向提供搜索质量的方面发展。

（4）向多媒体内容方向发展

多媒体搜索技术要比文字的搜索麻烦很多，信息量不仅很难攻破，而且里面涉及很多其他方面的技术，包括图形图像处理、语音识别、信号处理等。未来的搜索引擎向搜索多媒体方面发展。

7.5　藏文数字图书馆①

国内从事藏文数字图书馆研究的人员比较少，相关项目也很少。目前藏文数字图书馆的研究主要有：

① 2004 年 3 月在国家民族委员会的关心下，由中国藏学出版社、新疆维吾尔自治区民族语言文字工作委员会、西藏大学、西南民族大学、西双版纳出版社、潍坊北大青鸟华光、内蒙古蒙科立公司及北京书同文数字化技术有限公司 8 个单位联合发起的中国多民族文字数字图书馆平台及示范系统（MDL）。

② 结合“国家语委馆藏少数民族文献信息库建设”等科研项目，提出了藏文数字图书馆的体系结构与元数据方案，认为元数据方案在很大程度上决定了藏文数字图书馆各类对象的数据结构，影响着数字资源的管理方式和构建模型。

③ 美国藏传佛教资源中心由美国著名藏文文献家金·史密斯创办。TBRC（Tibetan Buddhist Resource Center）是一个非盈利性组织，收录了包括宗教、哲学、医学、艺术、心理、星相、历算、诗学、历史等藏文文献，收藏内容比较丰富。

2010 年 5 月，TBRC 推出了第二代基于 Unicode 藏文的数字图书馆 2.0 版，运用世界上最先进的数字图书馆技术，功能强大，浏览速度快。首先，TBRC2.0 采用了 Google Web Toolkit（GWT）技术搭建网络架构，采用 Eclipse、eXist、XML 和 oXygen XML editor 等技术进行数据库建设，支持多种浏览器和操作系统。可以说 TBRC2.0 是完全以 XML 相关技术为基础的新形态数据库系统，具有很强的可扩展性和兼容性。其次，一个好的数字图书馆必须具有高

① 周卫红. 基于 Unicode 的藏文文献数字图书馆的构建-以美国藏传佛教资源中心数字图书馆（TBRC）为例[J]. 情报资料工作，2012（1）：105-107.

质量的元数据，否则就是一个具有漂亮外表的空壳，而TBRC数字图书馆的元数据质量很高。再次，TBRC提供了多种实用工具，比如Unicode藏文与藏文拉丁转写（Extended Wylie）之间互相转换工具，以及非Unicode藏文与Wylie之间互相转换。最后，金·史密斯先生创立TBRC的一个重要目的就是，使所有对西藏感兴趣的读者都可以免费看到藏文文献。

藏文文献数字图书馆才起步，还有很多研究空间。建设藏文文献数字图书馆还需要从以下几个方面努力：

① 构建基于Unicode的藏文文献数字图书馆系统。

Unicode是一个国际标准，满足跨语言、跨平台进行文本转换、处理的要求。只有在这种统一编码的架构下，才能建立多种语言关联的全文检索系统。

② 组织专家制定分类编目。

目前我国没有通用的藏文文献著录规则，各涉藏单位图书馆的藏文文献编目都是自行其是，没有形成统一的标准体系。20世纪80年代，国家图书馆黄明信先生编的北京图书馆藏文古旧图书著录暂行条例是针对国家图书馆所藏图书而定的，虽然不能反映整个藏文文献的情况，但对藏文文献编目仍具有很好的参考价值。中国民族图书馆的先巴同志依据汉语文古籍著录标准编写了藏文元数据著录标准化研究，对藏文图书著录进行了较为细致的分析研究。其他各地也有零星的研究成果，要建立好藏文文献数字图书馆，首先必须有藏文图书的分类编目方法。

③ 培养数字图书馆技术人才。

从美国藏传佛教资源中心的分析中可以看出，一个成功的数字图书馆的构建需要藏学学者、文献编目专家和计算机技术人员的通力合作。藏文数字图书馆技术人才匮乏，需要大量培养这方面的人才。

藏文信息检索目前还处在研究的初级阶段，还需要从文献资料的检索、Web资源的搜索两个方面入手，解决藏文信息检索领域的特性和共性的问题。本章从信息检索的概述、检索模型、Web信息检索、藏文数字图书馆的技术等方面进行了描述。

第 8 章

藏文信息提取

8.1 信息提取概述

随着计算机在各个领域的广泛普及和 Internet 的迅猛发展，社会的信息总量呈爆炸式的指数增长。信息总量的量级从 20 世纪 90 年代初的 MB（10^6B）过渡到 GB（10^9B），再到现在的 TB（10^{12}B）。进入 21 世纪后，全世界信息总量更是以每三年增加一倍的速度递增。据统计，在这些海量信息中有 60%～70% 是以电子文档的形式存在的。为了应对信息爆炸带来的挑战，迫切需要一些自动化的技术帮助人们在海量信息中迅速找到自己真正需要的信息。信息提取（Information Extraction，IE）正是解决这个问题的一种方法。

信息提取技术就是指从一段自然语言文本中提取指定的事件、事实信息，并以结构化形式描述信息，提供信息查询、文本深层挖掘、自动问答等应用的技术。也就是从文本中提取用户感兴趣的事件、实体和关系，被提取出来的信息以结构化的形式描述，然后存储在数据库中，为情报分析和检测、比价购物、自动文摘、文本分类等各种应用提供服务。广义上信息提取技术的提取对象并不局限于文本，其他形式存在的信息也可以作为信息提取的对象，而提取的结果则变为相应的结构化数据。

信息提取技术的最终目的就是开发实用的信息提取系统，从自由文本中提取、分析信息，从而得到有用的、用户感兴趣的信息。信息提取技术在军事、经济、医学、科学研究等领域有着极大的应用空间。

与信息提取密切相关的一项研究是信息检索（Information Retrieval，IR）技术。信息提取并不同于信息检索，两者的功能、处理技术、适用领域均不相同，但它们是可以互补的。为了处理海量文本，信息提取系统通常以信息检索系统（如文本过滤）的输出作为输入；而信息提取技术又可以用来提高信息检索系统的性能。二者的结合能够更好地服务于用户的信息处理需求。另外，和信息提取相关的技术还有自动文摘、文本理解、自然语言生成、机器翻译和数据挖掘等。

8.1.1 信息提取的概念

定义 1 信息提取（Information Extraction）是以一个未知的自然语言文本作为输入，产生固定格式、无歧义的结构化信息的过程。

定义 2 信息提取是将获取的信息根据预先定义的模板，从文本中提取特定实体、关系和事件等信息，并对这些信息进行结构化存储和管理的过程。

信息提取技术中将文本、Web 文档、多媒体等信息作为输入，根据某些特定的领域特征，提取结构化的数据或根据某种模板提取实体和实体之间的各种关系，并通过结构化的数据存储数据和管理数据。信息提取作为自然语言处理中一个发展很快的研究领域，首先，信息提取是文本挖掘中最为突出的一项技术，包括自然语言处理的词法分析、词性标注、命名实体识别、句法分析、篇章分析等内容，还结合了自然语言处理、语料资源以及语义技术，目前正趋于成熟。其次，信息提取不是从文件集中选取一个与用户需求相关的子集，而是从文献中直接提取与用户需求相关的事实或信息，分析实体之间的关系、发生事件的主题、倾向性分析等内容。最后，信息提取是一个从无结构的自由文本或其他信息资源中提取出结构化、无二义性信息的过程。

信息提取技术有多种分类方式，根据各种工具采用的原理不同可分为五类：基于自然语言处理方式的信息提取、包装器处理归纳方式的信息提取、基于 Ontology 方式的信息提取、基于 HTML 结构的信息提取和基于 Web 查询的信息提取。

8.1.2 信息提取的历史和现状

从自然语言文本中获取结构化信息的研究最早开始于 20 世纪 60 年代中期。美国纽约大学开展的 Linguistic String 项目①开始于 60 年代中期并一直延续到 80 年代。该项目的主要研究内容是建立一个大规模的英语计算语法，与之相关的应用是从医疗领域的 X 光报告和医院出院记录中提取信息格式（Information Formats），这种信息格式实际上就是定义 2 中所说的模板（Templates）。

20 世纪 70 年代，耶鲁大学的 Roger Schank 及其同事开展了有关故事理解的研究。由他的学生 Gerald De Jong 设计实现的 FRUMP 系统②是根据故事脚本理论建立的一个信息提取系统。该系统从新闻报道中提取信息，内容涉及地震、工人罢工等领域或场景。该系统采用了期望驱动（Top-down，脚本）与数据驱动（Bottom-up，输入文本）相结合的处理方法。这种方法被后来的许多信息提取系统采用。

以上研究被看作是信息提取技术初始研究的两个代表③。

从 20 世纪 80 年代末开始，信息提取研究蓬勃发展起来，这主要得益于消息理解系列会议（Message Understanding Conference，MUC）的召开。正是 MUC 系列会议使信息提取发展成为自然语言处理领域的一个重要分支，并一直推动该领域研究的向前发展。从 1987 年开始到 1998 年，MUC 会议共举行了七届，是由美国国防高级研究计划委员会（DARPA，the Defense Advanced Research Projects Agency）资助的。MUC 的显著特点并不是会议本身，而在于对信息提取系统的评测④。只有参加信息提取系统评测的单位才被允许参加 MUC 会议。

---

① Sager N. Natural Language Information Processing[J]. Reading，Massachusetts: Addison Wesley，1981.

② Dejong G. An Overview of the FRUMP System[J]. In: LEHNERT，W.，& RINGLE，M. h.(eds)，Strategies for Natural Language Processing. Lawrence Erlbaum，1982，149-176.

③ Gaizauskas R，Wilks Y. Information Extraction: Beyond Document Retrieval[J]. Journal of Documentation，1997.

④ Grishman R，Sundheim B. Message Understanding Conference-6: A Brief History[C]. In Proceedings of the 16h International Conference on Computational Linguistics (COLING-96)，August 1996.

在每次 MUC 会议前，组织者首先向各参加者提供样例消息文本和有关提取任务的说明，然后各参加者开发能够处理这种消息文本的信息提取系统。在正式会议前，各参加者运行各自的系统，处理给定的测试消息文本集合，然后由各个系统的输出结果与手工标注的标准结果相对照，得到最终的评测结果。最后，由参与者交流思想和感受。后来，这种评测驱动的会议模式得到广泛推广，如 1992 年开始举行的文本检索会议 TREC2 等①。

从历次 MUC 会议可以清楚地看到信息提取技术发展的历程。1987 年 5 月举行的首届 MUC 会议基本上是探索性的，没有明确的任务定义，也没有制定评测标准，总共有 6 个系统参加，所处理的文本是海军军事情报，每个系统的输出格式都不一样。MUC-2 于 1989 年 5 月举行，共有 8 个系统参加，处理的文本类型与 MUC-1 一样。MUC-2 开始有了明确的任务定义，规定了模板以及槽的填充规则，提取任务被明确为一个模板填充的过程。MUC-3 于 1991 年 5 月举行，共有 15 个系统参加，提取任务是从新闻报告中提取拉丁美洲恐怖事件的信息，定义的提取模板由 18 个槽组成。从 MUC-3 开始引入正式的评测标准，其中借用了信息检索领域采用的一些概念，如召回率和准确率等。MUC-4 于 1992 年 6 月举行，共有 17 个系统参加，任务与 MUC-3 一样，仍然是从新闻报告中提取恐怖事件信息，但提取模板变得更复杂了，总共由 24 个槽组成。从这次会议开始 MUC 被纳入 TIPSTER 文本项目。MUC-5 于 1993 年 8 月举行，共有 17 个系统参加：美国 14 个，英国、加拿大、日本各一个。此次会议设计了两个目标场景：金融领域中的公司合资情况、微电子技术领域中四种芯片制造处理技术的进展情况。与以前相比，MUC-5 提取任务的复杂性更大。MUC-5 的一个重要创新是引入了嵌套的模板结构，信息提取模板不再是扁平结构（Flat Structure）的单个模板，而是借鉴面向对象和框架知识表示的思想，由多个子模板组成。MUC-6 于 1995 年 9 月举行，训练时的目标场景是劳动争议的协商情况，测试时的目标场景是公司管理人员的职务变动情况，共有 16 家单位参加了这次会议。MUC-6 的评测更为细致，强调系统的可移植性以及对文本的深层理解能力，除了原有的场景模板（Scenario Templates）填充任务外，又引入三个新的评测任务：命名实体（Named Entity）识别、共指（Coreference）关系确定、模板元素（Template Element）填充等。最后一届 MUC 会议——MUC-7 于 1998 年 4 月举行。训练时的目标场景是飞机失事事件，测试时的目标场景是航天器（火箭/导弹）发射事件。除 MUC-6 已有的四项评测任务外，MUC-7 又增加了一项新任务——模板关系任务，它意在确定实体之间与特定领域无关的关系，共有 18 家单位参加了 MUC-7 评测。

国内对中文信息提取系统的研究起步较晚，还集中在命名实体识别方面，遵照 MUC 规范的完整的中文信息提取系统还处于探索阶段。在 MUC-6 和 MUC-7 上，增加了中文系统的评测项目，台湾大学和新加坡肯特岗数字实验室参加了 MUC-7 中文命名实体识别任务的评测，测试了中文命名实体（人名、地名、时间、事件等名词性短语）的识别，取得了与英文命名实体识别系统相近的性能。当然这只是对中文信息提取做了初步的工作，并不能真正进行中文信息提取。另外，北京大学计算语言所对中文信息提取也做了比较系统的探讨，承担了两个有关中文信息提取项目的工作。其目标是研究中文信息提取中的一些基础性和关键性的问题，为开发实用的信息提取技术提供理论指导，并具体探讨信息提取系统设计的各个环节。

① 李保利，陈玉忠，俞士汶. 信息抽取研究综述[J]. 计算机工程与应用，2003（10）.

8.1.3 信息提取任务[①]

信息提取系统需要准确识别文本中的各种命名实体（Named Entity），包括文本中出现的人名、地名、机构名、时间、货币以及各种数字字符；需要准确识别并标注共指（Coreference）关系。

在考虑信息提取的体系结构和概念系统时，研究界为信息提取定义了几个子任务，初步构成了一个信息表达单位（Information Object）的概念体系，即 NE，CO，TE，TR，ST 五个过程，具体如下：

实体标识（Named Entity Tagging，NE）：旨在标识人名、地名、机构名。

共指消解（Coreference，CO）：用来把所指相同的实体名字如专用名 Microsoft 和代指词如 this company 或 it 等串联起来。

模板成员（Template Element，TE）：事件模板的成员，由实体名字加上其特征（Descriptors）构成。比如，实体名：Microsoft，类别：公司；特征：software giant。

模板关系（Template Relation，TR）：反映实体之间的关系，比如雇佣关系、机构与其所在地的关系。

事件模板（Scenario Template，ST）：是特定领域事件的有关信息。比如高层管理人员变动（Management Succession）事件就要求自动提取有关信息，填写下述模板内容：涉及公司、上台人物、下台人物、时间、原因等。

例 1 Julian Hill, a research chemist whose accidental discovery of a tough, taffylike compound revolutionized everyday life after it proved its worth in warfare and courtship, died on Sunday in Hockessin, Del. He was 91.

Hill died at the Cokesbury Village retirement community, where he had lived in recent years with his wife of 62 years, Polly.

Julian Werner Hill was born in St. Louis, graduated from Washington University there in 1924 and earned a doctorate in organic chemistry from the Massachusetts Institute of Technology in 1928. His wife recalled on Wednesday that his doctoral studies were delayed a year because he was stricken with scarlet fever.

Hill played the violin and was an accomplished squash player and figure-skater until his early 40s, when an attack of polio weakened one leg, his wife said.

Before his retirement from Du Pont in 1964, Hill supervised the company's program of aid to universities for research in physics and chemistry.

……

上述这段文本为一个网上新闻，以此为例设计实体信息提取的具体过程，包括命名实体识别、实体之间的关系提取、事件提取等内容，具体如下：

（1）实体标识

[Julian Hill]<人名>, a research chemist whose accidental discovery of a tough, taffylike compound revolutionized everyday life after it proved its worth in warfare and courtship, died on [Sunday]<日期> in [Hockessin, Del]<城镇名> . He was 91.

---

① 信息提取[EB/OL]. http://blog.sciencenet.cn/blog-362400-277993. html.

[Hill]<人名> died at the ［Cokesbury Village］<城镇名> retirement community，where he had lived in recent years with his wife of [62 years]<时段>，[Polly]<人名>.

…… [Julian Werner Hill] <人名> was born in [St. Louis]<城镇名>，graduated from [Washington University] <学校名> there in [1924] <年代> and earned a doctorate in organic chemistry from the [Massachusetts Institute of Technology] <学校名> in [1928] <年代>.

……

（2）关系提取

职位：research chemist ← Julian Hill;

年龄：91 ← Hill;

出生地：St. Louis ← Julian Werner Hill;

工作单位：Du Pont Co. ← Julian Werner;

毕业学校：Washington University ← Julian;

毕业学校：Massachusetts Institute of Technology ← Julian;

配偶：Polly ← Julian Hill;

特长：an accomplished squash player and figure-skater ← Julian。

（3）事件提取

<死亡事件> 何人：Julian Werner Hill 何时：Sunday 何地：Hockessin，Del;

<发明事件> 何人：Julian Hill 何物：nylon 何时：1930;

<毕业事件> 学校：Washington University 何时：1924 何地：St. Louis;

……

8.1.4 信息提取系统的评测

信息提取系统的评估可以从三个方面进行：信息提取任务的复杂度、系统使用的技术、系统的可移植性评估。

信息提取的复杂度的评估涉及三个因素：

① 考虑文本的类型；

② 考虑应用的领域；

③ 考虑提取的场景。

信息提取系统性能的评估采用准确率和召回率来进行量化描述。准确率是指提取的信息中正确提取的比例；召回率是指正确提取的信息占应提取信息的比例。一般情况下，当比较两个不同信息提取系统的性能时，采用综合的指标 F 度量。在 MUC 中，衡量信息提取系统的性能主要根据两个评价指标：召回率和准确率。为了综合评价系统的性能，通常还计算召回率和准确率的加权几何平均值，即 F 指数。

信息提取系统的可移植性评估主要采用比较不同的信息提取系统来评估系统的移植性好坏，还没有量化的信息提取可移植性评估指标。

信息提取领域的评测会议对信息提取技术标准化起到了积极的推动作用，通过系统化、大规模定量测评，为信息提取提出了一系列具体的实现方法。信息提取领域的评测会议有信息理解研讨会（MUC）、多语种实体评价任务（MET）、自动内容提取（ACE）、文本理解会议（DUC）等。

ACE 评测会议[①]于 2000 年 12 月正式启动，由美国国家安全局（NSA）、美国国家标准和技术学会（NIST）以及中央情报局（CIA）共同主管，包括 2007 年最新一届在内已经举办过 8 届。测评中需要的大量训练集和测试集均由语言资源联盟（Linguistic Data Consortium，LDC）提供。ACE 主要关注 6 个领域的信息：网络上的专线新闻（News Wire）、通过 ASR（自动语音识别）得到的广播新闻（Broadcast Conversations）、通过 OCR（光学字符识别）得到的报纸新闻（Newspaper）、新闻组（Usenet）、对话性的电话谈话（Conversational Telephone Speech）和网络日志（Weblog）。其测评任务为实体探测与识别（Entity Detection and Recognition，EDR）、价值探测与识别（Value Detection and Recognition，VAL）、时间表达识别与标准化（Time Expression Recognition and Normalization，TERN）、关系探测与识别（Relation Detection and Recognition，RDR）以及事件探测与识别（Event Detection and Recognition，VDR）。测评系统要求按照用户制定的内容种类进行提取，采用了以漏报（标准答案中有而系统输出中没有）和误报（标准答案中没有而系统输出中有）为基础的一套方法。ACE 的目标是发展包括自动识别和标识文本在内的自动内容提取技术，以支持对语料库的自动处理。

总体而言，ACE 测评会议开展至今，参加的单位来自北美、亚洲、欧洲等多个国家和地区，表明信息提取作为一项新兴技术领域，受到了越来越广泛的重视。而各队选择的任务仍然普遍集中于基础任务（如实体识别）和大语种（如英语和中文），也体现了目前的信息提取在提取深度和多语种提取方面的局限性。

8.2 信息提取系统的结构[②]

8.2.1 信息提取系统的构建方法

在信息提取技术中，对自由文本进行信息提取需要运用许多自然语言处理（NLP）知识，所以自由文本信息提取系统的构建是比较复杂和困难的。在信息提取系统的构建过程中，最重要的是如何获得提取模式（Extraction Pattern）。根据提取模式获得方式的不同，信息提取系统的构建主要有两种方法，即知识工程方法（Knowledge Engineering Approach）和机器学习方法（Machine Learning Approach，也叫自动训练方法（Automatically Trainable System）。

知识工程（KE）方法依靠人工编写提取模式，使系统能处理特定知识领域的信息提取问题。这种方法要求编写提取模式的知识工程师对特定知识领域有深入的了解，该法具有性能好和易开发等优点。

机器学习（ML）方法是利用机器学习技术让信息提取系统通过训练文本来获得提取模式，实现特定领域的信息提取功能。任何对特定知识领域比较熟悉的人都可以根据事先约定的规则来标记训练文本，利用这些训练文本训练后，系统能够处理没有标记的新文本。

---

① 赵琦，刘建华，冯浩然．从 ACE 会议看信息抽取技术的发展趋势[J]．数字图书，2008（3）．

② 信息抽取技术及前景浅析[EB/OL]. jpkc.tongji.edu.cn/.../072529.

知识工程方法的设计初始阶段较容易，但是要实现较完善的规则库的过程往往比较耗时耗力。机器学习方法提取规则的获取是通过学习自动获得的，但是该方法需要足够数量的训练数据，才能保证系统的提取质量。

下面介绍两种信息提取结构：通用信息提取结构和 Bare Bones 结构。

8.2.2　通用信息提取结构

通用信息提取结构是由 Hobbs 提出的，也叫 Hobbs 结构。

将信息提取系统抽象为“级联的转换器或模块集合，利用手工编制或自动获得的规则在每一步过滤掉不相关的信息，增加新的结构信息”，其组成如图 8-1 所示。

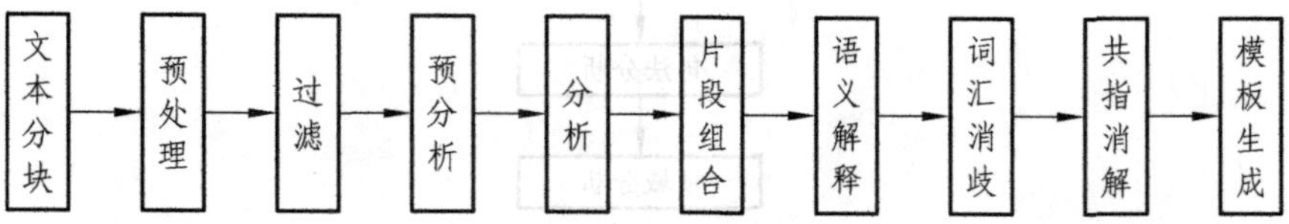

图 8-1　信息提取过程

① 文本分块：将输入文本分割为不同的部分——块。

② 预处理：将得到的文本块转换为句子序列，每个句子由词汇项（Lexical Items，词或特点类型短语）及相关的属性（如词类）组成。

③ 过滤：过滤掉不相关的句子。

④ 预分析：在词汇项序列中识别确定的小型结构，如名词短语、并列结构等。

⑤ 片段组合：如果上一步没有得到完整的分析树，则需要将分析树片段集合或逻辑形式片段组合成整句的一颗分析树或其他逻辑表示形式。

⑥ 语义解释：从分析树或者分析树片段集合生成语义结构、意义表示或其他逻辑形式。

⑦ 词汇消歧：消解上一模块中存在的歧义得到唯一的语义结构表示。

⑧ 共指消解：也称篇章处理，通过确定同一实体在文本不同部分中的不同描述将当前句的语义结构表示合并到先前的处理结果中。

⑨ 模板生成：由文本的语义结构表示生成最终的模板。

当然，不是所有的信息提取系统都包含所有的模块，并且也未必完全遵循以上的处理顺序，但一个信息提取系统应该包含以上模块中描述的功能。一个典型的信息提取系统的工作过程主要包括：

① 用一组信息模式（Info Patterns）描述感兴趣的信息。信息模式一般可表示为一个简单的句子，如<公司名>“推出”<产品名>。系统针对某一领域的信息特征预定义一系列信息模式存于模式库中。

② 对文本进行“适度的”词法、句法及句子分析，并作各种文本标引。这个过程通常包含识别特定的名词短语（人名、机构名等）和动词短语（事件描述、事件陈述）。这需要使用合适的词典、构词规则库和分词算法等支持。

③ 典型的信息提取系统还包括一个预处理过程，目的在于过滤掉与提取目标不相干的文本；然后通过词法分析和标引，识别所有相关的词汇（“关键词”识别与标引）；句法和语

义分析只应用于所有包含了关键词典句子的集合，对每个句子的分析结果近似于该句子的语义框架表示；最后对这些框架进行合并和综合，便可得到所需信息的各种数据项（关系数据模式的各个字段）。

8.2.3 Bare Bones 结构

空骨架（Bare Bones）结构是Hobbs结构的一个简化，其示意图如图 8-2 所示。

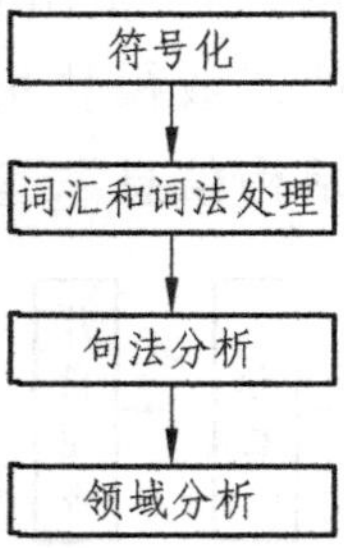

图 8-2 Bare Bones 结构图

其实一个信息提取系统只有图 8-2 所示的 4 个部分是不够的，所以以上结构称为“空骨架”。有“血肉”的信息提取系统在“空骨架”的基础上，还需要添加词分割、部分语言标记、词组理解等内容，使得该“空骨架”变成一个完整的、有“血肉”的信息提取系统，如图 8-3 所示。

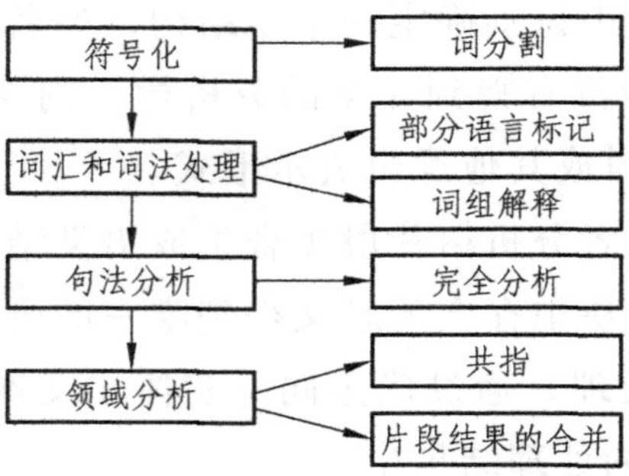

图 8-3 一个有“血肉”的信息提取系统结构

其中，符号化的主要工作是进行词的分割，类似于 Hobbs 结构的文本分块。词汇和词法处理则是根据词典和各种标记来理解词汇的意义，从而进行实体的识别。句法分析得到文档的某种结构表示，如完整的分析树或分析树片段集合。领域分析可以分为共指分析和片段结果（模版）的合并两部分。

8.3 信息提取中的自然语言处理技术

1. 命名实体识别

命名实体识别是信息提取的一项基本任务。什么是命名实体识别？命名实体识别（NE）是指识别文本中具有特定意义的实体，主要包括人名、地名、机构名、专有名词等。信息提取中命名实体的识别涉及自然语言处理的分词技术和词性标注的内容，判断文本中的一个词串是否为一个命名实体。首先在分词的基础上，对分词结果的词串进行分类，分类需要依据词性标注的内容。

2. 句法分析

通过句法分析得到输入的某种结构表示，如完整的分析树或分析树片段集合，是计算机理解自然语言的基础。在信息提取领域越来越多的系统采用部分分析技术，其主要原因是：

（1）信息提取任务自身的特殊性

需要提取的信息通常只是某一领域中数量有限的事件或关系。文本中可能只有一小部分与提取任务有关。并且，对每一个句子并不需要得到它的完整的结构表示，只要识别出部分片段间的某些特定关系就行了，从而得到的只是完整分析树的部分子图。

（2）部分分析技术在 MUC 系列评测中的成功

SRI 公司在其参加 MUC-4 评测的 FASTUS 系统中开始采用层级的有限状态自动机（Cascaded Finite-State Automata）部分分析方法。该方法使 FASTUS 系统具有概念简单、运行速度快、开发周期短等优点，在多次 MUC 评测中都居于领先地位。

（3）部分分析方法是目前较好的方法

部分分析技术只能使信息提取系统的处理能力达到不高的水平（F 指数小于 60%），要想使其性能有大的飞跃，必须探索更有效的分析技术。

3. 文章分析和推理

一般来说，用户关心的事件和关系往往散布于文本的不同位置，其中涉及的实体通常可以有多种不同的表达方式，并且还有许多事实信息隐含于文本之中。为了准确而没有遗漏地从文本中提取相关信息，信息提取系统必须识别文本中的共指现象，进行必要的推理，以合并描述同一事件或实体的信息片段。因此，篇章分析对信息提取系统来说是必不可少的。

初看起来，信息提取中的篇章分析比故事理解中的篇章分析要简单得多。因为在信息提取中只需要记录某些类型的实体和事件；但是，大多数信息提取系统只识别和保存与需求相关的文本片段，从中提取出零碎的信息。在这个过程中很可能把用以区分不同事件、不同实体的关键信息给遗漏了。在这种情况下要完成篇章分析是相当困难的。

信息提取系统除了要解决文本内的共指问题外，还需要解决文本间的（跨文本的）共指问题。在文本来源比较广泛的情况下，很可能有多篇文本描述了同一个事件、同一个实体，不同文本间还会存在语义歧义，如相同的词有不同的含义、不同的词代表一个意思。为了避免信息的重复、冲突，信息提取系统需要有识别、处理这些现象的能力。

4. 知识理解

作为一种自然语言处理系统，信息提取系统需要强大知识库的支撑。在不同的信息提取系统中知识库的结构和内容是不同的，但一般来说，都要包括以下部分：

（1）一部词典（Lexicon）

该词典用于存放通用词汇以及领域词汇的静态属性信息。

（2）一个提取模式库（Extraction Patterns Base）

每个模式可以有附加的（语义）操作，模式库通常也划分为通用部分和领域（场景）专用部分。

（3）一个概念层次模型（Ontology）

通常是面向特定领域或场景的，是通用概念层次模型在局部的细化或泛化。

除这些之外，可能还有篇章分析和推理规则库、模板填充规则库等。

信息提取系统通常是面向特定应用领域或场景的，这种领域受限性决定了信息提取系统中用到的主要知识是所谓的浅层知识。这种知识的抽象层次不高，通常只适用于特定应用领域。如果要把一个信息提取系统移植到新的领域或场景，开发者必须要为系统重新编制大量的领域知识。一般来说，手工编制领域知识往往是枯燥的、费时的、易错的，费用较高，并且只有具有专业知识（应用领域知识、知识描述语言知识，熟悉系统的设计与实现）的人员才能胜任这种工作。另外，由于自然语言中存在的“长尾”综合效应（“Long Tail” Syndrome）或称 Zipf 法则，人工编制的知识库很难达到很高的语言覆盖面。因此，知识获取问题已经成为制约信息提取技术广泛应用的一个主要障碍。它除了影响系统的可移植性外，也是影响系统性能的主要因素。正因为如此，近几年召开的多次专题学术研讨会上，探讨了以解决知识获取问题、建立了具有自适应能力的信息提取系统的方案。领域知识获取可以采用的策略通常有两种：手工 + 辅助工具（图形用户接口）；自动/半自动 + 人工校对。前者相对简单一些，人工工作仍然是主体，只是为移植者提供了一些图形化的辅助工具，以方便和加快领域知识获取过程。后者采用有指导的、无指导的或间接指导的机器学习技术，从文本语料中自动或半自动获取领域知识，人工干预程度较低。

8.4 信息提取技术

8.4.1 基于规则的信息提取技术

基于规则的信息提取分为信息提取规则的学习和利用规则获取目标信息两个阶段。信息提取规则主要用于指明构成目标信息的上下文约束环境，如 CIRCUS 系统的提取规则为概念节点，每个概念节点主要由触发词、激活条件、硬性约束、软性约束和目标信息位置这几项组成。其中触发词用于指示目标信息的上下文中必须含有的关键词；激活条件指定必须满足的语言模式；硬性约束是强制性的语义约束；软性约束是可违背的一种语义限制。信息提取过程中，只要找到了满足规则约束条件的信息，也就找到了需要提取的信息，因此信息提取中规则本身的学习比信息内容的提取显得尤为重要。

规则学习过程称为知识的构建过程，包括知识的手工编制、知识的半自动获取和自动获取三个部分。

从研究对象来看，包括自由式文本、半结构化文本、结构化文本的信息提取内容。自由式文本通常指具有完整句法意义的文本，如新闻文本。处理自由文本的信息提取系统通常使用自然语言处理技巧，其提取规则主要建立在词或词类间句法关系的基础上。需要经过处理的步骤包括：句法分析、语义标注、命名实体识别（如人物、公司）和提取规则。规则可由人工编制，也可从人工标注的语料库中自动学习获得。

结构化文本是一种数据库里的文本信息，或者是根据事先规定的严格格式生成的文本。从这样的文本中提取信息是非常容易的，准确度也高，通过描述其格式即可达到目的，所用的技巧也相对简单。

半结构化文本是一种介于自由文本和结构化文本之间的数据，通常缺少语法，像电报报文，也没有严格的格式。用自然语言处理技巧对这样的文本并不一定有效，因为这种文本通常连完整的句子都没有。因此，对于半结构化文本不能使用传统的信息提取技巧，同时，用来处理结构化文本的简单的规则处理方法也不能奏效。在半结构化文本中确实存在一些结构化的信息，但是，提取模式通常依赖字符和像 html 标记那样的分隔标志。

针对自由文本信息提取的机器学习方法很多，但以归纳学习方法和隐马尔科夫模型为主[①]。

8.4.2 归纳学习法

归纳学习法是从一些事例中完成未知目标概念的计算任务，是对现象的一种概括。主要思路是：如果归纳出来的规则能解释观察到的事例，或者在新事例出现时能做出准确的预测，那么这种归纳是成功的。在分类、知识获取、知识发现等任务中被证明是有用的。

归纳学习法是通过推论来完成的。推论是一种从部分到整体、从个别到一般、从个体到普遍的推理过程。归纳式学习法是一种建立在假设的基础上的研究方法。

有指导的归纳式学习法可以分为两类：零阶（Zero-order）和一阶（First-order）学习法。两者的区别在于其训练数据和所形成的理论的表达方式的不同。

零阶学习法所采用的事例是事先分好类的。每个事例都由对应于固定属性集合的特定值描述。这类系统发展的理论以决策树（Decision Tree）或生成规则（Production Rules）的形式出现，把事例的类和它的属性值联系起来。但决策树的学习系统缺少表达能力，因为它们建立在命题逻辑的基础上，不能学习到诸如对象之间的关系（如家族成员的关系）之类的概念。从数据库角度看，它们只能处理“属性-值”的关系。

关系型一阶学习法可在带有结构信息的例子中进行归纳，尤其是 ILP 方法，专门研究从例子中归纳一阶逻辑形式的规则、逻辑编程的学习以及其他关系型知识。

8.4.3 隐马尔可夫模型

HMM 是一种随机的有限状态自动机，已成功应用于语音识别、手写体识别等领域。HMM 最近几年被引入信息提取中，已经得到了成功的应用。HMM 有非常适合自然语言处理的统计基础，对于新数据的处理有良好的鲁棒性，并且有成熟的学习算法，对信息提取是一个成功的模型。

HMM 提供了一种基于训练数据的概率自动构造识别系统的技术。一个 HMM 包含两层：一个可观察层和一个隐藏层。可观察层是待识别的观察序列，隐藏层是一个马尔可夫过程，

① 叶娜. 面向信息抽取的文本预处理和规则自动学习技术研究[D]. 沈阳：东北大学，2004.

即一个有限状态机，其中每个状态转移都带有转移概率。一个 HMM 可以看成一个五元组$\{S, V, \boldsymbol{A}, \boldsymbol{B}, \Pi\}$：

$$S=\{S_1, S_2, \cdots, S_N\}$$
$$V=\{V_1, V_2, \cdots, V_M\}$$
$$\boldsymbol{A}=\{a_{ij}=P(q_{t+1}=S_j|q_t=S_i), 1\leqslant i, j\leqslant N\}$$
$$\boldsymbol{B}=\{b_j(V_k)=P(V_k \text{ at } t|q_t=S_j), 1\leqslant j\leqslant N, 1\leqslant k\leqslant M\}$$
$$\Pi=\{\pi_i=P(q_1=S_i), 1\leqslant i\leqslant N\}$$

式中，S 是状态集，共有 N 个状态；V 是词汇集，共有 M 个可能的输出单词；$\boldsymbol{A}$ 是 $N\times N$ 的状态转移矩阵，a_{ij} 表示从状态 S_i 转换到状态 S_j 的概率；$\boldsymbol{B}$ 是 $N\times M$ 的释放概率矩阵，$b_j(V_k)$ 表示在状态 b_j 时释放单词 V_k 的概率；Π 是初始状态概率集合；π_i 是第 i 个状态作为初始状态的概率。

基于 HMM 的文本信息提取中，主要应用 HMM 模型的学习问题和解码问题。信息提取时，一般是先训练样本，采用 ML（Maximum Likelihood）算法（对于已标记训练样本）或 Baum2Welch 算法（对于未标记训练样本）进行学习，得出 HMM 模型参数，然后采用 Viterbi 算法将待提取的输入文本序列标记为最大概率的状态标签序列。状态标签是事先定义的待提取内容标签。主要采用两个步骤来提取信息：

① 应用统计的方法从训练样本中得出 HMM 模型参数。例如采用 ML 算法，建立 HMM 模型。ML 算法主要以统计的方法得出 HMM 模型参数，分别求模型的初始状态概率、转移状态概率和状态释放概率。

② 应用已建立好的 HMM 模型进行文本信息提取，以文本观察序列 $O=O_1, O_2, \cdots, O_T$ 作为模型输入，采用 Viterbi 算法，找出最大概率的状态标签序列，被标记为目标状态标签的观察文本即信息提取的内容。

基于 HMM 的信息提取算法的优点是充分利用统计学的理论，对于新数据的适应性强，并且训练耗时短。其缺点是需要大量的训练数据，并且还缺乏通用的模型构造方法。

8.5 Web 信息提取技术[①]

1. 基于自然语言处理方式的信息提取

基于自然语言处理（Natural Language Processing，NLP）方式的信息提取的处理过程一般可归为语音、词、词形、语法、语义、篇章、语用 7 个不同的抽象级别。这类信息提取主要适用于源文档中包含大量文本的情况（特别针对于合乎文法的文本），在一定程度上借鉴了自然语言处理技术，利用子句结构、短语和子句间的关系建立基于语法和语义的提取规则实现信息提取。NLP 方式的难点在于：信息提取速度太慢，信息提取与文本理解之间存在较大的差别。

① 蒲筱哥. 基于 Web 的信息抽取技术研究综述[J]. 现代情报，2007（10）：215-219.

2. 包装器方式的信息提取

包装器归纳方式的信息提取是根据事先由用户标记的样本事例，应用机器学习方式的归纳算法，生成基于定界符的提取规则。其中定界符实质上是对感兴趣语义项上下文的描述，即根据语义项的左右边界来定位语义项。该类信息提取方式和基于自然语言理解方式的信息提取技术最大的不同在于，仅仅使用语义项的上下文来定位信息并没有使用语言的语法约束。采用这种原理的典型的系统有 STALKER，SOHTMEALY，WIEN。

3. 基于本体方式的信息提取

Ontology 可译为"本体"、"本体论"或"知识本体"，可理解为对某种概念化体系的规范说明。其中有两层意义：一是先要对某个领域进行抽象、归纳，即把这一领域概念化；二是再对这一概念化的结果用人、计算机、代理都可以理解的一种通用规范表达出来，表达出来后就形成了一个 Ontology。它是描述概念及概念间关系的概念模型，通过概念之间的关系来描述概念的语义。

该类信息提取主要是利用对数据本身的描述信息实现提取，对网页结构的依赖较少。由 Brigham Yong University 信息提取小组开发的信息提取工具中采用了这种方式，另外 QUIXOTE 也采用了这种方式。

4. 基于 HTML 结构的信息提取

该类信息提取技术的特点是根据 Web 页面的结构定位信息。在信息提取之前通过解析器将 Web 文档解析成语法树，通过自动或半自动的方式产生提取规则，将信息提取转化为对语法树的操作实现信息提取。采用该类技术的典型系统有 LIXTO 等。

5. 基于 Web 查询的信息提取

开放域的信息提取现在受到广泛的重视。在 MUC（信息理解研讨会）阶段，信息提取测评严格限制在特定场景、特定事件和特定语言中，系统移植成本较高。在 ACE 中已经取消了这种限制，改由用户指定要检测的内容，由系统根据需求自动适应、自动构建提取框架，即实现开放域的信息提取。目前通过模式发现、建立信息模型、词类发现等方式，研究者已经逐渐把提取的重点从半结构化的次语言等受控语料，转向了具有更多非结构化特征的原始文本语料，未来在这个领域的研究将是非常吸引人的。

总之，面向实际应用和潜在需求，建立自适应的、可移植的系统是未来信息提取的发展方向，立足于目前已有的研究成果，建立受测试集驱动、通过机器学习构建有监督机制的规则库，并在此基础上实现知识获取将成为一条发展的思路。伴随着互联网及数字图书馆等相关技术的发展，信息提取在互联网及图书馆信息处理自动化中将具有深远的影响。

8.6 藏文信息提取初探

8.6.1 藏文命名实体

藏文命名实体识别中主要识别藏文人名、藏文地名、藏文机构名、藏文数量结构等内容，与其他语种类似，藏文命名实体识别上可以采取基于规则的方法、基于统计的方法、规则和统计相结合的方法。

藏文命名实体没有明显的区分标记，没有英语的大小写特征，它们和其他非命名实体没有形态上的区别。在形态上类似于中文命名实体，但是它又没有中文命名实体本身的更有助于识别的特点。

1. 藏文人名

藏文人名一般没有姓氏，取名较随意，音节长度不限。例如，以自然界事物命名的ཉི་མ།（太阳），ཟླ་བ།（月亮）等；以出生日期命名的བཅོ་ལྔ།（十五）；以描述吉祥词语命名的བཀྲ་ཤིས།（吉祥）、བདེ་སྐྱིད།（幸福）等。

2. 藏文机构名

机构名识别上，有特征词结尾或开头的，以特征作为触发词，提取相应的命名实体。

3. 藏文数字①

数字识别上，数词通常有 3 种表达方式。第一种是阿拉伯数字，比如“2012”；第二种是藏文基本数字构件：༠（0），༡（1），༢（2），༣（3），༤（4），༥（5），༦（6），༧（7），༨（8），༩（9）。比如“༢༠༡༢（2012）”；第三种是藏文组合数词，组合数词是由藏文数词基本构件以一定的规则组合而成，比如“སུམ་ཅུ་སོ་ལྔ་（35）”。前两种表达形式通过简单的匹配和映射就可以实现识别；藏文组合数词的构成规律复杂多变，并且藏文数词的基本构件通常具有歧义，因为数词的基本构件也可以作为普通词的组成部分。

藏文的组合数词类似汉语中的“十五”、“一百二十六”。藏文从一到九可以看作基本构件，如“གཅིག གཉིས། གསུམ། བཞི། ལྔ། དྲུག བདུན། བརྒྱད། དགུ།”。单位词百、千、万、十万、百万、千万、亿……也是基本构件，如“བརྒྱ། སྟོང་། ཁྲི། འབུམ། ས་ཡ། བྱེ་བ། དུང་ཕྱུར།……”。然而，基本构件会有较多变体，比如，“一”也可以写作“དང་པོ་”、“ཅིག”、“ཆིག”和“གཅིག”等。1～100 藏文数词的表达方式较为多样，语言现象较多，而某些构词方式更倾向于习惯语法，不遵从语言专家总结的构词规律。因此，将基本数词的构件范围扩展到 1～100，大于 100 的藏文数词的构词方式相比而言更容易用规则描述，构建面向大于 100 的藏文数词的规则库会大大地减少规则的数量，并会极大地避免规则冲突。

目前，国内外没有对藏文数词的种类和范围统一规范的定义，综合考虑藏文的数词构词规律和规则存储使用方式，可以将藏文数词分为 5 类：基本数词、序数词、分数、单位词和时间词。

（1）基本数词

基本数词是仅由数词构件组成的数词。如“སུམ་སྟོང་བརྒྱ་དང་བཅུ་གཅིག（3111）”和“ཁྲི་བཅུ་གཅིག་（11 万）”。

（2）序数词

序数词是表示次序的数词。如“སྐབས་གསུམ་པ་（第三届）。”

（3）分　数

分数包括普通分数、百分数、千分数和万分数。如“གསུམ་ཆ་གཉིས་（三分之二）”和“བརྒྱ་ཆའི་གཉིས་（百分之二）”。

① 孙萌，华却才让等. 藏文数词识别与翻译[J]. 北京大学学报：自然科学版，2013（1）.

（4）单位词

单位词 = 单位 + 基本数词。如“སྤྱི་ལེ་གྲུ་བཞི་མ་ཉི་ཤུ་（二十平方公里）”。

（5）时间词

时间词是表示时间概念的词。如“༡༩༣༠ལོར（一九三零年）”。

命名实体识别采用词典匹配或知识库的规则提取方法[①]，建立相应的人名、地名、机构名词典；另外在机构名、数字识别上可以利用触发词来进行识别；其次，利用藏语的语法规则，比如作格、属格具有较好的区分能力，通过这些特征对命名实体进行识别。

8.6.2　藏文 Web 信息提取[②]

藏文 Web 信息提取技术研究中，藏文网页的信息提取系统可以采用 Heritrix + Lucene 的方法。首先，经过对 Heritrix 的改造，识别出藏文网页，并抓取到镜像目录中；其次，对抓取到的藏文网页采用 Jtidy 转换器进行 HTML 到 XML 的转换，并将相关的文本通过编码转换器转换成统一的编码格式；最后，对产生的 XML 文档利用 XML 解析器建立 DOM 树，通过语义分析器分析，使用剪枝器剪枝与主题无关的节点，并提取藏文网页内容。藏文网页的信息提取系统如图 8-4 所示。

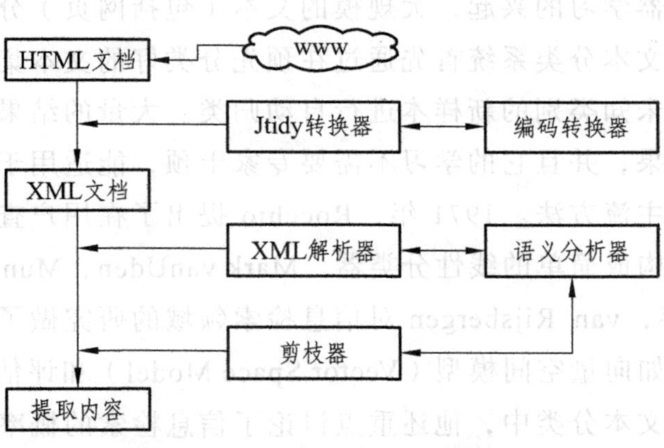

图 8-4　藏文网页信息提取系统

目前参与藏文信息提取技术研究的人员不多，科研单位和高等院校投入的精力不足，取得的成绩也有限，与英语、汉语信息提取技术相比，藏文信息提取技术还处在初探阶段。本章从信息提取的概念、信息提取的结构、信息提取技术等方面简单讨论了信息提取的内容。

---

① 金明，杨欢欢，单广荣. 藏语命名实体识别研究[J]. 西北民族大学学报：自然科学版，2010（31）.

② 珠杰，欧珠，格桑多吉. 基于 DOM 修剪的藏文 Web 信息提取[J]. 计算机工程，2008（24）.

第 9 章

文本分类

9.1 文本分类的概念①

文本分类的研究可以追溯到 20 世纪 60 年代，早期的文本分类主要基于知识工程（Knowledge Engineering），通过手工定义一些规则来对文本进行分类。这种方法费时费力，而且必须对某一领域有足够的了解，才能写出合适的规则。到 20 世纪 90 年代，随着网上在线文本的大量涌现和机器学习的兴起，大规模的文本（包括网页）分类和检索重新引起研究者的兴趣。机器学习的文本分类系统首先通过在预先分类好的文本集上训练，建立一个判别规则或分类器，从而对未知类别的新样本进行自动归类。大量的结果表明，它的分类精度比得上专家手工分类的结果，并且它的学习不需要专家干预，能适用于任何领域的学习，使得它成为目前文本分类的主流方法。1971 年，Rocchio 提出了在用户查询中不断通过用户的反馈来修正类权重向量，构成简单的线性分类器。Mark vanUden、Mun 等给出了其他的一些修改权重的方法。1979 年，van Rijsbergen 对信息检索领域的研究做了系统的总结，其中关于信息检索的一些概念，如向量空间模型（Vector Space Model）和评估标准，如准确率、回召率，后来被陆续地引入文本分类中，他还重点讨论了信息检索的概率模型，而后来的文本分类研究大多都是建立在概率模型的基础上。

1992 年，Lewis 在他的博士论文 *Representation and Learning in Information Retrieval* 中系统地介绍了文本分类系统实现方法的各个细节，并且在自己建立的数据集 Reuters22173（后来去掉一些重复的文本，修订为 Reuters21578 数据集）上进行了测试。这篇博士论文是文本分类领域的经典之作。后来的研究者在特征的降维和分类器的设计方面做了大量的工作。Yiming Yang 对各种特征选择方法，包括信息增益（Information Gain）、互信息（Mutual Information）、统计量等，从实验上进行了分析和比较。她在 1997 年还对文献上报告的几乎所有的文本分类方法进行了一次“大阅兵”，在公开数据集 Reuters21578 和 OHSUMED 上比较了各个分类器的性能，对后来的研究起到了重要的参考作用。

1995 年，Vipnik 基于统计理论提出了支持向量机（Support Vector Machine）方法，基本思想是寻找最优的高维分类超平面。由于它以成熟的小样本统计理论作为基石，因而在机器学习领域受到广泛的重视。Thorsten Joachims 第一次将线性核函数的支持向量机用于文本分

① 靳小波．文本分类综述[J]．自动化博览，2006:26-29.

类，与传统的算法相比，支持向量机在分类性能上有了非常大的提高，并且在不同的数据集上显示了算法的鲁棒性。至今，支持向量机的理论和应用仍是研究的热点。

Robert E.Schapire 从理论和试验上给出 AdaBoost 算法框架的合理性，文本分类中机器学习算法的研究出现了另一个高峰。其后的研究者在这个框架下给出了许多类似的 Boosting 算法，比较有代表性的有 Real AdaBoost，Gentle Boost，LogitBoost 等。这些 Boosting 算法均已被应用到文本分类的研究中，并且取得和支持向量机一样好的效果。

文本分类一般是指给定分类体系，将文本分配到某个或者某几个类别中的过程。它能给许多信息检索应用提供帮助，如信息过滤（Information Filtering）、信息分检（Information Routing）等。文本分类有一个主要的特点是特征空间的高维性。维度精简（Dimension Reduction）技巧能被用来处理这个问题。有效的维度精简不仅能够改进预测的性能，也能提高学习和预测的效率；另一方面，它能节省在存储空间上的需求，特别对于移动设备上的应用有更加重要的作用。因此，它们受到越来越多的关注。

相比于英文文本分类，中文、藏文文本分类的一个重要差别在于预处理阶段。中文、藏文文本的读取需要分词，不像英文文本的单词那样有空格来区分。从简单的查词典的方法，到后来的基于统计语言模型的分词方法，中文分词的技术已趋于成熟，而藏文分词的技术仍处于研究阶段。

中文分词比较有影响力的当属中国科学院计算所开发的汉语词法分析系统 ICTCLAS，现已公开发布供中文文本分类的研究使用。在很长一段时间内，中文文本分类的研究没有公开的数据集，使得分类算法难以比较。现在一般采用的中文测试集有“北京大学建立的人民日报语料库”、“清华大学建立的现代汉语语料库”等。在藏文分词系统的开发上，中科院、西藏大学、西北民大等做了不少的研究，但没有公开的测试语料，分词系统的准确率难以评估。

一旦经过预处理，将中文、藏文文本变成了样本向量的数据矩阵，那么随后的文本分类过程和英文文本分类相同，也就是随后的文本分类过程独立于语种。因此，当前的中文文本分类主要集中在如何利用中文本身的一些特征来更好地表示文本样本，而藏文的文本分类仍处于未开发的研究领域。

总而言之，尽管机器学习理论对于文本分类的研究起了不可低估的作用，在这之前文本分类的研究曾一度处于低潮，但是文本分类的实际应用和它自身的固有特性给机器学习提出新的挑战，这使得文本分类的研究仍是信息处理领域一个开放的、重要的研究方向。

9.2 文本特征的选择

9.2.1 文本分类过程

一般文本分类过程包含训练过程和分类过程。训练过程中首先对语料库中的文本进行训练，包括分词、词频统计、停用词处理、特征向量的选择等一系列的预处理过程；其次，根据各种特征选取算法，完成文本的向量特征表示；再次，选择分类算法，在分类过程中，当输入测试文本时，经过预处理、特征选取和特征表示之后，根据分类算法对测试文本进行分类，产生候选分类结果；最后，按照一定的阈值选出合适的分类结果，如图 9-1 所示。

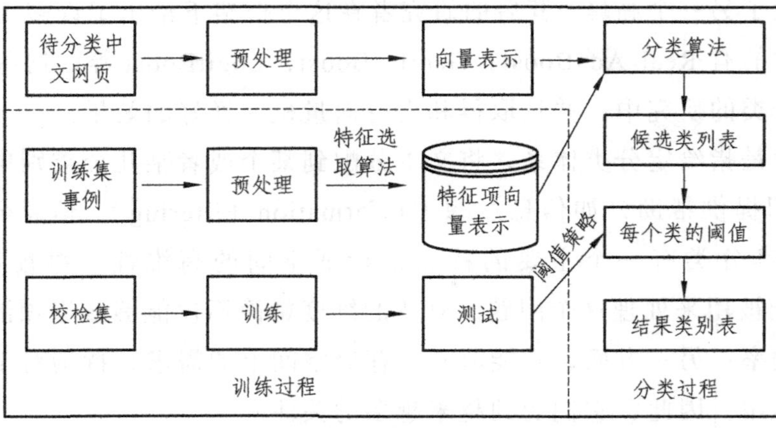

图 9-1 文本分类过程

9.2.2 预处理

机器学习算法要求将文本的单词序列转换为数值表示的一个向量。首先假定每个文本是单词的无序集合（Set），不考虑单词之间的相互位置，这样，一个单词代表哪一维是随机的，文本不再是一个序列，而是属性-值的集合。在给出文本中每个属性（单词）的值之前，需要对文本集进行预处理，主要包括：

① 去掉一些低频词，比如某些单词只在一两个文本中出现过，这些词留在集合中会导致大部分文本样本的该属性值为 0。

② 去掉停用词（Stop Word），一般这种词几乎不携带任何信息，如中文中“的”、“啊”，英文中的“the”、“a”。

③ 去掉一些标记信息，这主要针对网页文本或其他标记语言文本，比如 SGML（Standard Generalized Markup Language）标记的文本。

④ 去掉单词的前后缀（Word Stemming），该步骤主要用在英文文本分类中，将同词根的单词映射到一个特征词属性，可以大大地减少特征词的个数。

9.2.3 文本特征的选择

经过“预处理”后，就可以用特征词权重函数来度量文本中每个单词的属性值。常用的权重函数是 TF-IDF（Term Frequency-Inverse Document Frequency）。文本中某个特征词属性值的计算与下列因素有关：

① 特征词在该文本中出现的频率。特征词出现的频率越高，则权重值越大。

② 特征词的文档频率，即包含该特征词的文本个数。含有特征词的文本个数越多，则该特征词越普通，它对类别的区分作用越小，给它分配的权重也就越小。

③ 考虑到文本的长短不一，要将文本长度归一化，这样同一个特征词在不同长度的文本中的权重才具有可比性。

基于以上因素考虑，计算特征词权重函数的公式如下：

$$a_{ij} = \frac{TF_{ij} \times \lg(N / DF_i)}{\sqrt{\sum_k [TF_{kj} \times \lg(N / DF_k)]^2}} \tag{9-1}$$

经过预处理之后，特征向量的维数仍然很高，需要在尽量不损失分类信息的情况下生成一个低维的特征向量。一种方法是从原有的特征词集合中挑出最有效的一些特征构成新的特征向量，这个过程叫特征选择（Feature Selection）；还有一种方法是将高维特征向量映射（一般为线性映射）到低维空间，这个过程叫特征提取（Feature Extraction）。特征选择中一种重要的特征词度量方法是信息增益（Information Gain）。对于一个特征词，假定在不知道该特征词的条件下，所有的类有一个平均无条件信息熵；在知道这个特征词之后，所有的类有一个平均条件（条件就是知道该特征词）信息熵，那么这两个信息熵的差就表示了该特征词所携带的信息量，即信息增益，其表述公式如下：

$$\begin{aligned} \text{Gain}(t) &= \text{Entropy}(S) - \text{Expected Entropy}(S_t) \\ &= \left[-\sum_{i=1}^{M} P(c_i)\lg P(c_i)\right] - \\ &\quad \left\{P(t)\left[-\sum_{i=1}^{M} P(c_i \mid t)\lg P(c_i \mid t)\right] + P(\bar{t})\left[-\sum_{i=1}^{M} P(c_i \mid \bar{t})\lg P(c_i \mid \bar{t})\right]\right\} \end{aligned} \tag{9-2}$$

9.3 文本分类方法①

9.3.1 Rocchio 方法

Rocchio 方法是人们思考文本分类问题时最先能想到的，也是最符合直觉的解决方法。其基本思路是把一个类别中的样本文档的各项取平均值（例如把所有“体育”类文档中词汇“篮球”出现的次数取平均值，再把“裁判”取平均值，依此类推），可以得到一个新的向量，形象地称之为“质心”，质心就成了这个类别最具代表性的向量表示。再有新文档需要判断的时候，比较新文档和质心之间的距离，就可以确定新文档是否属于这个类。稍作改进的 Rocchio 算法不仅考虑属于这个类别的文档（称为正样本），而且考虑不属于这个类别的文档数据（称为负样本），计算出来的质心尽量靠近正样本，同时尽量远离负样本。Rocchio 算法做了两个很致命的假设，使得它的性能很差。一是它认为一个类别的文档仅仅聚集在一个质心的周围，实际情况往往不是如此（这样的数据称为线性不可分的）；二是它假设训练数据是绝对正确的，因为它没有任何定量衡量样本是否含有噪声的机制，因而也就对错误数据毫无抵抗力。不过 Rocchio 产生的分类器很直观，容易被人类理解，算法也简单，还是有一定利用价值的，常常在科研中用作比较不同算法优劣的基线系统（Base Line）。

Rocchio 方法是一种批处理的学习方法，从一个现有的权重向量 w_1 和一个训练集中产生

① 李荣陆.文本分类方法总结[EB/OL]. http://wenku.baidu.com/view/9a759f370b4c2e3f5727636e. html.

的新的权重向量 w，这个向量的第 j 维的值 w_j 等于：

$$w_j = \alpha w_{1,j} + \beta \frac{\sum_{i \in C} x_{i,j}}{nc} - \gamma \frac{\sum_{i \notin C} x_{i,j}}{n - nc} \tag{9-3}$$

典型情况下，设 $\alpha = 0$， $\beta = 1$， $\gamma = 1$。

9.3.2 *N*-Gram 方法

假设训练文档库 D 有 N_D 个文档，每个文档平均包含 N_s 个句子，而句子的平均长度为 L_s，则这个训练文档库包含的 N-Gram 最多为 $N_D N_s L_s(L_s + 1)/2$。由此可见，文档中包含的 N-Gram 项非常丰富。一方面，在用 N-Gram 项进行文档分类时，必须有所选择。另一方面，文档分类是面向语义的操作。因此，用于文档分类的文档属性应该能够尽可能地表现文档的语义。显然，并不是所有出现在文档中的 N-Gram 项都对分类有用。一个 N-Gram 项对分类的有用性，或者说分辨能力，可以从三个方面来衡量：频度、分散度和集中度。这三个概念的定义如下：

定义 1 在文档 D 中，N-Gram 项 t 的频度用它在 D 中出现的次数 tf 表示。

定义 2 在文档类 C 中，N-Gram 项 t 的分散度用 C 中包含 t 的文档数目 df 表示。df 越大，则 t 在 C 中越分散；反之，越不分散。

定义 3 在文档集 D 中，N-Gram 项 t 的集中度用 D 中包含 t 的文档类数目 cf 表示。cf 越小，则 t 在 D 中越集中；反之，越不集中。

直观地，对于 N-Gram 项 t，其在文档中的频度越高、在文档类中的分散度越大、在训练文档集内的集中度越强，则它对分类越有用，即分辨度越强。不过，目前还没有找到很好的数学方法来综合频度、分散度和集中度这三个因素，使得选出的文档属性能够获得最优分类效果。为了减少提取不必要的 N-Gram 项，在提取 N-Gram 项时添加如下两个约束条件：

约束 1 对于预先给定的最小频度值 min-tf，在文档 D 中某一 N-Gram 项 t 被提取的先决条件是它在 D 中的 $tf \geqslant$ min-tf。

约束 2 对于预先给定的最小分散度值 min-df，在文档类 C 中某一 N-Gram 项 t 被提取的先决条件是它在 C 中的 $df \geqslant$ min-df。

在实验中，我们一般取 min-tf 和 min-df 为 2。

一种直接的 N-Gram 项提取方法是只扫描一遍文档，一次性将所有满足上述两个约束条件的 N-Gram 项取出。由于只需扫描一遍文档，这种方法对于较小的训练文档库是有效的。但对于大训练库，则需要很大的内存空间。否则，就得在内存和外存之间不断交换中间结果。这里采用一种分步提取的方法，其基本思想是：先提取符合约束条件的 1-Gram 项；从选择得到的 1-Gram 项构造候选 2-Gram 项，剔除其中不符合约束条件的候选项，得到真正需要的 2-Gram 项。依此方法，提取其他 N-Gram（$N = 3, 4, \cdots$）项。

为了说明 N-Grams 提取算法，先给出一个定义和性质。

定义 4 （子项）若有 i-Gram 和 j-Gram（$i \geqslant j$），且 j-Gram 包含在 i-Gram 中，则称 j-Gram 为 i-Gram 的子项，记为 $j\text{-Gram} \subseteq i\text{-Gram}$。

性质 1 若有 i-Gram 满足约束 1 和约束 2，则 i-Gram 的所有子项都满足约束 1 和约束 2。

性质 1 构成了分步提取 N-Gram 项的算法基础。

算法 N-Gram 项生成算法。

输入 文档库 D、min-tf、min-df 和 max-N（N 的最大值）。

输出 满足约束条件 1 和 2 的 N-Gram 项的集合 S（$N = 1 \sim$ max-N）。

① 求 1-Gram 项集合 S_1：逐个扫描文档库 D 中的文档，提取所有 1-Gram 项，抛弃不满足约束 1 和约束 2 的项，得到 1-Gram 项集合 S_1。

② 求 2-Gram 项集合 S_2：将 S_1 中的项两两组合，得到候选 2-Gram 项集合 C_2。抛弃 C_2 中不满足约束 1 和约束 2 的项，得到 2-Gram 项集合 S_2。

③ 求 i-Gram 项集合 S_i（$i = 3 \sim$ max-M）:

- 由 S_{i-1}（$i = 2 \sim$ max-M）求候选 i-Gram 项集合 C_i;
- 对于 S_{i-1} 中的任意两项 t_m、t_n，$t_m(k)$ 和 $t_n(k)$（$k = 1 \sim i-1$）分别表示 t_m 和 t_n 中的第 k 个字。若 $t_m(k+1) = t_n(k)$（$k = 1 \sim i-2$），则 $C_i = C_i \bigcup t_m t_n(i-1)$;
- 抛弃 C_i 中不满足约束 1 和约束 2 的项，得到 i-Gram 项集合 S_i。

使用 N-Gram 项进行文本分类，最基本的要求是所选择的 N-Gram 项能够覆盖文档中的词。因此，并非 N-Gram 项越多越好。这就涉及如何选择参数 N 的问题。根据对中文文档中词的字数构成与分布的统计分析，发现中文文档中主要词条为 1 字、2 字、3 字和 4 字词条，因此，用这些词条可以比较完整地表达文档语义。这就意味着在用 N-Gram 进行文档分类时，只需取 1-Gram，2-Gram，3-Gram 和 4-Gram 项，即最大的 N 值取 4。

9.3.3 语义关系的贝叶斯方法

贝叶斯分类器是一个性能很好的线性分类器，但是它假设文档的每个分类特征属性间是相互独立的，这显然是不成立的。假设 $d_i = \{w_{i1}, w_{i2}, \cdots, w_{in}\}$ 为一任意文档，它属于文档类 $C = \{c_1, c_2, \cdots, c_k\}$ 中的某一类 c_j。根据贝叶斯分类器，有

$$P(c_j \mid d_i) = \frac{P(d_i \mid c_j)P(c_j)}{P(d_i)} \propto P(d_i \mid c_j)P(c_j) \tag{9-4}$$

式中，$P(d_i \mid c_j) = \prod_{k=1}^{r} P(w_{ik} \mid c_j)$。

如果使用贝叶斯网络来描述特征属性间的联系，则失去了贝叶斯模型的简单性和线性特征。我们使用了统计语言学中的 N-Gram 模型，它假设一个词在文档中某个位置出现的概率仅与它之前的 $n-1$ 个词有关，即

$$P(w_i \mid w_1 w_2 \cdots w_{i-1}) = P(w_i \mid w_{i-n} w_{i-n+1} \cdots w_{i-1}) \tag{9-5}$$

我们可以得到在某个类别 c 的文档集中，w_1，w_2，$\cdots$，w_T 出现的概率为

$$P_c(w_1 w_2 \cdots w_T) = \prod_{i=1}^{T} P_c(w_i \mid w_1 w_2 \cdots w_{i-1}) \tag{9-6}$$

那么，贝叶斯的分类决策函数就可以变为

$$c^* = \arg\max_{c_j \in C}\{P(d_i \mid c_j)P(c_j)\} = \arg\max_{c_j \in C}\left\{P(c_j)\prod_{i=1}^{T} P_c(w_i \mid w_1 w_2 \cdots w_{i-1})\right\} \tag{9-7}$$

这样放松了贝叶斯模型中每个特征属性相互独立的假设，在计算一个文档在某个类别中的概率时考虑了文本中一些特征属性间的相互联系。对于文档中的特征属性 w_i，我们使用 N-Gram 的方法进行生成，这样使特征属性生成的过程独立于领域，与时间和词典无关，分类器对词法方面的噪声不敏感。

直观地说，概率 $P(w_i \mid w_1 w_2 \cdots w_{i-1})$ 的最大似然估计可以从语料中 N-Gram 项的观察频率得到：

$$P(w_i \mid w_{i-n+1} \cdots w_{i-1}) = \frac{\#(w_{i-n+1} \cdots w_i)}{\#(w_{i-n+1} \cdots w_{i-1})} \tag{9-8}$$

式中，$\#(\cdot)$代表特定 N-Gram 项在训练语料中的观察频率。但是，许多 N-Gram 项在训练语料中没有出现过，即数据稀疏问题，这时我们不能简单地将这些 N-Gram 项对应的概率值置为 0，需要使用一些平滑技术来估计这些概率，以处理数据稀疏问题。常用的方法是使用“回退”评估。

$$P(w_i \mid w_{i-n+1} \cdots w_{i-1}) = \begin{cases} \widehat{P}(w_i \mid w_{i-n+1} \cdots w_{i-1}), & \text{if } \#(w_{i-n+1} \cdots w_i) > 0 \\ \beta(w_{i-n+1} \cdots w_{i-1}) \times P(w_i \mid w_{i-n+1} \cdots w_{i-1}), & \text{otherwise} \end{cases} \tag{9-9}$$

式中

$$\widehat{P}(w_i \mid w_{i-n+1} \cdots w_{i-1}) = \frac{\text{discount}\,\#(w_{i-n+1} \cdots w_i)}{\#(w_{i-n+1} \cdots w_{i-1})} \tag{9-10}$$

是一个折扣概率；$\beta(w_{i-n+1} \cdots w_{i-1})$ 是一个归一化因子，可以使用下式计算：

$$\beta(w_{i-n+1} \cdots w_{i-1}) = \frac{1 - \left\{\sum_{x \in (w_{i-n+1} \cdots w_{i-1} x)} \widehat{P}(x \mid w_{i-n+1} \cdots w_{i-1})\right\}}{1 - \left\{\sum_{x \in (w_{i-n+1} \cdots w_{i-1} x)} \widehat{P}(x \mid w_{i-n+2} \cdots w_{i-1})\right\}} \tag{9-11}$$

折扣概率 $\widehat{P}(w_i \mid w_{i-n+1} \cdots w_{i-1})$ 可以通过不同的平滑方法来计算，如绝对平滑、线性平滑、Good-Turing 平滑和 Witten-Bell 平滑。

（1）绝对平滑（Absolute Smoothing）

$$\widehat{P}(w_i \mid w_{i-n+1} \cdots w_{i-1}) = \frac{\#(w_{i-n+1} \cdots w_i) - b}{\#(w_{i-n+1} \cdots w_{i-1})} \tag{9-12}$$

式中，b 是一个常数，定义为 $b = \frac{n_1}{n_1 + 2n_2}$；$n_i$ 是训练集中发生了 i 次的事件数。

（2）线性平滑（Linear Smoothing）

$$\widehat{P}(w_i \mid w_{i-n+1} \cdots w_{i-1}) = \left(1 - \frac{n_1}{Z}\right)\frac{\#(w_{i-n+1} \cdots w_i)}{\#(w_{i-n+1} \cdots w_{i-1})} \tag{9-13}$$

式中，Z 是训练集中所有唯一 N-Gram 项的数目。

（3）Good-Turing 平滑（Good-Turing Smoothing）

$$\widehat{P}(w_i \mid w_{i-n+1} \cdots w_{i-1}) = \frac{GT\#(w_{i-n+1} \cdots w_i)}{\#(w_{i-n+1} \cdots w_{i-1})} \tag{9-14}$$

式中，$GT_r = (r+1)\dfrac{n_r + 1}{n_r}$。

（4）Witten-Bell 平滑（Witten-Bell Smoothing）

$$\widehat{P}(w_i \mid w_{i-n+1} \cdots w_{i-1}) = \frac{\#(w_{i-n+1} \cdots w_i)}{\#(w_{i-n+1} \cdots w_{i-1}) + W} \tag{9-15}$$

式中，W 是能够跟在 $w_{i-n+1} \cdots w_{i-1}$ 后的唯一的特征词，对于 N-Gram 来说，对应于整个词表的大小。

（5）拉普拉斯平滑（Laplace Smoothing）

$$\widehat{P}(w_i \mid w_{i-n+1} \cdots w_{i-1}) = \frac{\#(w_{i-n+1} \cdots w_i) + a_i}{\#(w_{i-n+1} \cdots w_{i-1}) + a} \tag{9-16}$$

式中，$a = \sum_i a_i$。

9.3.4 KNN 方法

KNN 全称是 K-Nearest Neighbor，也叫作 K 近邻方法。它是最著名的模式识别统计学方法之一，已经有 40 多年的历史了，在很早就被用于文本分类研究。它是在 Reuters 语料（包括 21450 版本和 Apte 给出的集合）上取得最好结果的文本分类方法之一，其他取得较好结果的方法还包括 Yang 提出并实现的 LLSF 方法、Apte 等人实现的基于决策树的 Boosting 方法以及 Wiener 等人实现的神经网络方法等。

KNN 方法相当简单，基本思想是：给定一个待分类的测试文档，系统在训练集中查找最相似的 K 个文档（称为邻居），并根据这些邻居的类别所属情况来给该文档的候选类别评分。可以把邻居文档和测试文档的相似度作为邻居文档所在类的类权重。如果这 K 个邻居中的部分文档属于同一个类，则该分类中的每个邻居的类权重之和就作为该类别和测试文档的相似度。

KNN 分类方法如图 9-2 所示，其中，“圆”要被决定赋予哪个类，是“三角形”还是“四边形”。如果 $K=3$（即实线圆内部），由于“三角形”所占比例为 2/3，“圆”将被赋予“三角形”那个类；如果 $K=5$（即虚线圆内），由于“四边形”所占比例为 3/5，因此“圆”被赋予“四边形”类。

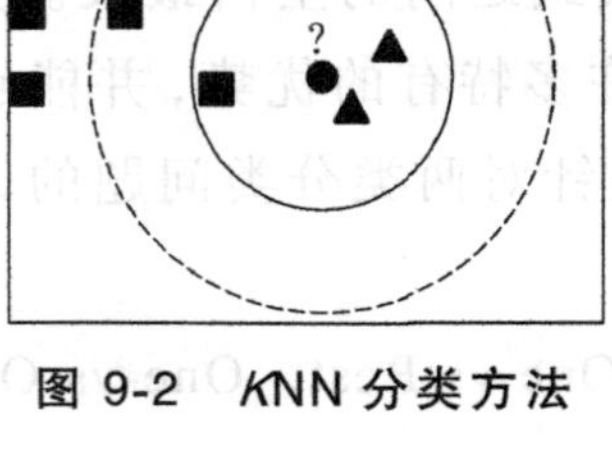

图 9-2 KNN 分类方法

KNN 方法虽然原理上也依赖于极限定理，但在类别决策时，只与极少量的相邻样本有关。由于 KNN 方法主要靠周围有限的邻近样本，而不是靠判别类域的方法来确定所属类别，因此，对于类域的交叉或重叠较多的待分样本集来说，KNN 方法较其他方法更为适合。

该方法在分类时有个主要的不足：当样本不平衡时，如一个类的样本容量很大，而其他类样本容量很小时，有可能导致当输入一个新样本时，该样本的 K 个邻居中大容量类的样本占多数。因此，可以采用权值的方法（和该样本距离小的邻居权值大）来改进。该方法的另一个不足之处是计算量较大，因为对每一个待分类的文本都要计算它到全体已知样本的距离，才能求得它的 K 个最近邻点。目前常用的解决方法是事先对已知样本点进行剪辑，去除对分类作用不大的样本。该算法适用于样本容量比较大的类域的自动分类，而那些样本容量较小的类域采用这种算法比较容易产生误分。

KNN 的过程如下：

① 根据特征项集合重新描述训练文本向量。

② 在测试文本到达后，先进行分词，再根据特征词确定测试文本的向量表示。

③ 在训练文本集中选出与测试文本最相似的 K 个文本，计算公式为

$$\mathrm{sim}(d_i,d_j)=\frac{\sum_{K=1}^{n}w_{iK}\times w_{jK}}{\sqrt{\sum_{K=1}^{n}w_{iK}^2}\times\sqrt{\sum_{K=1}^{n}w_{jK}^2}} \tag{9-17}$$

式中，K 值的确定目前没有很好的方法，一般采用先定一个初始值，然后根据实验测试的结果调整 K 值，一般初始值定为几百到几千。

④ 在测试文本的 K 个邻居中，依次计算每类的权重，计算公式如下：

$$p(x,C_j)=\sum_{d_i\in KNN}\mathrm{sim}(x,d_i)y(d_i,C_j) \tag{9-18}$$

式中，x 为测试文本的特征向量；$\mathrm{sim}(x,d_i)$ 为相似度计算公式；$y(d_i,C_j)$ 为类别属性函数，即如果 d_i 属于类 C_j，那么函数值为 1，否则为 0。

⑤ 比较类的权重，将文本分到权重最大的那个类别中。

9.3.5 支持向量机方法

支持向量机（SVM）方法的思想来自于统计学习理论。该算法基于结构风险最小化原理，将原始数据集合压缩到支持向量集合，学习得到分类决策函数。其基本思想是构造一个超平面作为决策平面，使正负模式之间的空白最大。支持向量机在解决小样本、非线性及高维模式识别问题中表现出了许多特有的优势，并能够推广应用到函数拟合等其他机器学习问题中，但是基本的 SVM 是针对两类分类问题的，为了实现对多个类别的识别，需要对 SVM 进行扩展。

常用的 SVM 多类分类方法有 One-vs-Rest，One-vs-One，DAGSVM 和二叉树方法。

1. One-vs-Rest 方法

最早使用的多类分类的支持向量机方法，就是一对剩余（One-vs-Rest）的方法。给定一个训练样本集 D，D 共分为 k 个类别，这种方法构造 k 个支持向量机分类器。对于第 i 个一对剩余支持向量机（1-vs-r SVM），使用第 i 类的所有样本作为它的正例，D 中剩余的样本作为它的反例。设 $D=\{(x_1,y_1),(x_2,y_2),\cdots,(x_m,y_m)\}$，其中 $x_i\in R^n, i=1,\cdots,m$，$y_i\in\{1,\cdots,k\}$ 是 x_i 的所属类别，使用第 i 个支持向量机解决如下问题：

$$\left.\begin{aligned}&\min_{w^i,b^i,\xi^i}\frac{1}{2}(w^i)^{\mathrm{T}}w^i+C\sum_{j=1}^{m}\xi_j^i\\&(w^i)^{\mathrm{T}}\Phi(x_j)+b^i\geqslant 1-\xi_j^i,\ \text{if } y_j=i\\&(w^i)^{\mathrm{T}}\Phi(x_j)+b^i\leqslant -1+\xi_j^i,\ \text{if } y_j\neq i\\&\xi_j^i\geqslant 0, j=1,\cdots,m\end{aligned}\right\}\tag{9-19}$$

训练样本 x_i 通过核函数 Φ 被映射到一个更高维的空间，C 是惩罚参数。求解（9-19）可以得到 k 个决策函数：

$$\begin{aligned}&(w^1)^{\mathrm{T}}\Phi(x)+b^1\\&\quad\vdots\\&(w^k)^{\mathrm{T}}\Phi(x)+b^k\end{aligned}$$

那么，测试样本 x 的类别就是上面决策函数的最大值所对应的类，则 x 的决策函数为

$$\arg\max_{i=1,\cdots,k}[(w^i)^{\mathrm{T}}\Phi(x)+b^i]\tag{9-20}$$

2. One-vs-One 方法

一对一（One-vs-One）的方法使用整个训练样本中任意两个类别的样本构造一个一对一支持向量机（1-vs-1 SVM），一共构造 $k\cdot(k-1)/2$ 个支持向量机。对于训练样本中的第 i 类和第 j 类，构造如下的支持向量机：

$$\left.\begin{aligned}&\min_{w^{ij},b^{ij},\xi^{ij}}\frac{1}{2}(w^{ij})^{\mathrm{T}}w^{ij}+C\sum_{t}\xi_t^{ij}\\&(w^{ij})^{\mathrm{T}}\Phi(x_t)+b^{ij}\geqslant 1-\xi_t^{ij},\ \text{if } y_t=i\\&(w^{ij})^{\mathrm{T}}\Phi(x_t)+b^{ij}\leqslant -1+\xi_t^{ij},\ \text{if } y_t=j\\&\xi_t^{ij}\geqslant 0\end{aligned}\right\}\tag{9-21}$$

当构造了 $k\cdot(k-1)/2$ 个支持向量机后，可以有多种方法进行测试样本的分类。其中最常用的一种方法是投票策略：如果根据 $\mathrm{sgn}[(w^{ij})^{\mathrm{T}}\Phi(x)+b^{ij}]$，$x$ 属于第 i 类，那么投第 i 类一票；否则，投第 j 类一票；最后，将 x 归到投票数最多的那一类中；在两个类具有相同的投票数时，选取标号最小的类作为分类结果，或者随机选取其中的一个类别作为最后的分类结果。这种方法也称为“最大胜出”（Max Wins）策略。

3. 二叉树方法

这种方法将 SVM 和二叉决策树的思想结合起来，构成多类分类器。二叉树方法与 DAGSVM

方法有一些相似之处，都是中间节点对应于一个支持向量机，叶子节点对应于一个类别；不同之处在于，中间节点所对应的支持向量机的类型不同，DAGSVM 方法中每个中间节点为 1-vs-1 支持向量机，二叉树方法中则不一定。要对 N 类分类问题构造一棵二叉决策树，共需要 $2N-1$ 个节点，叶子节点个数为 N，中间节点个数为 $N-1$ 个，即 SVM 分类器的个数为 $N-1$ 个。

对于 N 类分类问题，我们可以构造出不同的二叉树。如对 4 类分类，则可以构造图 9-3～9-5 所示的二叉树构型。

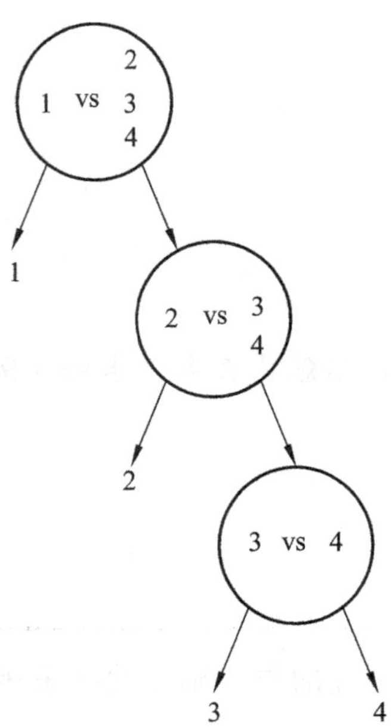

图 9-3　二叉树构型 1

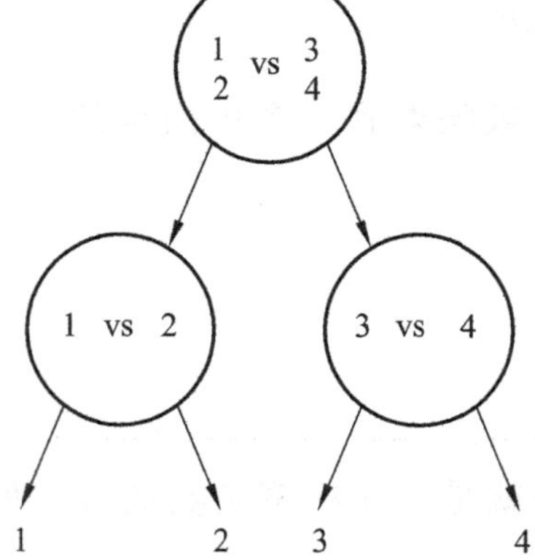

图 9-4　二叉树构型 2

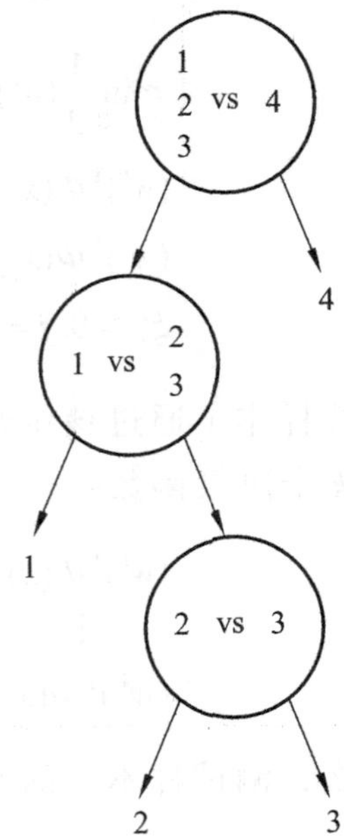

图 9-5　二叉树构型 3

9.3.6 决策树方法

从数据产生决策树的机器学习技术叫作决策树学习，通俗地说就是决策树。机器学习中，决策树是一个预测模型。它代表的是对象属性值与对象值之间的一种映射关系。树中每个节点表示某个对象，每个分叉路径则代表某个可能的属性值，而每个叶节点对应具有上述属性值的子对象。决策树仅有单一输出；若需要多个输出，可以建立独立的决策树以处理不同的输出。

在这里，每个决策树都表述了一种树型结构，由它的分支来对该类型的对象依靠属性进行分类。每个决策树可以依靠对源数据库的分割进行数据测试，这个过程可以递归式地对树进行修剪。当不能再进行分割或一个单独的类可以被应用于某一分支时，递归过程就完成了。另外，随机森林分类器将许多决策树结合起来以提升分类的正确率。决策树同时也可以依靠计算条件概率来构造，决策树如果依靠数学的计算方法可以取得更加理想的效果。

例如，一个女孩的母亲要给自己的女儿介绍男朋友，于是有了下面的对话：

女儿：多大年纪了？

母亲：26。

女儿：长得帅不帅？

母亲：挺帅的。

女儿：收入高不？

母亲：不算很高，中等情况。

女儿：是公务员不？

母亲：是，在税务局上班呢。

女儿：那好，我去见见。

这个女孩的决策过程就是典型的分类树决策，通过年龄、长相、收入和是否公务员分为两个类别：见和不见。可以用图 9-6 表示女孩的决策过程。

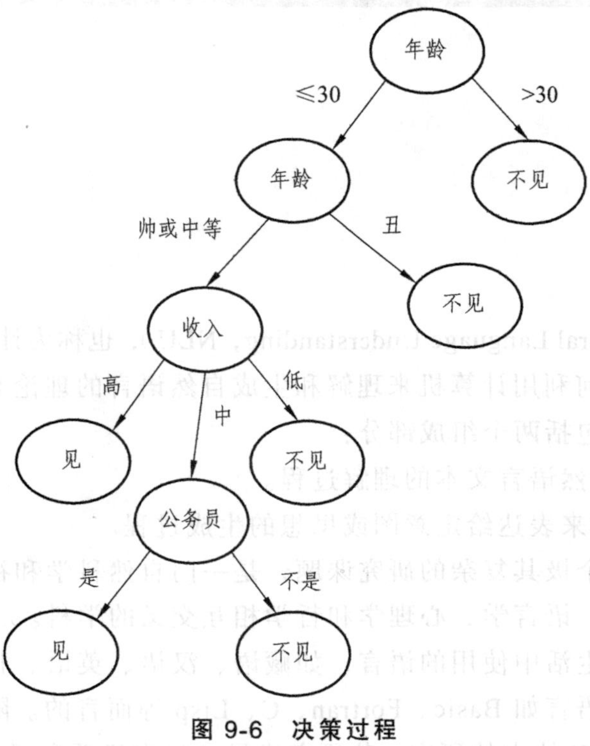

图 9-6　决策过程

9.4　评估方法

文本分类的性能评价采用准确率和召回率表示。该指标是从信息检索性能评价指标引申而来的，但含义理解有区别。信息检索是在给定信息库中找到与用户查询条件相关的信息，关心的只是那类相关文档的召回率和准确率。文本分类的目的是分配类别标签给未知文档，关心的是测试集中所有类别的召回率和准确率。对同一簇分类器，由于参数取值的不同，某个特定类别的准确率与召回率是相互制约的关系。同时改变分类器参数不仅影响一个类别，而且对所有类别都有影响。分类器性能也不仅由一个类别的性能决定，还由其他类别的性能共同决定，综合所有类别的性能才能代表整个分类器的性能。

准确率和召回率反映了分类质量的两个不同方面，一般来说，分类系统的准确率和召回率是互补的，单纯提高准确率就会导致召回率降低，反之亦然。因此，尽管一个好的分类系统应该同时具有较高的准确率和较高的召回率，但实际分类系统往往需要在两者之间做出一些折中，而不至于使其中一个指标过低。

本章对文本分类的概念、特征选取方法、文本分类方法进行了讨论。在藏文文本分类方面虽然难见相关的研究报道，但随着藏文信息处理技术的提高和对藏文文本自动分类的需求，相信在藏文文本分类方面会取得好的成绩。希望本章为藏文文本分类起到抛砖引玉的作用。

第 10 章

机器翻译

10.1 概　述

自然语言理解（Natural Language Understanding，NLU），也称为计算语言学（Computational Linguistics），是研究如何利用计算机来理解和生成自然语言的理论和方法。它是人工智能三大研究方向之一，主要包括两个组成部分：

① 让计算机懂得自然语言文本的理解过程。

② 以自然语言文本来表达给定意图或思想的生成过程。

自然语言理解是一个极其复杂的研究课题，是一门自然科学和社会科学交叉的学科，特别是计算机科学、数学、语言学、心理学和哲学相互交叉的学科。

所谓自然语言就是生活中使用的语言，如藏语、汉语、英语、日语等。它是相对于人工设计的形式化的计算机语言如 Basic、Fortran、C、Lisp 等而言的。随着社会信息化程度的提高，人们越来越重视 NLU 技术的研究。其研究成果已经在机器翻译、信息检索、自然语言人机接口等重要领域得到应用。

机器翻译（Machine Translation，MT）是自然语言处理中的一个最早的研究分支，它是利用计算机把一种自然语言转变成另一种自然语言的过程。用以完成这一过程的软件叫作机器翻译系统。

从计算机刚刚诞生之日起，人们就尝试用它来进行一些语言现象的处理工作。自然语言理解的研究，最初就是从机器翻译开始的。随着信息时代的到来，信息爆炸成为信息处理领域的瓶颈问题，不同语种之间大量的信息交流更加大了问题处理的难度。不同语言之间的翻译工作越来越迫切，并且工作量也越来越大。如何利用计算机高效率的信息处理能力突破不同语种之间的语言障碍，成为全人类面临的共同问题。机器翻译便是解决这个问题的有力手段之一，这也是机器翻译长期成为自然语言处理研究中心的主要原因。

10.2 机器翻译的发展历史

机器翻译的发展经历了兴起、低落和重新兴盛的曲折历程。

1. 国外的状况

机器翻译最早开始于美国，自 20 世纪 40 年代电子计算机诞生之日起就开始了将计算机应用于语言翻译的探索。1949 年，美国工程师 W. Weaver 向大约 200 位熟人散发了题为翻译的备忘录，对机器翻译的重要性及可行性进行了论证。1952 年，第一次全美机器翻译会议召开。1954 年，机器翻译创刊，同年 Georgeton 大学成功研制了第一个机器翻译系统，机器翻译掀起热潮。然而，由于一开始人们对机器翻译的复杂性估计不足，机器翻译在当时还仅局限于词层之间的转换，故迅速走进了困境之中。因此，1966 年，Barlill 在美国全国科学院的 ALPAC 报告中指出：机器翻译速度慢，准确率差，比人工翻译费用高得多，在近期或可以预见的未来，开发出实用的机器翻译系统是不可能的。各部门纷纷停止了对机器翻译研究的经费支持，从而导致机器翻译走向低潮。

在以后的几十年里，语言学的研究有了长足的进步，人们从语法、语义和语用学等角度深刻地剖析了语言学现象。这样，从 20 世纪 70 年代后期，机器翻译又迅速发展起来，各种实用的和实验的系统相继推出。例如，1979 年加拿大推出的 Weinder 系统和欧共体研究的 EURPOTRA 多国语翻译系统等，尤其是 80 年代中期以后机器翻译处于空前繁荣时期。此时，无论是经典语言学理论还是新兴的科学计算语言学理论的发展都日益完善。同时，出现了不少商品化的系统，如美国的 SYSTRAN 系统、美国 Texas 大学与德国 Simon 公司合作研制的 METAL 系统、日本日立公司的 ATLAS 系统及法国 Grenoble 大学的 CETA 系统等。

2. 国内的状况

我国机器翻译的研究从一开始就得到了国家的高度重视。早在 1956 年它便以机器翻译/自然语言的数学理论列入了当时的科学发展纲要。以后则列为“六五”、“七五”，以及“863”等重大科研项目，但因为“文化大革命”有过 10 年的停滞。

20 世纪 70 年代中期，我国机器翻译研究从停滞走向了复苏。80 年代中期到 90 年代初期产生了两个在中国机器翻译史上具有重要意义的实用化系统。它们分别是军事科学院研制的 KY-1 英汉机器翻译系统和中国科学研究院计算所研制的 863-IMT 英汉机器翻译系统。90 年代初期至今，中国的机器翻译走入了快速发展的时期，出现了许多商品化系统。近期的机器翻译系统大体上有这样一些特点：多数配有大规模的多种领域的专业词典，多数能网上运行，有相当不错的方便用户的界面。新的应用领域的机器翻译的研究、语音翻译系统的研发等也已开始。

致力于藏文信息处理研究的学者也看到了藏汉机器翻译领域的需求和机器翻译的重要性。藏文信息处理研究者也涉足了该领域，例如，1995 年陈玉忠、李延福等人在国家“863”计划支持下实现了汉藏科技机器翻译系统的一个原型系统；2004 年，祁坤钰根据现代藏语语义词典设计的理论框架、语义分类思想、语义分类体系和属性描述原则，构造了一个初步适应英藏机器翻译的藏语语义分类体系；2005 年，才藏太等人结合“863”项目研制了班智达汉藏公文机器翻译系统。近年来，中科院自动化所、软件所也积极投入少数民族语言机器翻译研究中，并开发了汉藏机器翻译辅助系统。

在藏文机器翻译研究中，格桑志玛从源语分析的角度讨论了藏文语法与汉文语法的对比关系；扎洛等人从复合句的翻译角度出发探讨了汉藏复合句之间的翻译规则；才藏太从藏语动词的语法特性，提出了二分法的汉藏机器翻译方法；官却多杰等人从汉藏机器翻译实现的角度，提出了句型转换算法研究。虽然做了不少的研究，但还有一些关键问题未解决，藏文机器翻译研究仍处在初级阶段①。

① 官却多杰，欧珠．藏文机器翻译用句型转换算法研究[J]．西藏科技，2011(5):74-77.

10.3 机器翻译的基本过程

机器翻译的总任务可以描述为：将一种语言（源语言）的文本送入计算机，通过计算程序生成另一种语言（目标语言）的文本，且源语言文本与目标语言文本具有相同的含义。机器翻译系统的类型很多，采取的策略和技术也有差别，但它们的基本工作过程大体上是一致的。机器翻译的第一步是在不同层次上分析源文本，然后是目标语文本的生成。这两个步骤是机器翻译系统基本实现过程中的两个主要组成部分。

1. 源语分析

源语分析是所有现代机器翻译系统的基础，翻译的质量本质上依赖于分析的质量和深度。所谓源语分析，就是遵循一定的语言学基础，寻求源语文本的表示形式与其对应内容之间所存在的映射关系的过程。文本内容可以由句法结构表达式、文本命题含义表达式、综合的中间语言文本描述。典型的源语分析手段为：依据与源语文本所表达含义相关的词汇、句法结构、单词和句子的顺序，灵活地找出目标语译文。源语分析的深度不同是造成各机器翻译系统之间存在差异的主要因素。

源语分析涉及多个不同层次，分析过程按照复杂度递增顺序可划分为以下几个阶段：

① 形态分析：用于获取源语言词汇原形。在机器翻译系统的研制中，两层分析法是普遍采用的形态分析理论，有时也采用不太通用但更适合于特定语言、特定任务的方法。

② 句法分析：用于摘取源语文本短语结构、句法结构的依存性，即确定输入文本中词汇的词性、短语边界及短语的内部结构。

③ 语义分析：利用文本含义描述语言建立知识结构，反映源语文本的词汇、词义及相互之间所存在的语义依存关系，可消除词义歧义、介词短语修饰歧义、复合词分解歧义等。

④ 语用分析：根据源语文本元素之间所存在的各种面向应用领域和修辞的关系，建立源语文本语义结构。通过确定语义格角色约束、理解比喻和换喻、解决坏结构输入引起的问题、处理省略情形等来解决指代歧义问题。

2. 目标语生成

目标语生成被看作源语分析的逆过程，具有自身特点，主要完成以下两项任务：

① 文本规划：对各种表达方式进行选择，确定要实现的目标语文本的有关内容、修辞方式等信息。

② 表层实现：根据目标语语法，将由词汇组成的句法表达式映射为表层字符串。

10.4 机器翻译的基本原理

人类的翻译过程是一个非常复杂的智能活动，由此不难推断，机器翻译也是一项极具挑战性的研究课题，因为其中几乎涉及了自然语言处理研究中的各个方面。在机器翻译研究领域，研究者们已经提出了各种理论和方法，解决了很多问题，但仍然存在很多困难。

10.4.1 基于规则的机器翻译方法

纵观机器翻译发展的历程①，可以看出，机器翻译的主流方法一直是基于规则的方法。国际上有影响的机器翻译系统基本上都需要规则的贡献，即使在多种技术并存的系统中也要包含规则，基于规则的机器翻译技术思想是被普遍接受的、成熟的，也是到目前为止应用最广的方法。基于规则的机器翻译系统就是对语言语句的词法、语义进行分析、判断和取舍，然后重新排列组合，最后生成等价的目标语言。

基于规则的机器翻译方法导致了程序工作者和语言工作者的一种合作范式：程序工作者和语言工作者先共同制定数据规范，确定翻译算法、语言知识和翻译知识的表示形式，然后程序工作者编写程序实现翻译算法。语言工作者编写语言知识和翻译知识，驱动翻译算法的运行，两者分工合作，缺一不可。

在这种工作范式下，系统翻译性能通常受到两方面因素的制约：一方面是算法的设计是否合理，另一方面是语言知识是否足够丰富，其中最主要的瓶颈还在于后者。一旦翻译程序编程结束，并经过调试稳定以后，基本上就不需要再作修改，改进翻译性能的任务完全落在了语言工作者的身上。对于基于规则的机器翻译系统而言，知识获取实际上是最大的瓶颈。通常，经过一个人一年左右的调试就能得到一个可以翻译简单句子的演示系统，但要真正得到一个初步实用的机器翻译系统，一定要通过一批人数年累月的调试和积累。

在上述背景下，一方面，研究者们已经建立了一定规模的规则库，覆盖了相当多的语言现象；另一方面，基于规则的机器翻译技术不断借鉴和融合其他方法的优点，这些变化主要体现在：规则的获取方面，传统的规则方法主要依靠语言学家的总结进行调试，而现在更加重视从大规模语料库中自动获取规则。传统的规则方法往往偏重描述粗粒度、全局化的大范围语言学规则知识，而现在则更加重视描述细粒度、局部小范围的语言学知识，呈现出“小规则库、大词典”的趋势。

在知识表示方面，为了以更小的粒度、更加准确地对翻译知识进行描述，一般要对单纯的与上下文无关的规则做一些改进。改进的方法有两种：一种是采用特征结构与合一算法，如 LFG、GPSG 等，这种方法一般要求具有较好的语言学背景；另一种是采用词汇化的方法对规则加以细化。

传统的规则方法采用的往往是非此即彼的确定性原则，系统的鲁棒性较差；而现在的规则系统中一般都引入各种形式的概率或者评分函数，系统的鲁棒性有所提高。概率与评分函数方法的区别在于：前者一般有比较严格的数学模型作基础，概率值的计算要以对大规模语料库的统计为依据；后者的主观性较强，评分规则的确定以及具体规则的分值都是人为的，人们可以根据经验进行调整。

随着机器翻译研究的不断深入，规则方法存在的问题逐渐暴露出来。该方法最大的问题在其知识获取方面，单纯依靠语言工作者人工编写规则似乎永远也不能满足实际应用的需要。一个在市场上销售的机器翻译系统通常都要经过数十人乃至数百人的调试，但翻译效果还是远远不能达到令人满意的程度。更为糟糕的是，人工添加规则的做法导致规则库的规模更大，而系统性能的改进更为困难。因为一方面规则库越大，规则之间的冲突就越多，出现了所谓的“跷跷板现象”，系统虽然对某些句子的翻译效果好了，但对另外一些句子的翻译效果反而

① 王丹，等. 机器翻译:现状与展望[J]. 专利文献研究. 2008 (3).

差了，系统的整体性能并没有提高；另一方面，在后面加入的规则通常都是一些粒度非常小的规则，只能处理非常个别的语言现象，对系统整体性能的改进很小，整个系统的性能提升极为缓慢，而这个时期一些大型的机器翻译研究项目也都以失败而告终。基于规则的机器翻译方法似乎走到了尽头。

10.4.2 基于实例的机器翻译方法

与统计方法相同，基于实例的机器翻译方法也是一种基于语料库的方法，其基本思想由日本著名的机器翻译专家长尾真提出，他研究了外语初学者的基本模式，发现初学外语的人总是先记住最基本的英语句子和对应的日语句子，而后做替换练习。参照这个学习过程，他提出了基于实例的机器翻译思想，即不经过深层分析，仅仅通过已有的经验知识，通过类比原理进行翻译。其翻译过程是首先将源语言正确分解为句子，再分解为短语碎片，接着通过类比的方法把这些短语碎片译成目标语言短语，最后把这些短语合并成长句。对于实例方法的系统而言，其主要知识源就是双语对照的实例库，不需要什么字典、语法规则库之类的东西，核心的问题就是通过最大限度的统计，得出双语对照实例库。

基于实例的机器翻译对于相同或相似文本的翻译有非常显著的效果，随着例句库规模的增加，其作用也越来越显著。对于实例库中已有的文本，可以直接获得高质量的翻译结果。对与实例库中存在的实例十分相似的文本，可以通过类比推理，并对翻译结果进行少量的修改，构造出近似的翻译结果。

这种方法在初推之时，得到了很多人的推崇，但一段时期后问题出现了：由于该方法需要一个很大的语料库作为支撑，语言的实际需求量非常庞大，但受限于语料库规模。基于实例的机器翻译很难达到较高的匹配率，往往只有限定在比较窄的或者专业的领域时，翻译效果才能达到使用要求。因而到目前为止，还很少有机器翻译系统采用纯粹的基于实例的方法，一般都是把基于实例的机器翻译方法作为多翻译引擎中的一个，以提高翻译的正确率。

10.4.3 统计机器翻译方法

基于统计的机器翻译方法是把机器翻译看成一个信息传输的过程，用一种信道模型对机器翻译进行解释。这种思想认为：源语言句子到目标语言句子的翻译是一个概率问题，任何一个目标语言句子都有可能是任何一个源语言句子的译文，只是概率不同，机器翻译的任务就是找到概率最大的句子。

统计机器翻译方法的数学模型是由国际商业机器公司（IBM）的研究人员提出的。统计机器翻译的基本思想：从理论上说，这种模型只考虑了词与词之间的线性关系，没有考虑句子的结构。这在两种语言的语序相差较大时效果可能不会太好。如果在考虑语言模型和翻译模型时将句法结构或语义结构考虑进来，应该会得到更好的结果。统计方法的兴起缘于 20 世纪 90 年代以来互联网的广泛应用，整个社会的信息呈现爆炸趋势，机器翻译的需求凸显。与此同时，人们对于提高机器翻译的质量和速度有了新的想法，基于“统计”的方法备受关注。参与这个领域研究的人数和发表论文的数量都呈指数增长。统计机器翻译技术本身也经过了一个不断发展的过程，统计集群翻译的模型框架从早期的噪声信道模型发展到目前普遍采用的对数线性模型，其中最主要的统计翻译模型也从早期的基于词的模型发展到了目前主流的基于短语的模型，以及目前很多人都在进行的基于句法的统计翻译模型研究。

基于统计的方法需要大规模双语语料，翻译模型、语言模型参数的准确性直接依赖于语料的多少，而翻译质量的高低主要取决于概率模型的好坏和语料库的覆盖能力。基于统计的方法虽然不需要依赖大量知识，直接靠统计结果进行歧义消解和译文选择，避开了语言理解的诸多难题，但语料的选择和处理工程量巨大，因此，目前通用领域的机器翻译系统很少以统计方法为主。

10.5　机器翻译的评测

机器翻译领域最困难的任务之一就是对给定的翻译系统或者翻译算法进行评价，称其为机器翻译评测。与其他的评测任务面对的对象不同，机器翻译所处理的对象（语言）本身存在某种程度的歧义，无法像数学公式或者物理模型那样简单客观地描述出来，这使得为机器翻译结果进行客观的打分变得非常困难。评测方法①包括人工评测和自动评测。

10.5.1　人工评测方法

人是语言的使用者，是机器翻译成果的最终享用者，也就自然而然地成为了机器翻译系统质量的唯一评价标准（Golden Standard）。那么，什么样的译文质量才称得上好呢？我们知道，翻译界推崇的“信、达、雅”这个最高标准，即使是最好的翻译人员也很难做到，使用这个标准来要求现阶段还在牙牙学语的机器翻译系统实在是有些勉为其难了。因此，传统的机器翻译人工评测中使用的是诸如“忠实度”（Adequacy）和“流利度”（Fluency）这一类指标来衡量译文的质量。直观地说，这里的“忠实度”反映的是机器翻译系统生成的译文在多大程度上忠实于原文所要表达的意思，而“流利度”则用于评价译文本身是否流畅、是否符合目标语言的表达习惯等。理论上，这两个指标是相互独立的，译文可以非常通顺、很容易理解，但却与原文完全不相关。不过，对于机器翻译评测而言，这两个指标常常是相关的，一般忠实度比较差的译文也不容易理解。在人工评测的具体操作过程中，可以进一步对上述指标进行分级，由双语专家对照原文判断每个译文的忠实度和流利度，并为其打分，系统的最终得分即为每个译文分数的累加。

使用人工评价的方法得到的结果一般是十分准确的，但主要问题在于评测的成本太高、周期过长（评测过程可能长达几周甚至数月），评价结果也会随着评价人的变化和时间的推移而不同，这使得评价结果不可重复，缺乏客观性。在这种评测方式下，研究人员无法迅速得知系统改进的效果，延长了机器翻译系统的开发周期。

10.5.2　自动评测方法

人工评测的耗时耗力使得机器翻译的自动评测被提上了议事日程。如果一种语言中的每一个词都只有一种含义，只对应到另外一门语言中的一个词，任何一个句子都只有一种翻译

① 黄瑾，刘洋，刘群．机器翻译评测介绍[EB/OL]. http://lib. ict. ac. cn/ITL/data.

方法，那么，不仅机器翻译评测变得轻而易举，机器翻译本身也就只需查找一一对应的符号替换表就可以了，但人类总是要发挥自己的聪明才智，尝试使用不同的方法来表达同一个含义，这造就了美丽丰富的语言世界，也给机器翻译及其评测带来了巨大的困难。我们知道，即使是一个人类专家，要对一个机器翻译的译文给出一个评分，也不是一件很简单的事情，要对源文和译文都有比较准确的理解才能做到。机器并没有办法去理解一个句子，如何能对一个译文句子进行自动评分呢？

如果一个机器翻译评测系统只根据原文就能自动地为若干译文打分并选择出其中最好的结果，那么这个评测系统本身就是一个质量更好的机器翻译系统了。因此，人们最先想到的自动评测的出发点就是给出一些标准的翻译结果，然后比较机器生成的译文与这些翻译之间的相似程度。我们称这些标准的翻译为参考译文（或者参考答案）。同一个句子可以有多个不同的参考译文，这些参考译文都表达同一个含义，但可能使用了不同的词汇，或者虽然使用了相同的词汇但在句中的词序却不同。这样一来，机器翻译自动评测的问题就转换为比较机器翻译系统输出的一个翻译结果和多个通过人工产生的正确的参考译文之间的相似度的问题，使用不同的相似度计算方法即可得到不同的自动评测方法。

基于 n 元匹配的自动评测方法是翻译结果与参考译文句子中的任意连续 n 个单词完全相同，这里的 n 值可以取任意正整数。基于 n 元匹配的策略非常类似于常用的准确度的计算思想，首先统计系统译文与参考译文中共现的 n 元匹配的个数，再除以相应的系统译文中 n 元词的总数，用这个比值来表示相应的 n 元准确率。通过引入一种基于 n 元匹配的策略，可以同时考虑多个参考译文，而且这种方法在给出的例子中表现良好。

例如，源语言文本：今年前两月广东高新技术产品出口 37.6 亿美元。

系统译文 1：The new high-tech products in Guangdong exported 3.76 billion dollars in the first two months this year.

系统译文 2：This year，the former two of Guangdong，the export of hi-tech products 37.6yi US dollars.

参考译文 1：Guangdong's export of new high technology products amounts to US$3.76 billion in first two months of this year.

参考译文 2：Guangdong Exports US$3.76 billion Worth of High Technology Products in the First Two Months of This Year.

参考译文 3：In the first 2 months this year，the export volume of new high-tech products in Guangdong Province reached 3.76 billion US dollars.

从直观上看，上面两个翻译结果的质量有较大的差别，第一个翻译结果明显通顺流畅易于理解。可以看出，不考虑大小写的情况下，质量较好的系统译文 1 与三个参考译文共现了很多个翻译片段，与参考译文 3 共现“the”，与参考译文 3 共现“new high-tech products in Guangdong”，与参考译文 1 共现“3.76 billion”，与参考译文 3 共现“dollars”，与参考译文 2 共现“in the first two months”和“this year”。相比而言，系统译文 2 与上述三个参考译文的共现片段比较少。在上述例子中，系统译文 1 中除了“exported”这个单词，其他所有的单词都在三个参考译文中出现过，因此，其一元准确率为 16/17，相应的二元准确率为 10/16，而系统译文 2 的一元准确率和二元准确率只有 11/18 和 3/17 而已，分数的差异与人工评测的结果取得了一致。

现在的评测方法已经对系统译文中出现的正确翻译片段给予了奖励，对那些在系统译文中出现但不在任何参考答案中出现的词条进行了惩罚，而且通过修正的 n 元准确率计算方法，避免了系统译文中出现的过多重复词条所带来的误判。

机器翻译评测领域目前使用最为广泛的 BLEU 评测标准的基本方法就是 n 元匹配的自动评测方法。BLEU 的全称是 Bilingual Evaluation Understudy，由 IBM 于 2002 年提出。BLEU 方法实施起来非常简单，通过比较系统译文与多个参考答案之间字面上的相似度来为系统翻译结果的质量打分，只需要请几位不同的双语专家对原文进行翻译，计算时完全根据字面字形的相似度，不需要对参考译文和机器译文的意思加以理解。实践也证明，采用这种方法对机器翻译的译文质量进行评测，其结果与人工评测的结果相当一致。

上述方法是基于字面的完全匹配，并没有理解系统译文和参考译文的含义，为了弥补语言理解上的不足，研究人员尝试使用基于更多语言学知识的评测方法来评价翻译质量的好坏。早在十几年前，北京大学计算语言学研究所的俞士汶教授就提出了一种基于测试点的机器翻译自动评价方法。这种方法并不直接评价译文句子，而是考虑系统译文在给定的测试点上的质量。其基本原理类似于在考试出题时设置考点，考生答题时答到相应的考点即可得分。首先确定要考察的一些测试点，例如，词汇量、译词的选择、固定搭配、句法结构的理解、词序调整等，然后对每一类测试点，出一些测试句子，对于每个句子，仅仅对某一个具体的测试点进行测试。比如说，关于英汉翻译的固定搭配问题，我们可能会出一个测试句子“There are nine horses on the farm.”，目的仅仅是考察系统是否能够正确地给出与“马”搭配的量词“匹”。自动评测系统将考察机器翻译的译文中是否包含“匹”字，如果有，则认为这个译文在这个测试点上表现正确；反之，则认为这个译文在这个测试点上翻译错误，而不管这个译文的其他部分如何。这种评测方法可以综合分析机器翻译以及两种语言自身的特点，确定不同类型、不同难度的测试点，将对一个完整译文的评测问题分成一个个单独的测试点的评测，每个测试点本身只要通过简单的字符串匹配即可给出评价。基于测试点的评测方法是一种非常巧妙的方法。使用这种评测方法，通过对评测结果进行细致深入的分析，很容易知道系统在哪些语言问题上处理得不够好，有针对性地对系统进行改进即可进一步提高系统翻译的质量。

10.5.3　机器翻译评测项目

机器翻译评测项目主要有两种组织形式：一种由官方机构组织，比如由美国标准和技术研究所组织的 NIST 机器翻译评测、欧盟主办的 TC-STAR 机器翻译评测以及由中国科学院计算技术研究所组织承办的 863 机器翻译评测等；另一种评测由学术机构组织。此类评测大多是由研究兴趣驱动的，参与者对某个领域具有共同的兴趣，非常愿意在一起组织评测进行交流，比较典型的例子就是 IWSLT（the International Workshop on Spoken Language Translation）机器翻译评测和费利普·科恩（Philipp Koehn）组织的机器翻译研讨会中的评测项目。下面主要介绍目前机器翻译领域最为权威、参加单位最多、影响最大的 NIST 机器翻译评测。

从 2002 年起，在美国国防部高等研究计划局（DARPA）资助的项目 TIDES6 的框架下，美国国家标准和技术研究所出面组织了 NIST 机器翻译评测。NIST 评测每年举办一次，主要考察的语言对是汉语到英语以及阿拉伯语到英语，并且只对各参评系统的机器翻译结果的质量进行评测，对系统本身的其他方面不做评价。评测采用自动评测和人工评测相结合的办法，其中自动评测主要采用 BLEU 指标。自动评测的结果在参评系统提交译文之后的几分钟之内即可得到，人工评测则在随后几个月中进行，并在评测后的研讨会中在各参评单位内部公布自动评测和人工评测的结果。2002 年的第一次 NIST 机器翻译评测一共有 8 个单位提交了 30 多个系统译文，最终德国亚琛工业大学（University of Technology Aachen）基于统计的机器翻译系统在所参加的评测中取得了最好的成绩。2006 年，NIST 机器翻译评测的参赛单位以及系统已经增加到 46 个。

在 2002 年 NIST 机器翻译评测的参评系统中，也有当时开发成功的一个汉英机器翻译系统。这是一个基于规则方法的系统，是历经多年开发的成果，虽然还只是一个实验系统，规模有限，但在当时算是国内最好的汉英机器翻译系统之一。但是，在 2002 年 NIST 评测中的成绩却非常差，不仅排名非常落后，而且结果评分差距非常大，没有想到历经这么多年研究的成果在统计机器翻译方法面前会这么不堪一击。也正是这次评测，让汉英机器翻译看到了统计机器翻译的前景，走向了统计机器翻译研究之路。在汉英统计机器翻译研究之路上，刚开展了一些基础性的研究工作，如汉语词语切分、句法分析、语料库收集和加工、词语对齐等。到 2004 年，全面开展了统计机器翻译研究，而到 2005 年，开发的第一个统计机器翻译系统再次参加 NIST 评测，结果依然不理想。再经过一年的艰苦努力，到 2006 年，汉英机器翻译系统在 NIST 评测中名列前茅，在参评的 24 个单位中名列第五。

机器翻译评测不仅给各参评单位提供了一个公平比较的平台，也为各种新的机器翻译理论提供了一个很好的实验场，为机器翻译的各个研究单位和研究人员提供了一个充分展示自己水平的舞台，这也使得机器翻译研究更加精彩纷呈。

10.6 藏汉机器翻译初探

藏文信息处理中，机器翻译也是一个热门的研究方向，但限于藏文信息处理研究现有的水平、人力、物力，目前只能做一些肤浅的与机器翻译有关的基础性的工作。不少单位正在尝试藏汉、汉藏、藏英等机器翻译，也取得了一些成果，但还有很大的研究空间。下面简单地介绍与机器翻译有关的汉藏短语抽取、句子边界识别两个方面。

10.6.1 汉藏短语抽取①

汉藏短语抽取虽然是基于短语翻译的基础，但在抽取汉藏短语时也有很多难点：

（1）藏语构成短语的变化多

在藏文实际文本中，藏文短语有连续和非连续两种形式。例如，“རྒྱལ་ཁབ་ཚད་གཞི་”是连续短语，是“国家标准”的意思；“ཐོན་རྫས་ཀྱི་སྤུས་ཀར་ཁས་ལེན་”是非连续短语，是两个名词“ཐོན་རྫས་ཀྱི་སྤུས་ཀ”和“ཁས་ལེན་”，构成短语“产品质量认证”时中间加了格助词“ར”

① 诺明花，吴健，刘汇丹，等. 汉藏短语对抽取中短语译文获取方法研究[J]. 中文信息学报，2011（3）：113-117.

而形成的。由于翻译过程是根据上下文意译，待译语块充当不同句法成分时按需要添加不同的格助词形式，此现象称之为格变化。意译过程中还有名词动词化、动词名词化、时态变化以及格变化等现象。

（2）一个源语言短语在双语对齐语料中所有正确目标短语的数量不确定

一个汉语短语有一个译文用 1-1 表示，一个汉语短语有两个或以上的译文，用 1-*n* 表示，称这种特征为短语对应关系。同一个汉语的不同译法，类似一词多义，例如，“主管”这个单词可以译成“གཙོ་སྐྱོང་”，也可以译成“གཙོ་གཉེར་”，从而使语料中有两种甚至多种译法并存。短语对抽取过程中，一个中文多种译法的现象不可忽略。

那么怎样抽取藏汉短语呢？

针对藏文一词多译的特点，提出了藏文词序列相交的思想：如果两个中文句子有公共子串，用 CCS 表示；它们对应的译文句子一定有公共子串，用 TCS 表示，并且 CSS 与 TCS 在意义上是互译的。通过计算藏文句子间公共子串的方法可以获取汉语语块的译文。至于三组词串的对应关系，借用汉藏词典可以确定三组汉藏互译短语对。

从以上分析可以得出，两个句对 SP_r 与 SP_t 相交结果表示如下：

$$SP_r \cap SP_t = (\{Q_1, Q_2, \cdots, Q_k\}, \{T_1, T_2, \cdots, T_g\}) \tag{10-1}$$

式中，$Q=\{Q_1, Q_2, \cdots, Q_k\}$为句对 SP_r 和 SP_t 中汉语句子 CS_r 和 CS_t 的交集，Q 中包含 Q_i（$1\leqslant i\leqslant k$）待翻译的中文短语，$T=\{T_1, T_2, \cdots, T_g\}$为 SP_r 和 SP_t 中藏文句子 TS_r 和 TS_t 的交集。T 中肯定包含 Q_i 的翻译译文，可以查找汉藏词典确定汉藏互译对（Q_i，T_j）。

待翻译中文短语由多个汉语单词构成，表示为

$$Q_i = \langle Q_{i+1}, Q_{i+2}, \cdots, Q_{i+l} \rangle \tag{10-2}$$

假设 Q_i 中任意单词 $Q_{i+\theta}$（$1\leqslant\theta\leqslant l$）在词典中查到一个以上译文，这些译文保存到链结构 L 中，一定会存在某个 $T_{j+\omega}$ 能够满足 $T_{j+\omega}\cap L! = \Phi$ 的条件。这些 $T_{j+\omega}$（$1\leqslant\omega\leqslant g$）最终构成 Q_i 的译文 T_j。T_j 可以是连续的，也可以是非连续的。

从公式（10-1）得知，句对的序列相交由若干个藏文公共子串 CS 组成。如果为每个 CS 构造一个树结构 T 的话，句对的序列相交可以组成一个森林。设定两种节点，其中有存储藏文 CS 的某个单词的节点，用 ITN 表示；还有某个藏文单词节点的同义词、时态变化或格变化的节点，用 SYN 表示，约定 SYN 在其关联的 ITN 的右子节点中记录；ITN 的左子节点中记录同一个 CS 中相邻的藏文单词。因此，某个 T 的根节点是 tag 域为 1 的 ITN 节点，T 的叶子是左子节点为空的 ITN 节点。CS 中某个单词对应节点的所有同义词、格变化或时态变化等形态变化形式构成一个列表 SL。

假设，在 SABC 中有 42 个中文句子包含待翻译语块 Q，其对应藏文句子取交后，获取两个公共子串 P_1 和 P_2。P_1 和 P_2 的树结构分别用 T_1 和 T_2 表示，如图 10-1 所示。

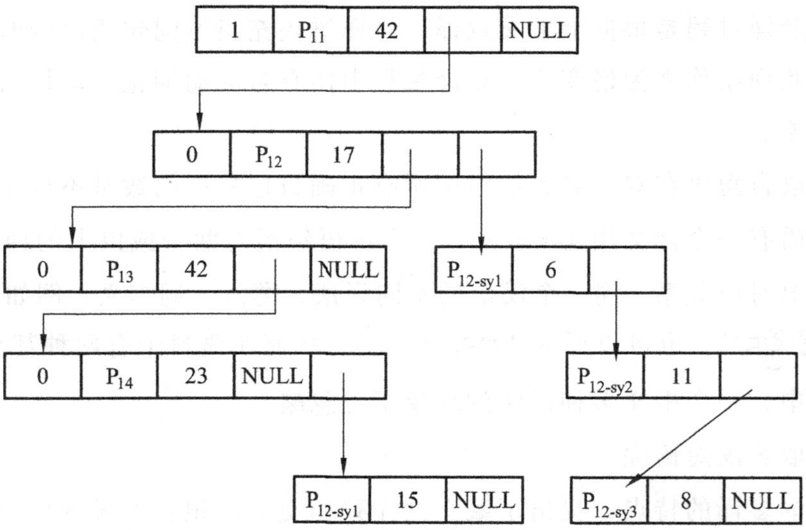

（a）T_1 节点表示

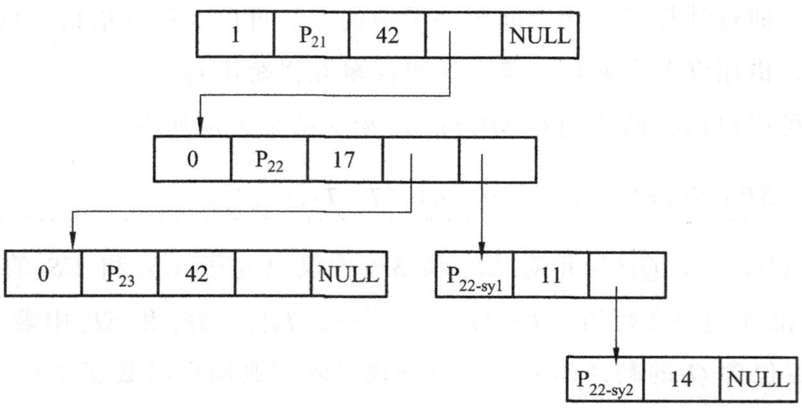

（b）T_2 节点表示

图 10-1 P_1 和 P_2 的树结构

确认（Q_i，T_j）的过程是对由 T_1 和 T_2 组成的森林的搜索过程。在图 10-1 中，P_{11} 出现频次等于 42，被接收为译文 T_j 的一部分。P_{12} 节点最后一个域指向 $P_{12\text{-sy1}}$，$P_{12\text{-sy2}}$ 和 $P_{12\text{-sy3}}$ 组成的链表，同时 P_{12}、$P_{12\text{-sy1}}$、$P_{12\text{-sy2}}$ 和 $P_{12\text{-sy3}}$ 出现频次的和等于 42。因此，词组[P_{12}，$P_{12\text{-sy1}}$，$P_{12\text{-sy2}}$，$P_{12\text{-sy3}}$]被接收。P_{13} 出现频次为 42，它被接收为 T_j 的一部分。P_{14} 和 $P_{14\text{-sy1}}$ 出现频次和为 38，它们被丢弃。同样，P_{21} 和 P_{23} 出现频次等于 42，它们被接收为 T_j 的一部分。P_{22}、$P_{22\text{-sy1}}$、$P_{22\text{-sy2}}$ 的频次和等于 42，词组[P_{22}，$P_{22\text{-sy1}}$，$P_{22\text{-sy2}}$]被接收为 T_j 的一部分。Q_i 的最终翻译结果 T_j 是一个集合：

$$P=\{P_{11}[P_{12},\ P_{12\text{-sy1}},\ P_{12\text{-sy2}},\ P_{12\text{-sy3}}]P_{13},\ P_{21}[P_{22},\ P_{22\text{-sy1}},\ P_{22\text{-sy2}}]P_{23}\}$$

为了不依赖于额外资源，提出两步抽取汉藏短语的方法。汉藏短语对抽取流程如图 10-2 所示。除了藏文语块抽取（虚线内部）外，汉藏短语对抽取需要做的工作有以下几点：

① 用脚本程序将 SABC 分为汉藏各自的单语语料，汉语语料和藏文语料分别标记为 CC 和 TC。

② 用 Na-gao 的算法计算出 CC 中所有 2-Gram ~ 5-Gram 语块作为候选汉语连续语块。通过子串归并算法删除同一频度的子串。

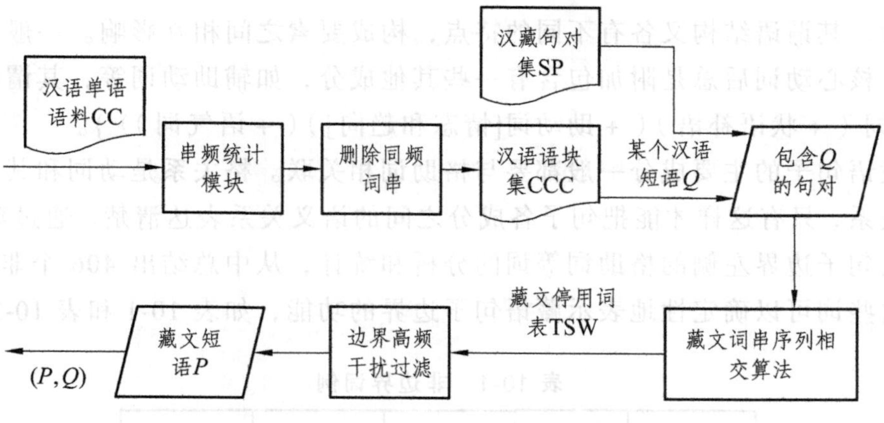

图 10-2　汉藏短语对抽取流程

③ 对产生的候选汉语语块进行过滤和排序，再将汉语语块集保存到文本文档中。另外，构建 TC 中的藏文停用词表 TSW，为过滤边界高频干扰词做准备。

藏文词串序列相交（简称 TIA）算法不依赖于额外资源的前提下，对句对双语语料库中包含待翻译汉语语块 Q 的句对 TSS 求交集，通过后处理得到汉语语块的译文，从而构建汉藏短语词典。

TIA 算法的核心由两步组成。第一步使用序列相交翻译模型，对藏文句子集中任意两句取交来为已知的 Q 构建公共子串森林 F。按公式（10-2），Q 由若干个词 Q_i（$1 \leqslant i \leqslant l$）组成，取交过程中任意 Q_i 的译文均被保存并生成公共子串树 T 或森林 F。并不是 T 或 F 中所有的节点都可以构成 Q 的译文 P，节点满足以下两个条件才能组成 P 的候选。

① 译文中一定包含任意 Q_i（$1 \leqslant i \leqslant l$）的译文。

② 所有候选译文的支持度和等于 S_n。

第二步遍历 F，筛选出满足以上条件的候选单词并确认 Q 的译文 P。P 是 CS 的集合，P 的生成过程算法可参考相关文献。

10.6.2　藏文句子边界识别[①]

在藏文机器翻译中，识别藏文句子边界又是一个研究基础和研究重点，也是一个难点。按照藏文的特点，藏文句子没有显示的句子边界，需要通过其他办法来识别藏文句子的边界。

藏语独特的标点符号系统中，涉及标识句子结束的标点符号主要有楔形符“།”，该符号用来表示藏文的词、句子的停顿或结束。楔形符在藏文句子中主要用于句末，也可用于词或者短语之后，在功能上相当于汉语标点符号的顿号、逗号、句号、问号及叹号。藏文句子结束的地方有楔形符，但有楔形符的地方不一定是藏文句子的边界，因此，无法通过楔形符来判断藏文句子的边界。

藏语的句子语序结构属于 SOV 型，即{主语 + 宾语 + 谓语}的语序结构。藏语句子的构成是以动词为核心，运用各种关系词将词语连接起来组成句子的过程。动词的句法位置始终位

① 李响，才藏太，等. 最大熵和规则相结合的藏文句子边界识别方法[J]. 中文信息学报，2011（4）：40-44.

于句子的结尾部分，因此，藏语句子中谓语部分的末端应当是整个句子的结尾。但是单独分析谓语部分时，其谓语结构又各有不同的特点，构成要素之间相互影响。一般在藏语句子的谓语部分中，核心动词后总是附加包含有一些其他成分，如辅助动词等，其谓语的语序格式为{（谓语动词（+状语补语）（+助动词[情态和趋向]）（+语气词））}。

另外，藏语句子的主要成分一般都要与格助词相关联。格关系是动词和其周围对象发生事件的约束关系，只有这样才能把句子各成分之间的语义关系表达清楚。通过对 48 000 句藏文语料中歧义句子边界左侧的格助词等词的分析和统计，从中总结出 406 个非边界词和 166 个边界词，这些词可以确定性地表示藏语句子边界的功能，如表 10-1 和表 10-2 所示。

表 10-1　非边界词例

༄༅།།	ཅིང་།	གཏམ།	གནད།	གཙང་།
གར།	གཞན།	གཅོད།	གཉིས།	གཉེར།

表 10-2　边界词例

མིན།	སྲིད།	ཚིག།	བྱུང་།	གཏོང་།
ཟང་།	ཐུབ།	བཏང་།	བྱེད།	རྒྱུ།

基于规则的方法利用表 10-1 和表 10-2 的词表识别歧义的藏语句子边界，对于每一次的识别结果，标记该句子边界的确定功能，从而根据该标记决定最大熵模型需要识别的未确定的句子边界。

现有许多机器学习方法可以应用于句子边界识别问题，例如决策树、神经网络和条件随机场等。由于最大熵模型已经非常成熟，可以采用那些可开源的最大熵训练工具包来进行训练，因此。选择最大熵模型可以解决藏语句子边界识别问题。

使用最大熵模型识别藏语句子边界，需要定义藏语句子边界识别的特征模板，具体的特征模板如表 10-3 所示。单词类型表如表 10-4 所示，用于表示藏语两个音节点之间的字串。

表 10-3　藏语句子边界识别的特征模板

特征模板	模板意义
L2L1	边界左边第 2 个单词和第 1 个单词
L2	边界左边第 2 个单词
L1	边界左边第 1 个单词
L1Len	边界左边第 1 个单词长度
L2Sy1	边界左边第 1 个单词的末尾字
R1	边界右边第 1 个单词
R1Len	边界右边第 1 个单词长度
R2	边界右边第 2 个单词
R1R2	边界右边第 1 个单词和第 2 个单词

表 10-4　单词类型表

单词的类型	单词类型的意义
digit	阿拉伯数字
lpunct	左标点符号，包括([{〈 “ ‘《
rpunct	右标点符号，包括)]}〉 ” ’》
cpunct	除左、右符号外的其他标点符号
tword	藏　文
abc	英　文

下面通过一个例子简要说明边界特征模板的抽取，其中采用简单的特征集合{L2，Ll，L1L2，R1}。如表 10-5 所示，将每一个句子边界的功能标记为断句（sb）或不断句（nsb），用左斜线划分藏语单词，空格表示非有效句子边界，@符号表示句子边界。

例如，@བློ/སྤྱལ/གྱི/ཡང/སྲིད/དོས/འཛིན/བྱེད/སྐབས/རྒྱལ/ཁབ/གཅིག/གྱུར/སྤྱུང/སྐྱོང/དང/མི/རིགས/ མཐུན/གྲིལ/སྤྱུང/སྐྱོང/ཚོས/ལུགས/འཆམ/མཐུན/དང/སྤྱི/ཚོགས/འཆམ/མཐུན/སྤྱུང/སྐྱོང/བོད/བརྒྱུད/ནང/བསྟན/གྱི/རྒྱུན/ལྡན/གྲིག/སྲོལ/སྤྱུང/སྐྱོང/བཅས/བྱ/རྒྱུའི/རྩ/དོན/ལ/བརྩི/སྤྱུང/ཞུ/དགོས/@

表 10-5　边界特征识别表

y	x = L2	x = L1	x = L1L2	x = R1
sb	སྐྱོང	དང	2	མི·
sb	སྤྱུང	སྐྱོང	2	ཚོས
sb	སྤྱུང	སྐྱོང	2	བོད
nsb	ཞུ	དགོས	3	བྱ

藏文标点符号的特殊性和复杂性使我们不易准确地识别藏语句子边界，从而影响其他藏文自然语言处理的相关工作。通过对藏文语料以及对藏语句尾结构的分析，结合藏文语法规则，总结出大量的边界词及非边界词，可以利用词表在一定程度上确定歧义的藏语句子边界；而对于规则不能识别的藏语句子边界，采用最大熵模型进行边界识别。最大熵与规则相结合的藏语句子边界识别方法能够较好地解决藏语句子边界识别问题。

本章对机器翻译的原理、机器翻译的评测、藏汉机器翻译初探几个方面进行了讨论。不少科研院所和高等院校积极从事藏汉、藏汉英机器翻译研究工作，为机器翻译工作奠定了一定基础。目前藏汉英机器翻译处于基础的研究阶段，还没有实用的藏汉英机器翻译系统，也没有相应的藏汉英机器翻译评测，藏汉英机器翻译研究任重而道远。

参考文献

[1] 李兴国. 信息管理学[M]. 北京：高等教育出版社，2007：4-5.

[2] 赵晨星. 藏文计算机键盘的国家标准的研究[G]. 北京：中国信息学会，1992.

[3] 江荻，董颖红. 藏文信息处理属性统计研究[J]. 中文信息学报，1995，9（2）.

[4] 江荻，董颖红. 藏字叠加结构线性处理统计分析[J]. 中文信息学报，1994（4）.

[5] 陈玉忠，俞士汶. 藏文信息处理技术的研究现状与展望[J]. 中国藏学，2003（4）.

[6] 江荻. 书面藏语的熵值及相关问题[G]//1998 中文信息处理国际会议论文集. 北京：清华大学出版社，1998.

[7] 卢亚军，等. 基于大型藏文语料库的藏文字符、部件、音节、词汇频度与通用度统计及其应用研究[J]. 西北民族大学学报：自然科学版，2003（48）.

[8] 严海林，江荻. 藏文大藏经信息熵研究[G]//中国少数民族多文种信息处理研究与进展. 呼和浩特，2003.

[9] 王维兰，陈万军. 藏文字丁、音节频度及其信息熵[J]. 术语标准化与信息技术，2004（2）.

[10] 高定国，龚育昌. 现代藏字全集的属性统计研究[J]. 中文信息学报，2005（1）.

[11] 卢亚军，罗广. 藏文词汇通用度统计研究[J]. 图书与情报，2006（3）.

[12] 罗圣仪，刘英杰，刘璐. 一种藏汉西文混合输入和编辑的藏文处理系统[G]//中文信息处理国际会议论文集. 北京：中国中文信息学会，1987.

[13] GB/T 17543—1998 信息技术 藏文编码字符集（基本集）键盘字母数字区的布局[S]. 中国国家标准汇编 256. 北京：中国标准出版社，1999.

[14] 赵晨星. 藏文计算机键盘的国家标准的研究[A]. Proceedings 1992 International Conference on Chinese Information Processing（2）. 北京：中国信息学会，1992.

[15] 彭寿全，黄可，万国根，等. 外挂式藏汉英混合处理系统[J]. 中文信息学报，1993.

[16] 罗圣仪，江虹，张志芳. 藏文轻印刷系统[J]. 计算机世界，1993.

[17] 高定国，龚育昌. 藏文键盘布局的优化设计方法[J]，中文信息学报，2005，19（6）.

[18] 王维兰. 集音节、梵文和词汇于一体的藏文智能输入系统[J]. 计算机应用研究，2006（11）.

[19] 王维兰. 现代藏文识别[G]//1998 中文信息处理国际会议论文集. 北京：清华大学出版社，1998.

[20] 王维兰. 藏文基本字符识别算法研究[J]. 西北民族学院学报：自然科学版，1999，20（3）.

[21] 王浩军，赵南元，邓钢铁. 一种现代藏文笔段提取算法[J]. 中文信息学报，2001，15（4）.

[22] 王浩军，赵南元，邓钢铁. 藏文识别的预处理[J]. 计算机工程，2001.

[23] 王维兰，丁晓青，戴玉刚. 藏文识别后处理研究[J]. 术语标准化与信息技术，2002.
[24] 王维兰，丁晓青，祁坤钰. 藏文识别中相似字丁的区别研究[J]. 中文信息学报，2002，16（4）.
[25] 王维兰，丁晓青，陈力，等. 印刷体现代藏文识别研究[J]. 计算机工程，2003，29（3）
[26] 中国西藏信息中心. 多字体印刷藏文（混排汉英）文档识别系统成果简介[EB/OL]. http：//www. tibetinfor. com. cn.
[27] 王华，丁晓青. 一种多字体印刷藏文字符的归一化方法[J]. 计算机应用研究，2006，23（9）.
[28] 柳洪轶，王维兰. 联机手写藏文识别中字丁规范化处理[J]. 计算机应用研究，2006，23（9）.
[29] 刘真真，李永忠，沈晔华. 基于分形矩的印刷体藏文特征提取方法[J]. 江南大学学报：自然科学版，2007.
[30] 普次仁. 多种印刷字体藏文字符的特征提取方法研究[J]. 西藏大学学报：自然科学版，2008，23（1）.
[31] 李永宏，于洪志. 安多藏语语音合成语料库的设计[J]. 西北民族学院学报：自然科学版，2006.
[32] 李积逊，范武英. 藏语语音的时域分析[J]. 福建电脑，2007（5）.
[33] 马明，刘华. 基于隐马尔可夫过程的藏语语音预测初探[J]. 西北民族大学学报：自然科学版，2008，29.
[34] 杨阳蕊，李永宏，于洪志. 藏语安多方言的音联结构及统计分析[J]. 西北民族大学学报：自然科学版，2008，29.
[35] 李永宏，孔江平，于洪志. 藏语文-音自动规则转换及其实现[J]. 清华大学学报：自然科学版，2008，48.
[36] 彭寿全，黄可，张义刚. 藏文综合编码方案的研究与实现[J]. 中文信息学报，1996，10（4）.
[37] GB 16959—1997 信息技术 信息交换用藏文编码字符集 基本集[S]. 中国国家标准汇编 239. 北京：中国标准出版社，1997.
[38] 于洪志. 藏文内码扩展体系[J]. 中文信息学报，1999，13（1）.
[39] 于洪志. 计算机藏文编码性能指标分析[J]. 西北民族学院学报：自然科学版，1997，18（2）.
[40] 于洪志. 藏文编码字符集 构件集[J]. 西北民族学院学报：自然科学版，1998（1）.
[41] 艾尔肯. GB 18030 编码标准介绍[EB/OL]. [2003-12-12] http：//www. dic123. com/Content/LunwenK /C/99/29341567. html.
[42] GB/T 16960. 1—1997 信息技术 藏文编码字符集（基本集）24×48 点阵字型 第 1 部分：白体[S]. 中国国家标准汇编 239. 北京：中国标准出版社，1997.
[43] 全国信息技术标准化技术委员会. 少数民族信息标准[EB/OL]. http：//www. nits. gov. cn/sc1002/tibetStandardAll. asp.

[44] 曹晖. 藏文 OpenType 字体技术研究及实现[J]. 西北民族大学学报：自然科学版，2008，29（71）.
[45] 高定国，龚育昌. 设计 OpenType 藏文白体字库的技术研究[G]//第十届全国少数民族语言文字信息处理学术研讨会论文集，2005 .
[46] 扎西次仁. 一个人机互助的藏文分词和词登录系统的设计[G]//中国少数民族语言文字现代化文集. 北京：民族出版社，1999.
[47] 江荻. 藏语文本信息处理的历程与进展[G]//中文信息处理前沿进展——中国中文信息学会二十五周年学术会议论文集，2006.
[48] 陈玉忠，李保利，俞士汶，等. 基于格助词和连续特征的藏文自动分词方案[J]. 语言文字应用，2003.
[49] 祁坤钰. 信息处理用藏文自动分词研究[J]. 西北民族学院学报：自然科学版，2006（4）.
[50] 才智杰. 藏文自动分词系统中紧缩词的识别[J]. 中文信息学报，2009（1）.
[51] 罗秉芬,江荻. 藏语计算机自动分词的基本规则[G]//中国少数民族语言文字现代化文集. 北京：民族出版社，1999.
[52] 陈玉忠，俞士汶. 面向信息处理的藏语虚词的语法信息表述研究[G]//Advances in Computation of Oriental Languages—Proceedings of the 20th International Conference on Computer Processing of Oriental Languages，2003.
[53] 陈玉忠. 信息处理用现代藏语词语的分类方案[G]//第十届全国少数民族语言文字处理学术研讨会论文集. 西宁，2005.
[54] 多拉，扎西加，欧珠，大罗桑朗杰. 信息处理用藏文词类及标记规范 [G]//第十一届全国少数民族语言文字处理学术研讨会论文集. 西双版纳，2007.
[55] 扎西加，多拉，大罗桑朗杰，欧珠. 信息处理用藏文词类及标记规范的理论说明[G]//第十一届全国少数民族语言文字处理学术研讨会论文集. 西双版纳，2007.
[56] 扎西加，珠杰. 面向信息处理的藏文分词规范研究[J]. 中文信息学报，2009，23（4）.
[57] 周季文，江荻. 藏语计算机统计用语料抽样文本筛选[G]//中国少数民族语言文字现代化文集. 北京：民族出版社，1999.
[58] 陈玉忠，俞士汶. 藏文信息处理技术的研究现状与展望[J]. 中国藏学，2003，4.
[59] 祁坤钰.《机器翻译用现代藏语语义词典》的设计研究[J]. 西北民族大学学报：自然科学版，2004，25（54）.
[60] 才藏太，华关加. 班智达汉藏公文翻译系统中基于二分法的句法分析方法研究[J]. 中文信息学报，2005，19（6）.
[61] 西藏自治区藏语文工作委员会办公室.《基于 LINUX 的跨平台藏文信息处理系统》在京通过验收[EB/OL]. [2007-07-07] http：//xz6. 2000y. net/mb/1/ReadNews. asp?NewsID = 273429.
[62] 信息产业部电子信息产品管理司. 藏文软件开发专项介绍[J]. 信息技术与标准化，2007,（8）.
[63] 李响，才藏太，等. 最大熵和规则相结合的藏文句子边界识别方法[J]. 中文信息学报，2011（4）：40-44.

[64] 扎西次仁. 藏文的排序规则及其计算机自动排序的实现[J]. 中国藏学，1999（4）.

[65] 江荻，康才畯. 书面藏语排序的数学模型及算法[J]. 计算机学报，2004（4）.

[66] 黄鹤鸣，赵晨星. 引入排序码实现藏文字符的排序[J]. 计算机技术与发展，2008，18（10）.

[67] 于洪志. 计算机专用藏文文字术语探讨[J]. 术语标准化与信息技术，1997.

[68] 扎西次仁. 一个藏文拼写检查系统的设计[G]//1998 中文信息处理国际会议论文集. 北京：清华大学出版社，1998.

[69] 尼玛扎，李志蜀，群诺，等. 一种在移动电话上实现藏文处理的方法[J]. 四川大学学报：工程科学版，2009，41（1）.

[70] 西藏洛藏数码科技有限公司. 全球第一款藏汉英电子词典[EB/OL]. [2007-07-07] http：//www. luozang. com.

[71] 瞿霭堂，劲松.《音势论》和藏文创制的原理[J]. 民族语文. 2011（5）.

[72] 藏文字体简介[EB/OL]. http：//www. doc88. com/p-99455995562. html.

[73] ཚེ་ཏན་ཞབས་དྲུང་། བོད་གངས་ཅན་གྱི་སྒྲ་རིག་པའི་བསྟན་བཅོས་ལེ་ཚན་འགའ་ཕྱོགས་བསྡུས་བཞུགས་སོ།[M]. མཚོ་སྔོན་མི་རིགས་དཔེ་སྐྲུན་ཁང་།༢༠༠༣ལོའི་ཟླ་༡༢པར།.

[74] 江荻，龙从军. 藏文字符研究[M]. 社会科学文献出版社，2010.

[75] 王晓龙，观毅，等. 计算机自然语言处理[M]. 北京：清华大学出版社，2005.

[76] 张怡荪. 藏汉大辞典[M]. 北京：民族出版社，1984.

[77] 朱巧明，李培峰，吴娴，等. 中文信息处理技术教程[M]. 北京：清华大学出版社，2005.

[78] 罗圣仪，刘英杰，刘璐. 一种藏汉西文混合输入和编辑的藏文处理系统[G]//中文信息处理国际会议论文集. 北京：中国中文信息学会，1987.

[79] 彭寿全，黄可，万国根，等. 外挂式藏汉英混合处理系统[J]. 中文信息学报，1993.

[80] 江荻，燕海雄. 藏文字符的分类与功能描述[J]. 西藏研究，2010，10（5）：75-84.

[81] 高定国，欧珠. 藏文编码字符集的优化研究[J]. 中文信息学报，2008（4）：119-122.

[82] 欧珠，代红. 藏文编码字符集编码模式的研究与应用[J]. 信息技术与标准化，2007（8）.

[83] 李永宏，何向真，艾金勇，等. 藏文编码方式及其相互转换[J]. 计算机应用. 2009，7（7）.

[84] 高定国. 藏文字处理系统的研究与实现[D]. 合肥：中国科学技术大学，2005.

[85] 江荻. 书面藏语的熵值及相关问题[G]//1998 中文信息处理国际会议论文集. 北京：清华大学出版社，1998.

[86] 赵晨星，德熙嘉措. 藏文计算机键盘的国家标准的研究[C]. Proceedings 1992 International Conference on Chinese Information Processing（2）. 北京：中国信息学会，1992.

[87]《信息技术 藏文编码字符集键盘字母数字区的布局》国家标准研制技术报告[R]. 藏文键盘布局国家标准工作组（WG3），2005.

[88] 北京中科红旗软件技术有限公司，中国科学院软件研究所，西藏大学，等. 详细设计说明书——输入法结构设计（D0207）[R]. 2007.

[89] 普次仁. 藏文文字识别技术研究[D]. 拉萨：西藏大学，2008.

[90] 欧珠. “973” 计划前期研究专项课题申请书——藏语语音识别技术研究[R]. 2008.

[91] 人民网. 西藏藏语文的学习、使用和发展[EB/OL]. [2002-08-25] http：//www. people. com. cn/GB/paper464/1148/172306. html.

[92] 高定国，普布旦增．藏文字库设计中字形轮廓提取方法的研究[J]．西藏大学学报：自然科学版，2009：64-66.

[93] 高定国，龚育昌．设计 OpenType 藏文白体字库的技术研究[G]//第十届全国少数民族语言文字信息处理学术研讨会论文集，2005：249-255.

[94] 吴海辉，樊庆林，王虎．TrueType 字体技术的研究分析与应用[J]．电脑知识与技术，2007（2）.

[95] Microsoft. Creating and supporting OpenType fonts for the Tibetan script[EB/OL]. http：//www. microsoft. com/typography/ otfntdev/tibetot/default. htm. 2002.

[96] Microsoft. OpenType specification[EB/OL]. http：//www. microsoft. com/Typography/otspec/default. htm. 2004.

[97] 高定国，格西斯满．藏文字库设计中 OpenType 特征标记的应用研究[J]．西藏大学学报：自然科学版，2008，1：29-32.

[98] 周卫红．基于 Unicode 的藏文文献数字图书馆的构建——以美国藏传佛教资源中心数字图书馆（TBRC）为例[J]．情报资料工作，2012（1）：105-107.

[99] Sager N. Natural language information processing，reading，massachusetts[EB/OL]：Addison Wesley，1981.

[100] Dejong G. An overview of the FRUMP system[C]. In：LEHNERT，W.，& RINGLE，M. h.（eds），Strategies for Natural Language Processing. Lawrence Erlbaum，1982，149-176.

[101] Gaizauskas R，Wilks Y. Information extraction：beyond document retrieval[J]. Journal of Documentation，1997.

[102] Grishman R，Sundheim B. Message understanding conference-6：A brief history[C]. In Proceedings of the 16h International Conference on Computational Linguistics（COLING-96），August 1996.

[103] 李保利，陈玉忠，俞士汶．信息抽取研究综述[J]．计算机工程与应用，2003（10）.

[104] 赵琦，刘建华，冯浩然．从 ACE 会议看信息抽取技术的发展趋势[J]．数字图书，2008（3）.

[105] 叶娜．面向信息抽取的文本预处理和规则自动学习技术研究[D]．沈阳：东北大学，2004.

[106] 金明，杨欢欢，单广荣．藏语命名实体识别研究[J]．西北民族大学学报：自然科学版，2010（31）.

[107] 王丹，等．机器翻译：现状与展望[J]．专利文献研究，2008（3）.

[108] 黄瑾，刘洋，刘群．机器翻译评测介绍[EB/OL]．http：//lib. ict. ac. cn/ITL/data.

[109] 诺明花，吴健，刘汇丹，等．汉藏短语对抽取中短语译文获取方法研究[J]．中文信息学报，2011，3：113-117.

[110] 王斌．现代信息检索[EB/OL]．http://ir.ict.ac.cn/ircourse.

[111] 路铭．信息检索模型研究[EB/OL]．mingler.ccshu.org/xdxxjs02.ppt.

[112] 张志佳．搜索引擎中的关键技术及解决[EB/OL]．ishare.iask.sina.com.cn\资料分类\IT 资料.

[113] 蒲筱哥．基于 Web 的信息抽取技术研究综述[J]．现代情报，2007（10）：215-219.

[114] 靳小波．文本分类综述[J]．自动化博览，2006：26-29.

[115] 李荣陆．文本分类方法总结[EB/OL]．http://wenku.baidu.com/view/9a759f370b4c2e3f5727636e.html.

[116] 官却多杰，欧珠．藏文机器翻译用句型转换算法研究[J]．西藏科技，2011（5）：74-77.